高等学校给排水科学与工程专业新形态系列教材

给水排水管网

杨小林　杨开明　主编

郭　飞　主审

中国建筑工业出版社

图书在版编目（CIP）数据

给水排水管网/杨小林，杨开明主编．—北京：
中国建筑工业出版社，2023.8
高等学校给排水科学与工程专业新形态系列教材
ISBN 978-7-112-28964-6

Ⅰ．①给… Ⅱ．①杨… ②杨… Ⅲ．①给水管道-管
网-高等学校-教材②排水管道-管网-高等学校-教材
Ⅳ．①TU991.33②TU992.23

中国国家版本馆 CIP 数据核字（2023）第 139480 号

教材依据给排水科学与工程专业的课程设置要求和该课程教学基本要求进行编写。在内容编排上，结合课程教学大纲的要求，以培养应用型人才为目标，力求用语准确简练，内容充实，注重实用。教材重点突出了给水排水管网工程的设计计算等实用技术，如：采用管网平差软件而不是复杂不实用的手算法计算给水管网；采用图表法而不是公式法计算排水管网等；弱化了一些繁琐的理论推导，有助于读者理解、掌握和应用给水排水管网工程的理论和技术。因此，本教材不仅可作为给排水科学与工程、环境工程及相关专业的教学用书，也可作为相关专业研究生及技术人员的参考用书。

为了便于教学，作者特别只做了配套课件，任课教师可以通过如下途径申请：
1. 邮箱 jckj@cabp.com.cn，12220278@qq.com
2. 电话：(010) 58337285
3. 建工书院 http://edu.cabplink.com

责任编辑：吕　娜
责任校对：姜小莲
校对整理：李辰馨

高等学校给排水科学与工程专业新形态系列教材
给水排水管网
杨小林　杨开明　主编
郭　飞　主审
*
中国建筑工业出版社出版、发行（北京海淀三里河路 9 号）
各地新华书店、建筑书店经销
霸州市顺浩图文科技发展有限公司制版
北京圣夫亚美印刷有限公司印刷
*
开本：787 毫米×1092 毫米　1/16　印张：12¼　字数：303 千字
2023 年 10 月第一版　2023 年 10 月第一次印刷
定价：**49.00** 元（附数字资源及赠教师课件）
ISBN 978-7-112-28964-6
(41608)

前　言

管网工程是给水排水工程的重要组成部分。给水排水管网是输送和承接用户用水和排水的唯一通道，可以称其为给水排水工程的命脉，其中任何部分发生故障都会影响给水排水系统的功能发挥，影响人们的正常生产和生活。给水排水管网工程是给水排水工程中工程量最大、投资最多的组成部分，一般约占给水排水工程总投资的50%～80%，该系统设计质量的优劣将直接影响给水排水系统的总体投资和正常运行。因此，科学合理地进行给水排水管网工程的规划、设计、施工和运行管理，是保障给水排水系统安全高效运行、充分发挥其功能、满足人们生产生活所需的必要条件。

本教材整合了给水管网和排水管网两大系统的知识体系，融入了给水排水管网工程的新规范和新标准的要求，增添了给水排水管网工程的新技术、新材料、新设备和经验总结等内容。

本教材主要包括给水排水管网概论、给水管网规划设计、给水管网设计、给水管道材料、附件与附属构筑物、给水管网管理与维护、排水管网规划与布置、污水管网设计、雨水管渠设计、排水管道材料、接口、基础及附属构筑物、排水管网管理与维护等内容，在每个章节后面配套了相应的习题。在内容编排上，结合了本课程教学大纲的要求，以培养应用型人才为目标，力求用语准确简练，内容充实，注重实用；重点突出了给水排水管网工程的设计计算等实用技术，如采用管网平差软件而不是复杂不实用的手算法计算给水管网，采用图表法而不是公式法计算排水管网等；弱化了一些烦琐的理论推导，有助于读者理解、掌握和应用给水排水管网工程的理论和技术。

本书由西华大学杨小林、杨开明主编，具体编写分工如下：杨小林负责第1章、第2章、第4章～第6章、第9章、第10章，杨开明负责第3章、第7章、第8章，全书由杨开明进行统稿。本书出版得到了流体及动力机械教育部重点实验室、流体机械及工程四川省重点实验室、能源与动力工程国家一流专业的资助、支持，也得到了西华大学建筑与土木工程学院的大力支持，在此一并表示衷心感谢。

在本书的编写过程中，参考了很多经典的教材和文献资料，在此对参考文献的作者们表示诚挚的感谢。

由于编者水平所限，书中错误和不足在所难免，恳请广大读者批评指正。

目 录

第1章 Chapter 01

给水排水管网概论

1.1 给水排水管网的功能与组成

1.1.1 给水排水管网的功能

给水排水系统可分为给水和排水两个部分，分别被称为给水系统和排水系统。给水排水管网是给水排水系统的组成部分，是为人们日常生活、生产和消防提供用水及收集、排出废水设施的总称。给水排水管网是现代化城市最重要的基础设施之一，也是衡量城市社会和经济发展现代化水平的一个主要标志。

给水按照用途通常分为生活用水、工业生产用水、市政及消防用水三大类。

生活用水是人们在各类生活活动中直接使用的水，主要包括居民生活用水、公共设施用水和工业企业生活用水。居民生活用水是指居民家庭生活中饮用、烹饪、洗浴、洗涤等用水，是保障居民日常生活、身体健康、清洁卫生和生活舒适的重要条件。公共设施用水是指机关、学校、医院、宾馆、车站、公共浴场等公共建筑和场所的用水供应，其特点是用水量大、用水地点集中，该类用水的水质要求与居民生活用水相同。工业企业生活用水是工业企业区域内从事生产和管理工作的人员在工作时间内的饮用、烹饪、洗浴、洗涤等生活用水，该类用水的水质与居民生活用水相同，用水量随工业企业的生产工艺、生产条件、工作人员数量、工作时间安排等因素而变化。

工业生产用水是指工业生产过程中为满足生产工艺和产品质量要求的用水，又可以分为产品用水（水成为产品或产品的一部分）、工艺用水（水作为溶剂、载体等）和辅助用水（冷却、清洗等）等，由于工业企业门类多，系统庞大复杂，对水量、水质、水压的要求差异很大。

市政及消防用水是指城镇或工业企业区域内的道路清洗、绿化浇灌、公共清洁卫生和消防的用水。

排水根据其所接纳废水的来源可以分为生活污水、工业废水和降水三种类型。

生活污水主要是指居民生活所产生的污水和工业企业生产过程中所产生的生活污水，其排水中含有大量有机污染物，受污染程度比较严重，是废水处理的重点对象。

工业废水包括生产废水和生产污水。生产废水是指在工业生产过程中被用作冷却或洗涤的用途，受到较轻微的水质污染或水温变化的废水，这类废水虽然量大，但往往经过简单处理后即可重复使用。生产污水是指在生产过程中受到严重污染，例如皮革、电镀、造纸等化工生产过程产生的生产废水，含有很高浓度的污染物质，甚至含有大量有毒有害物质，这类废水必须予以严格的处理。

降水指雨水和冰雪融化水。雨水排水系统的主要目标是排出降水，防止地面积水或洪涝灾害。在我国水资源缺乏的地区，降水应尽可能被收集和利用。

给水排水管网具有三项主要功能：

（1）水量输送。向人们指定的用水地点及时可靠地提供满足用户需求的用水量；将用户排出的废水（包括生活污水和生产污水）和雨水及时可靠地收集并输送到指定地点。

（2）水量调节。通过一些贮水设备解决供水、用水与排水的水量不平衡问题。

（3）水压保障。为用户的用水提供符合标准的用水压力，使用户在任何时间都能取得充足的水量；使排水系统具有足够的高程和压力，以便顺利排入受纳水体。在地形高差较大的地方，应充分利用地形高差所形成的重力提供供水的压力和排水的输送能量；在地形平坦的地区，一般采用水泵加压，必要时还需要通过阀门或减压设施降低水压，以保证用水设施安全和用水舒适。排水一般采用重力输送，必要时用水泵提升高程，或者通过跌水消能设施降低高程，以保证排水系统的通畅和稳定。

1.1.2　给水管网系统的组成

城市给水管网是由大大小小的给水管道组成的，遍布于整个城市的地下。根据给水管网在整个给水系统中的作用，可将它分为输水管（渠）、配水管网、水压调节设施（增压设施、减压设施）及水量调节设施（清水池、贮水池）等四部分（图1-1）。

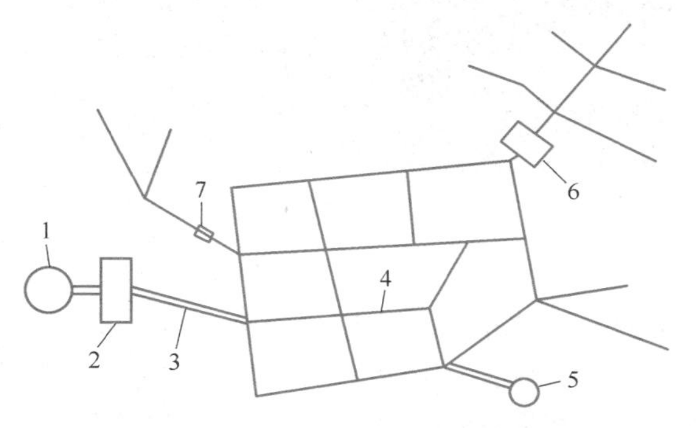

图1-1　给水管网系统组成

1—清水池；2—供水泵站；3—输水管；4—配水管网；5—水塔（高位水池）；6—加压泵站；7—减压设施

1. 输水管（渠）

从水源到水厂及从水厂到配水管网的管线或渠道，因为沿管（渠）线一般不连接用水户，主要起转输水量的作用，所以叫作输水管（渠）。另外，从配水管网接到个别大用水户的管（渠）线，因沿线一般也不接用户管，也被叫作输水管（渠）。输水管道的常用的有铸铁管、钢管、钢筋混凝土管、PVC-U管等，输水渠道一般由砖、砂、石、混凝土等材料砌筑。

由于输水管发生事故将对供水产生较大影响，所以较长距离输水管一般敷设成两条并行管线，并在中间的一些适当地点分段连通和安装切换的阀门，以便其中一条管道局部发生故障时由另一条并行管段替代。

输水管的流量一般都较大，输送距离远，施工条件差，工程量巨大，甚至要穿越较大的高程差或者地质条件非常差的地段。输水管的安全可靠性要求严格，特别是在现代化城市建设和发展中，远距离输水工程越来越普遍，对输水管道工程的规划和设计必须给予高度的重视。

2. 配水管网

将输水管线送来的水，配给城市中各用户的管道系统。在配水管网中，各管线所起的作用不相同，因而其管径也就各异，由此可将管线分为干管、分配管（或称配水支管）、接户管（或称进户管）三类。

（1）干管的主要作用是输水至城市各用水地区，直径一般在100mm以上，大城市在200mm以上。城市给水网的布置和计算，通常只限于干管。

（2）配水支管是把干管输送来的水量送入小区的管道。配水支管敷设在每条道路下，其管径大小要考虑消防流量。为了满足安装消火栓所要求的管径，不至于在消防时水压下降过大，通常配水管最小管径：小城市75～100mm，中等城市100～150mm，大城市150～200mm。

（3）接户管又称进户管，是连接配水管与用户的管道。

3. 泵站

是输配水系统中的加压设施，一般由多台水泵并联组成（图1-2）。当水不能靠重力

图 1-2　给水泵站

流动时，必须使用水泵对水流增压，以使水流有足够的能量克服管道内壁的摩擦阻力。在输配水系统中还要求水被输送到用户接水地点后有符合用水压力要求的水压，以克服用水地点的高差及用户的管道系统与设备的水流阻力。主要有以下四种泵站：

（1）一级泵站：将原水从水源输送（一般为低扬程）到自来水厂，当原水无须处理时直接送入给水管网、蓄水池或水塔。一级泵站可和取水构筑物合建或分建。泵站的输水能力等于处理厂供水能力加水厂自用水量，一般全日均匀供水。

（2）二级泵站：将自来水厂清水池中的水输送（一般为高扬程）到给水管网，供用户使用。二级泵站的供水能力必须满足最高时的用水要求，同时也要适应用水量降低时的情况。为使水泵在高效条件下运行，一般设多台水泵，由水泵间的不同组合以及设置水塔或水池来适应供水量的变化。有的采用调速水泵机组，以适应供水量和水压的变化。

（3）增压泵站：提高给水管网中水压不足地带的泵站。在扩建或新建管网时都可采用。特别是在地形狭长或高差较大的城市或对个别水压不足的建筑物，设置增压泵站一般较为经济合理。

（4）循环泵站：将生产过程排出的废水经处理后，再送回生产中使用的泵站，如用于冷却水系统中的泵站。

泵站一般是由泵房、动力及配电设备、辅助间三部分组成，其附属构筑物有进水池和阀门井等。泵房是安装水泵机组、管道、阀门、启动设备和吊车等的场所。水泵一般采用离心泵，按泵轴位置分为卧式和立式两种，按叶轮数目分为单级及多级离心泵，多级泵用于高压供水系统。离心泵是利用离心力的作用增加水体压力并使之流动的一种泵，由泵壳、叶轮、转轴等组成。动力机带动转轴，转轴带动叶轮在泵壳内高速旋转，泵内水体被迫随叶轮转动而产生离心力，离心力迫使液体自叶轮周边抛出，汇成高速高压水流经泵壳排出泵外，叶轮中心处形成低压，从而吸入新的水流，构成不断的水流输送作用。叶轮具有逆旋转方向弯曲的叶片，其结构形式有封闭式、半封闭式和敞开式 3 种。泵体沿出水管方向逐渐扩张成蜗壳形。水流自叶轮一面吸入的称单吸离心泵，自叶轮两面吸入称双吸离心泵。为增加扬程，可将多个叶轮装在同一轴上成为多级离心泵。由前一叶轮排出的水进入后一叶轮的进水口，增压后再从后一叶轮排出，因而叶轮数愈多，压力愈高。动力设备通常采用电动机，有时用内燃机。配电设备包括高、低压配电和控制机组运行的电气设备及各种监测仪表等。给水泵站视当地条件和需要可建成地面式、半地下式或地下式，有的还可建露天泵站。给水泵站的运行有人工操纵、半自动及全自动控制等方式，以半自动泵站较多。

4. 减压设施

用减压阀和节流孔板等降低和稳定输配水系统局部的水压，以避免水压过高造成管道或其他设施的漏水、爆裂、水锤破坏，或避免用水的不舒适感。常见的减压设施包括减压阀、减压孔板和节流塞。

（1）减压阀：是一种很好的减压装置，可分为比例式和直接动作型（图1-3）。前者是根据面积的比值来确定减压的比例，后者可以根据事先设定的压力减压。当用水端停止用水时，减压阀还可以控制住被减压的管内水压不升高，既能实现减动压也能实现减静压。

（2）减压孔板：系统简单，投资较少，管理方便（图1-4）。实践表明，减压孔板节水效果相当明显，但减压孔板只能减动压，不能减静压，且下游的压力随上游压力和流量而变，不够稳定。另外，减压孔板容易堵塞，应在水质较好和供水压力较稳定的情况下采用。

图1-3　减压阀

图1-4　减压孔板

（3）节流塞：其作用及优缺点与减压孔板基本相同，适合在小管径及其配件中安装使用（图1-5）。

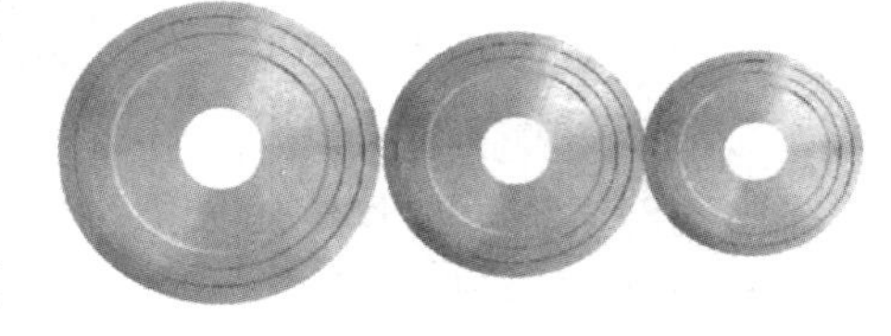

图1-5　节流塞

5. 水量调节设施

调节供水与用水的流量差，也称调节构筑物。水量调节设施也可用于贮存备用水量，以保证消防、检修、停电和事故等情况下的用水，提高系统的供水安全可靠性，有清水池、水塔和高位水池等形式。

（1）清水池：为贮存自来水厂中净化后的清水，以调节自来水厂制水量与供水量之间的差额，并为满足加氯接触时间而设置的水池（图1-6）。

图1-6　清水池

清水池作用是让过滤后洁净澄清的滤后水通过管道流向其内部进行贮存，并在清水中再次投加消毒剂进行一段时间消毒，对水中的细菌、大肠杆菌等病菌进行杀灭，达到灭菌的效果。

清水池的有效容积包括调节容积、消防用水量和水厂自用水和安全储量。清水池的调节容积计算，通常采用两种方法：

一种是根据24h供水量和用水量变化曲线推算，知道城市24h用水量变化规律，可在此基础上拟定泵站的供水线，通过供水线可计算清水池的调节容积；另一种是当缺乏用水量变化规律资料时，可按最高日用水量的10%～20%凭经验估算。供水量大的城市，因24h用水量变化较小，可取较小的百分数，而供水量小的城市，因24h用水量变化较大，可取较大的百分数。

（2）水塔：用于储水和配水的高耸结构，用来保持和调节给水管网中的水量和水压（图1-7）。它主要由水柜、基础和连接两者的支筒或支架组成。在工业与民用建筑中，水塔是一种比较常见而又特殊的建筑物。它的施工需要特别精心和讲究技艺，如果施工质量不好，轻则造成永久性渗漏水，重则报废不能使用。

（3）高位水池：利用地形在适当的高地上建筑的储水构筑物，又称高地水池（图1-8）。其作用与水塔相同，但储水能力更大。

图1-7　水塔

图1-8　高位水池

1.1.3　排水管网系统的组成

排水管网系统一般由废水收集设施、排水管网、水量调节池、提升泵站、废水输水管（渠）和排放口等构成（图1-9）。

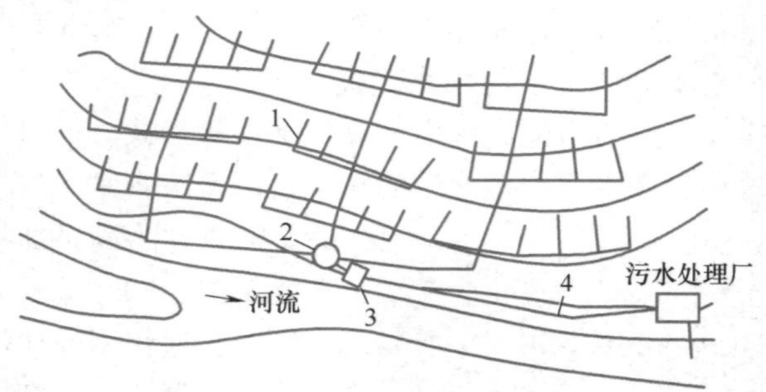

图1-9　排水管网系统组成

1—集水管网；2—水量调节池；3—提升泵站；4—输水管（渠）

1. 废水收集设施

它是排水系统的起始点。住宅及公共建筑内各种卫生设备是生活污水排水系统的起端设备，生活污水从这里经水封管、支管、竖管和出户管等建筑排水管道系统流入室外居住小区管道系统。在每个出户管与室外居住小区管道相接的连接点设检查井，供检查和清通管道之用。通常情况下，居住小区内以及公共建筑的庭院内要设置预处理池，建筑内的下水在经过预处理池后才排出小区进入市政下水管道（图1-10）。雨水的收集是通过设在屋面或地面的雨水口将雨水收集到雨水排水支管（图1-11）。

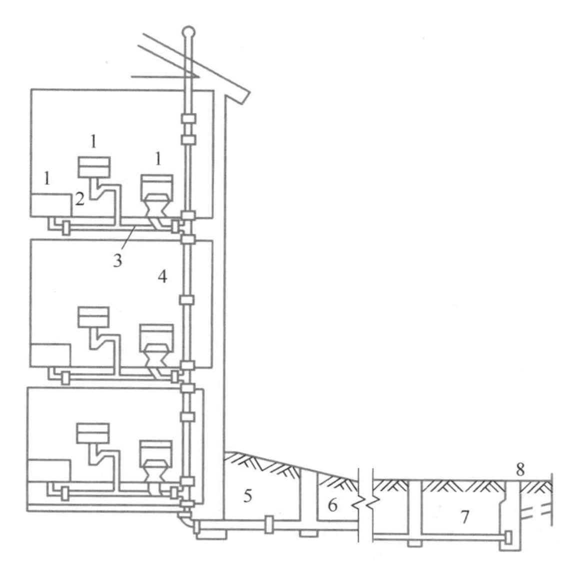

图1-10 生活污水收集管道系统

1—卫生设备和厨房设备；2—存水弯（水封）；3—支管；4—竖管；5—房屋出流管；6—庭院沟管；7—连接支管；8—检查井

图1-11 道路路面雨水排水口

2. 排水管网

指分布在地面下的依靠重力流将收集到的污水、废水和雨水等输送至处理地点或水体的管道，分为居住小区污水管网和市政污水管网。

居住小区污水管网是敷设在居住小区范围内的污水管网，分为接户管、小区支管和小区干管。接户管是指布置在建筑物周围接建筑出户管的污水管道；小区污水支管一般布置在居住小区内道路下与接户管连接；小区干管一般布置在小区道路或市政道路下，接纳各居住小区内支管流来的污水。

市政污水管网由市政污水支管、污水干管、污水主干管等组成，敷设在城市较宽的街道下，用以接纳各居住小区、公共建筑污水管道流来的污水。支管或干管是一个相对概念，在同样的范围和层面来讲（同为市政管道或同为小区内管道），管径大、收水量和收水范围大的就是干管；管径小、收水量和收水范围小的就是支管。在排水区界内，常按地面高程决定的分水岭把排水区域划分成几个排水流域。在各排水流域内，干管收集由支管流来的污水，此类干管常称为流域干管。主干管是收集两个或两个以上干管污水的管道。市郊总干管是接受主干管污水并输送至总泵站、污水处理厂或通至水体出水口的管道。由于污水处理厂和排放出口通常在城区以外，所以，市郊总干管一般在污水受水管道系统的覆盖区范围之外。排水管网一般顺沿地面高程由高向低布置成树状网络。排水管网中设置雨水口、检查井、跌水井、溢流井、水封井、换气井等附属构筑物及流量等检测设施，便于系统的运行与维护管理。由于污水含有大量的漂浮物和气体，所以污水管网的管道一般采用非满管流，以保留漂浮物和气体的流动空间。工业废水的输送管道是采用满管流或者非满管流，则应根据水质的特性决定。雨水管网的管道一般采用满管流。

3. 排水调节池

指具有一定容积的污水、废水或雨水贮存设施（图 1-12）。用于调节排水管网流量与输水量或处理水量的差值。水量调节池可以降低其下游高峰排水流量，从而减小输水管渠或排水处理设施的设计规模，降低工程造价；水量调节池也可在系统事故时贮存短时间内的排水量，以降低造成环境污染的危险；水量调节池还可起到均和水质的作用，特别是工业废水，不同工厂或不同车间排水水质不同，不同时段排水的水质也会变化，不利于净化处理，调节池可以中和酸碱，均化水质。

图 1-12　雨水排水调节池

4. 提升泵站

指通过水泵提升排水的高程或使排水加压输送。排水在重力输送过程中，高程不断降低，当地面较平坦时，输送一定距离后管道的埋深会很大，建设费用很高，通过水泵提升可以降低后续管道埋深以降低工程费用。另外，为了使排水能够进入处理构筑物或达到排放的高程，也需要进行提升或加压。提升泵站根据需要进行设置，较大规模的管网或需要长距离输送时，可能需要设置多座泵站。

5. 废水输水管（渠）

指长距离输送废水的压力管道或渠道（图 1-13）。为了保护环境，排水处理设施往往建在离城市较远的地区，排放口也选在远离城市的水体下游，都需要长距离输送。

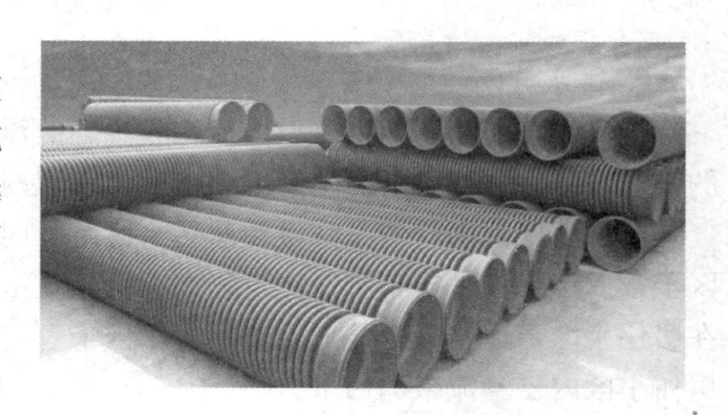

图 1-13　双壁波纹排水管

6. 废水排放口

位于排水管道的末端，与接纳废水的水体连接（图 1-14）。根据排放口的位置一般分为岸边集中排放口、江心集中排放口或分散排放口。岸边排放口构造简单，可直接将污水排入水体。江心排放口则由水下污水输送管（钢管、铸铁管等）和排放头组成。污水输送管和排放头均需牢固固定于水体底部或铺设于水底开辟的管沟中并采取沉排或堆石固定。江心排放口前常设简单的沉淀池和加压泵站，经处理并加压后将污水送入污水输送管然后经排放头排入水体。根据排放口与水体的相对高程分为淹没式或非淹没式排放口，其中淹没式江心分散排放口的环境效果最好。

图 1-14　废水排放口

为了保证排放口的稳定，或者使废水能够比较均匀地与接纳水体混合，需要合理设置排放口。排放口的位置和形式应根据环境规划和城市规划要求确定，并征得当地建设、卫生、水利、航运、环境、渔业等部门的同意。排放口的设置应不致淤塞河道，保持与取水构筑物、游泳区、居民区、家畜饮用水区、渔业区有一定距离，不影响航运和水利建设。岸边污水排放口应设在常水位以上（雨水排放口应设在洪水位以上），但有时则要求设在水体水面以下（如排放高泡沫、高色度污水）。排放口处附近应采取河底、岸边加固措施，防止对其撞击、冲刷、倒灌和防冻，向海水排放污水的排放口还需要考虑风浪和海流等方面的影响。

1.2　给水排水管网类型与体制

1.2.1　给水管网的类型

1. 按水源的数目分类

（1）单水源给水管网系统

只有一个清水池，清水经过泵站加压后进入输水管和管网，所有用户的用水来源于一个水厂清水池（图 1-15）。较小的给水管网系统，如企事业单位或小城镇给水管网系统，多为单水源给水管网系统。

（2）多水源给水管网系统

有多个水厂的清水池作为水源的给水管网系统，清水从不同的地点经输水管进入管网，用户的用水可以来源于不同的水厂。较大的给水管网系统，如大中城市或跨城镇的给水管网系统，一般是多水源给水管网系统（图 1-16）。

对于一定的总供水量，给水管网系统的水源数目增多时，各水源供水量与平均输水距离减小，管道输水流量也比较分散，因而可以降低系统造价与供水能耗，但多水源给水管网系统的管理复杂程度较高。

2. 按系统构成方式分类

（1）统一给水管网系统

系统中只有一个管网，即管网不分区，统一供应生产、生活和消防等各类用水，其供水具有统一的水压。

（2）分区给水管网系统

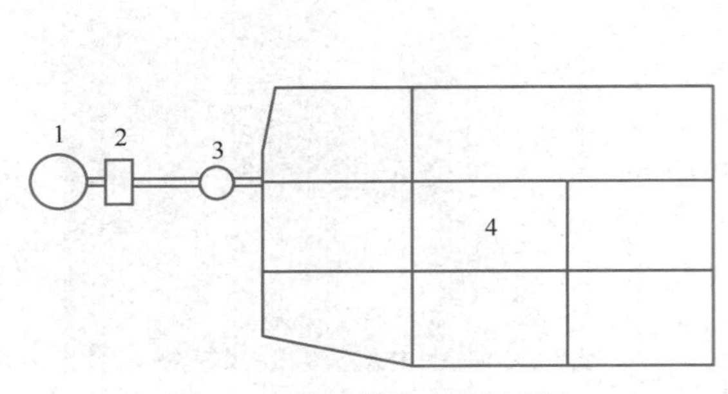

图 1-15 单水源给水管网系统

1—清水池；2—泵站；3—水塔；4—管网

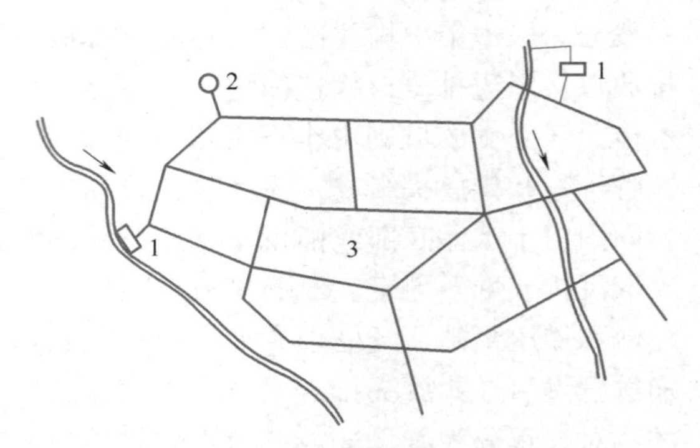

图 1-16 多水源给水管网系统

1—水厂；2—水塔；3—管网

将给水管网系统划分为多个区域，各区域管网具有独立的供水泵站，供水具有不同的水压。分区给水管网系统可以降低平均供水压力，避免局部水压过高的现象，减少爆管的概率和泵站能量的浪费。

管网分区的方法有两种：一种是采用串联分区（图 1-17），设多级泵站加压；另一种是并联分区（图 1-18），不同压力要求的区域由不同泵站（或泵站中不同水泵）供水。大型管网系统可能既有串联分区又有并联分区，以便更加节约能量。

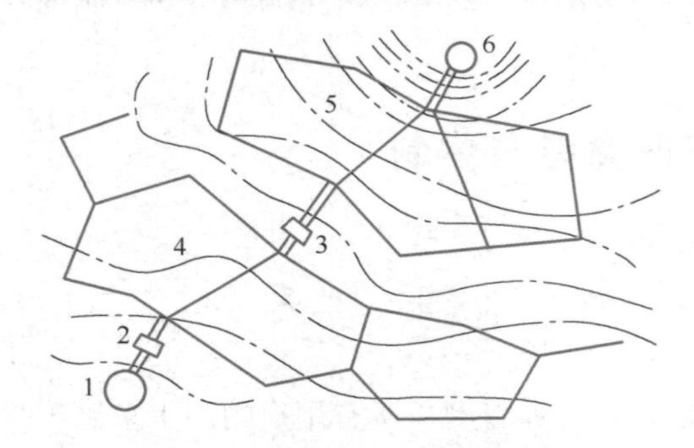

图 1-17 串联分区给水管网系统

1—清水池；2—供水泵站；3—加压泵站；4—低压管网；5—高压管网；6—水塔

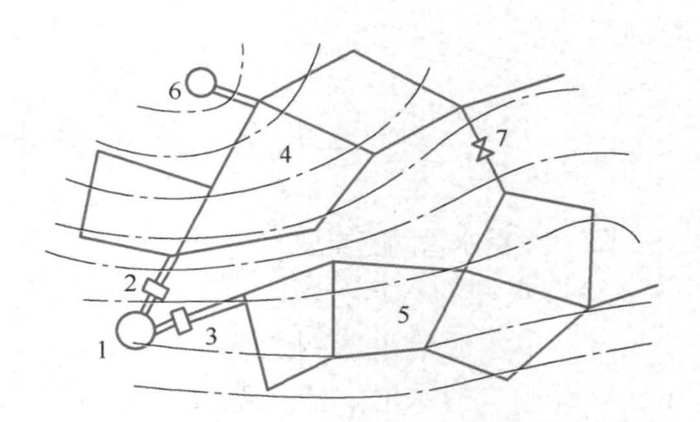

图 1-18 并联分区给水管网系统

1—清水池；2—高压泵站；3—低压泵站；4—高压管网；5—低压管网；6—水塔；7—连通阀门

3. 按输水方式分类

（1）压力输水管网系统

指清水池的水由泵站加压送出，经输水管进入管网供用户使用，甚至要通过多级加压将水送至更远或更高处供用户使用。压力给水管网系统需要消耗动力。

（2）重力输水管网系统

指水源处地势较高，清水池中的水依靠自身重力，经重力输水管进入管网并供用户使用。重力输水管网系统无动力消耗，是一类运行经济的输水管网系统（图 1-19）。

1.2.2 排水管网系统的体制

排水体制是指排水系统对生活污水、生产废水和降水所采取的不同收集、输送和处置的系统方式，一般分为合流制和分流制两种类型，主要是针对污水和雨水的合与分而言的。

1. 合流制排水系统

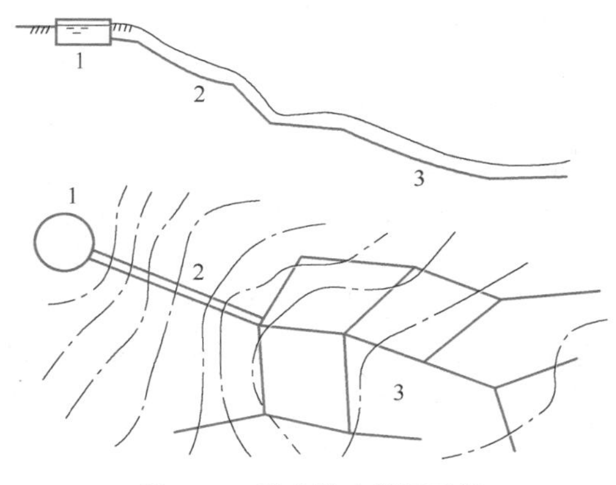

图 1-19　重力输水管网系统
1—清水池；2—输水管；3—配水管网

合流制是用同一管渠系统收集、输送雨水和污水的排水方式，又可分为直排式合流制排水系统（图 1-20）和截流式合流制排水系统（图 1-21）。直排式合流制排水系统是最早出现的合流制排水系统，是将欲排出的混合污水不经处理就近直接排入天然水体。因污水未经无害化处理而直接排放，会使受纳水体遭受严重污染。国内外许多老城市几乎都是采用这种排水系统，由于这种系统所造成的污染危害很大，现在一般不再采用。截流式合流制排水系统是在邻近河岸的街坊高程较低侧建造一条沿河岸的截流总干管，所有排水干管的混合污水都接入截流总干管中，合流污水由截流总干管输送至污水处理厂处理后排入水体。

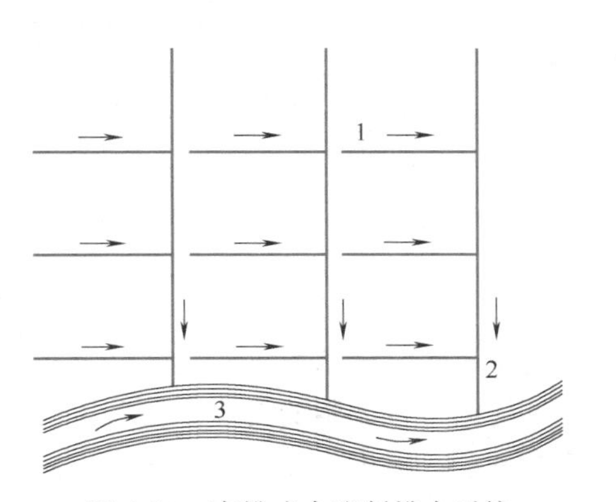

图 1-20　直排式合流制排水系统
1—合流支管；2—河流干管；3—河流

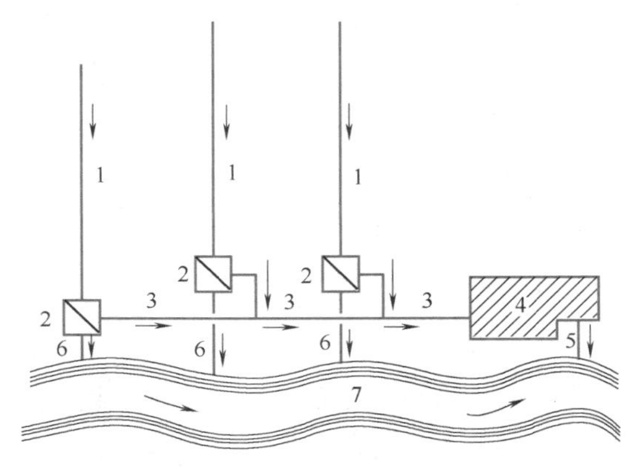

图 1-21　截流式合流制排水系统
1—合流干管；2—溢流井；3—截流干管；4—污水处理厂；5—排水口；6—溢流干管；7—河流

由于雨水流量的瞬时值可能很大，合流制截流总干管在管径确定方面通常只考虑截流污水量（称为合流制排水管道的旱流量）一定倍数的雨水量，而不是把所有雨水量都截流在截流总干管中。为此，在合流干管与截流总干管相交前或相交处需设置溢流井。溢流井的作用是当进入管道的城市污水和雨水的总量超过管道的设计流量时，多余的混合污水就会经溢流井排出，而不能向截流总干管的下游转输，从而不超过城市污水处理厂的处理能力。由于初期雨水的汇集量较小，一般都在截流总干管的设计雨水截流能力范围内，故晴天的城市污水和雨天的初期雨水都会输送至污水处理厂，经处理后排入水体。当降雨过程延续，进入管道的混合污水流量超过截流总干管的设计输水能力后，就有部分混合污水经溢流井溢出直接排入水体。截流式合流制排水系统是国内外改造旧城区合流制排水系统常用的方式，比直排式合流制排水系统有进步，但仍有部分混合污水未经处理直接排放，成为水体的污染源。

2. 分流制排水系统

分流制是指分别用雨水管渠和污水管道收集、输送雨水和污水的排水方式。排除生活污水、工业废水或城市污水的系统称为污水排水系统，排除雨水的系统称为雨水排水系统。根据排除雨水方式的不同，又分为完全分流制排水系统（图1-22）和不完全分流制排水系统（图1-23）两种。完全分流制排水系统具有完全独立的污水排水系统和雨水排水系统，污水排至污水处理厂处理后排放，雨水就近排入水体。不完全分流制是指只有污水排水系统，而未建雨水排水系统，雨水沿街道边沟、水渠、天然地面等原有雨水渠道系统排泄，或者在原有渠道系统输水能力不足之处修建部分雨水管道，待城市进一步发展后再修建完整独立的雨水排水系统，逐步改造成完全分流制排水系统。

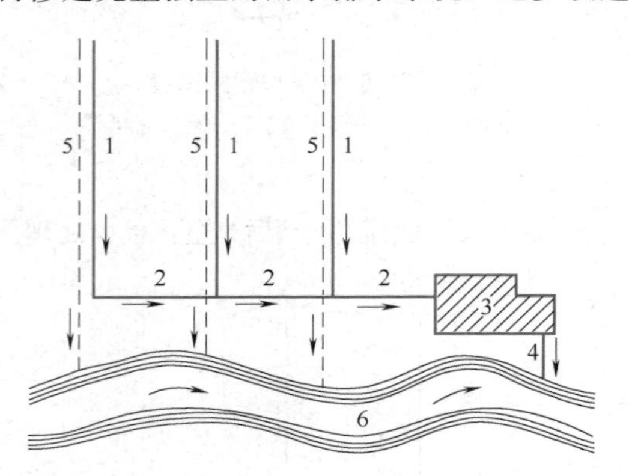

图1-22 完全分流制排水系统

1—污水干管；2—污水主干管；3—污水处理厂；4—排水口；5—雨水干管；6—河流

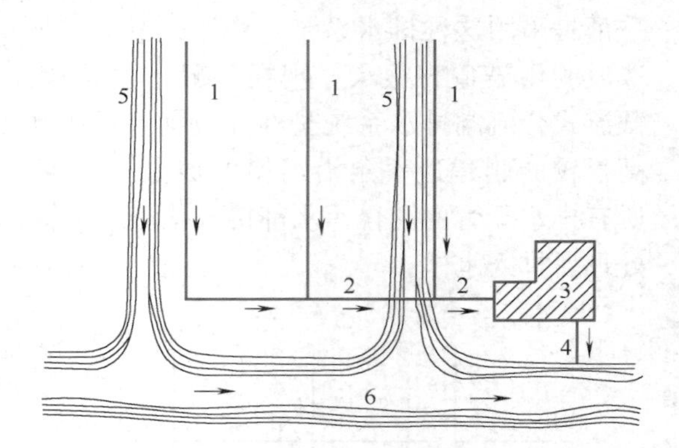

图1-23 不完全分流制排水系统

1—污水干管；2—污水主干管；3—污水处理厂；4—排水口；5—明渠或小河；6—河流

在一些大城市中，由于各区域的自然条件存在差异，同时排水系统的建设是逐步进行和完善的，有时会出现混合式排水系统，即既有分流制也有合流制的排水系统。混合式排水系统在原为合流制的城市进行排水系统的改造扩建时常常出现。在工业企业中，由于工业废水成分和性质的复杂性，与生活污水不宜混合，而且彼此之间也不宜混合，否则将造成污水和污泥处理复杂化，给废水重复利用和有用物质的回收造成困难。

排水系统体制的选择应根据城镇的总体规划，结合当地的气候特征、地形特点、水文条件、水体状况、原有排水设施、污水处理程度和处理后再生利用等因地制宜地确定，并应符合下列规定：

（1）同一城镇的不同地区可采用不同的排水体制。旧城区由于历史原因，一般已采用合流制，故规定同一城镇的不同地区可采用不同的排水体制，但相邻排水系统如采用不同的排水体制，应明确各自的边界，分流制雨水系统的排水管渠不得与合流制排水系统的合流管渠连通。

（2）除降雨量少的干旱地区外，新建地区的排水系统应采用分流制。分流制可根据当地规划的实施情况和经济情况，分期建设。污水由污水收集系统收集并输送到污水处理厂处理；雨水由雨水系统收集，就近排入水体，可达到投资低、环境效益高的目的。通常降雨量少一般指年均降雨量200mm以下，我国200mm以下年等降水量线位于内蒙古自治区西部经河西走廊西部以及藏北高原一线。

（3）分流制排水系统禁止污水接入雨水管网，并应采取截流、调蓄和处理等措施控制径流污染。径流污染控制是水体综合整治的重要一环，在生态文明建设要求下，排水工程的雨水系统不仅要防止内涝灾害，还要控制径流污染。因此，提出分流制雨水管渠应严禁污水混接、错接，并通过截流、调蓄和处理等措施控制径流污染。

（4）现有合流制排水系统应通过截流、调蓄和处理等措施，控制溢流污染，还应按城镇排水规划的要求，经方案比较后实施雨污分流改造。对于现有合流制排水系统，应科学分析现状标准、存在问题、改造难度和改造的经济性，结合城市更新，采取源头减排、截流管网改造、现状管网修复、调蓄、溢流堰（门）改造等措施，提高截流标准，控制溢流污染，并应按城镇排水规划的要求，经方案比较后实施雨污分流改造。当汇水范围内不具备条件建造雨水调蓄池收集受污染径流时，可通过提高截留干管截留倍数的方法，避免溢流污染。

排水体制的选择是城市和工业企业排水系统设计中的重要问题，不仅从根本上影响排水系统的设计、施工、维护管理，而且对城市和工业企业的规划和环境保护影响深远，同时也影响排水系统工程的总投资和初期投资费用以及维护管理费用。下述三种情况采用合流制排水系统可能是有利和合理的：在附近有水量充沛的河流或近海，发展又受到限制的小城镇地区；在街道较窄而地下设施较多，修建污水和雨水两条管线有困难的地区；在雨水稀少，废水全部处理的地区等。

1.3　管线综合规划

在城市道路下，有许多管线工程，除了给水管和污水排水管、雨水管外，还有煤气管、热力管、电力电缆、电信电缆等。此外，在道路下还可能有地铁、地下人行通道、工业用地下隧道等，如果是工厂区的道路下，则不同种类的管线工程更多。为了合理地安排它们在地下空间的位置，必须在各单项管线工程规划的基础上统筹安排，进行综合规划，以利施工和日后的维护管理。

进行管线综合规划时，工程管线在道路下面的规划位置应根据工程管线的性质、埋设深度等确定。分支线少，埋设深，检修周期短，可燃、易燃和损坏时对建筑物基础安全有影响的工程管线应远离建筑物。所有地下管线应尽量布置在人行道、非机动车道和绿化带下，仅在不得已时，才考虑将埋深大、修理次数较少的污水、雨水管道布置在机动车道下。从道路红线向道路中心线方向平行布置的次序宜为：电力电缆、电信电缆、燃气配气、给水配水、热力干线、燃气输气、给水输水、雨水排水、污水排水。道路红线宽度超过 30m 的城市干道宜两侧布置给水配水管线和燃气配气管线。

当各种管线布置发生矛盾时，处理原则为：新建的让已建的，临时的让永久的，小管让大管，压力管让重力流管，可弯的让不可弯的，柔性结构管线让刚性结构管线，检修次数少的让检修次数多的。依此原则，各种管线在立面上的布置一般为：给水管在污水排水管之上，而电力管线、煤气管线、热力管线在给水排水管线之上。

这里要特别提出的是，由于我国的污水管道大多数为重力流管道，管道（尤其是干管和主干管）的埋设深度较其他管线大，并且有很多连接支管，如果管线安排不当，将会造成施工和维修困难。加之污水管道渗漏和损坏的概率较大，极有可能对附近的建筑物、构筑物的基础造成危害，甚至污染生活饮用水，因此，污水管道与建筑物之间应有一定距离，当其与生活给水管相交时，应敷设在生活给水管道下面并与建筑物保持一定距离。为了方便用户接管，道路红线宽度超过 50m 的城市干道应在道路两侧布置排水管线（图 1-24）。

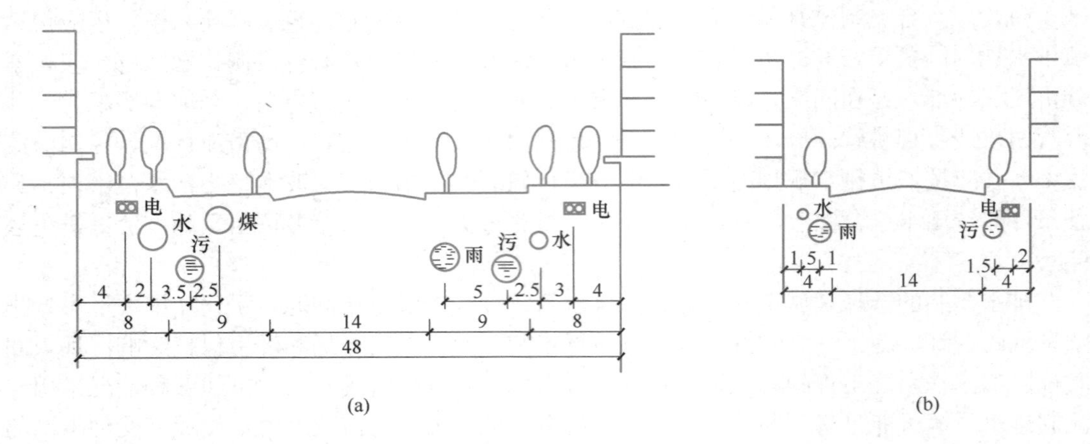

图 1-24　街道地下管线的布置（单位：m）

（a）双侧布置；（b）单侧布置

在地下设施拥挤的地区或车辆交通极为繁忙的街道下，把所有管线集中安排在隧道中是比较合适的，但是雨水管道一般不设在隧道中，而宜与隧道平行敷设。

文档资料工程管线之间及其与建（构）筑物之间的最小水平净距（m）

由于污水排水管道流态和水质的特殊性，所以我国对管线综合规划的一些要求在《城市工程管线综合规划规范》GB 50289 中做了规定，该表中最小间距的制定目的是做到在管道施工和检修时，尽量不互相影响；排水管道损坏时，不致影响附近建筑物和构筑物，不污染生活饮用水；另外，本表是在有足够的位置可敷设管道的条件下规定的，在不能满足本表要求时，各城市和工业企业可根据各自可供利用的位置，拟敷设的管道类型及数量，进行管道综合竖向设计，合理安排有关管线的敷设；在位置相当狭窄、各种管线密集的既有街区和厂区内管道综合时，可以在采取结构上的措施后，如建筑物、构筑物或有关管道基础加固，小管线上加套管等，酌情减小间距；在绿化地带敷设排水管道时，应防止随着树木的生长，树根伸入排水管道内，阻塞管道。

总之，对于一个完整的给水排水管网系统，仅做好其设计计算是不够的，应由城市规划部门或工业企业内部管道综合部门根据地下所有管线类型和数量、高程、可敷设管线的位置等因素进行管线综合设计，确定合理而又方便施工、维护的给水管网和排水管网在道路下的埋设位置。

习题

1. 给水系统的组成及各工程设施的作用是什么？

2. 给水系统包括取水构筑物、水处理构筑物、泵站、输水管和管网、调节构筑物等，哪种情况下可省去其中一部分设施？

3. 影响给水系统布置的因素是什么？
4. 附近地表水源较丰富时，可采用多水源给水，这种布置形式的优点是什么？
5. 地形起伏较大的城市，采用分区给水系统具有哪些优点？
6. 排水系统主要由哪几部分组成，各部分的用途是什么？
7. 何谓排水系统的体制？排水体制分哪几类？各类的优缺点是什么？
8. 如何选择排水系统的体制？合流制、截流制、分流制各在什么情况下采用？
9. 排水系统布置的几种形式各有什么特点？其适用条件是什么？
10. 在进行室外给水排水管线综合设计时，在道路横断面布置上应遵循的设计原则是什么？

第2章 Chapter 02

给水管网规划设计

2.1　给水管网规划与建设程序

2.1.1　给水管网规划程序

1. 给水工程规划的主要任务

(1) 根据城市和区域水资源的状况，最大限度地保护和合理利用水资源，进行城市水源规划和水资源利用平衡工作；

(2) 确定城市水厂等给水设施的规模、容量；

(3) 科学布局给水设施和各级给水管网系统，满足用户对水质、水量、水压等要求；

(4) 制定水源和水资源的保护措施。

城市给水工程的规划期限一般与城市规划的期限相同，即规划期限分为近期和远期，一般近期规划期限为 5～10 年、远期规划期限为 10～20 年。

2. 给水工程规划的工作程序

(1) 城市用水量预测

首先进行城市用水现状与水源研究，结合城市发展总目标，研究确定城市用水标准。在此基础上，根据城市发展总目标和城市规模，进行城市近远期规划用水量预测。

(2) 确定城市给水工程系统规划目标

在城市水资源研究的基础上，根据城市用水量预测、区域给水系统与水资源调配规划，确定城市给水工程系统规划目标。在确定城市给水系统规划目标后，及时反馈给城市发展和改革部门和规划主管部门，合理调整城市经济发展目标、产业结构、人口规模。同时应及时反馈给区域水系统主管部门，以便合理调整区域给水系统与水资源调配规划，协调上下游城市用水以及城市、农业等用水。

(3) 城市给水水源规划

在进行城市现状水源与给水网络研究的基础上，依据城市给水工程系统规划目标、区域给水系统与水资源调配规划以及城市规划总体布局，进行城市取水工程、自来水厂等设施的布局，确定其数量、规模、技术标准，制定城市水资源保护措施。在进行此项工作后应及时反馈给区域水系统主管部门，以便得以落实，并适当调整有关区域给水工程规划。同时，必须及时反馈给城市规划部门，落实水资源设施的用地布局，并协调与污水处理厂、工业区等用地布局。

(4) 城市给水管网与输配设施规划

在研究城市现状给水网络的基础上，根据城市给水水源规划、城市规划总体布局，进行城市给水管网和泵站、高位水池、水塔、调节水池等输配设施规划，并及时反馈城市规划部门，落实各种设施用地布局。城市给水管网与输配设施规划将作为各分区给水管网规划的依据。

(5) 分区给水管网与输配设施规划

首先根据分区规划布局、供水标准，估算分区用水量。然后，根据分区用水量分布状况、城市给水管网与输配设施规划，进行分区内的给水管网、输配设施规划与布局，并反馈给城市规划部门，落实各种设施用地布局。城市给水网络与输配设施规划将作为分区的各详细规划范围内给水管网规划的依据。

（6）详细规划范围内给水管网规划

首先，根据详细规划布局、供水标准，计算详细规划范围内的用水量。然后，根据用户用水量分布状况，布置该范围内的给水管网，确定管径和敷设方式等。若详细规划范围为独立地区，供水自成体系者，则还应包括自备水源工程设施规划。若该范围有独立的净水设施，本阶段工作也包括该净水设施布置等内容。本阶段工作应及时向规划设计人员反馈，落实管道与设施的具体布置，详细制定该范围内给水管网规划，作为该范围给水工程设计的依据。

2.1.2 给水工程建设程序

给水工程项目的建设是按照工程项目建设程序进行的。工程项目建设程序是工程建设过程客观规律的反映，是建设工程项目科学决策和顺利进行的重要保证。工程项目建设程序是人们长期在工程项目建设实践中得出来的经验总结，不能任意颠倒，但可以合理交叉。给水工程建设程序通常包括五个阶段，即项目立项决策阶段、审定投资决策阶段、工程设计与计划阶段、施工阶段和质量保修阶段。在项目实施过程中又把项目立项决策阶段和审定投资决策阶段称为项目前期，主要工作有提出项目建议书和编制可行性研究报告；工程设计与计划阶段、施工阶段称为项目建造期，主要工作有初步设计、施工图设计和施工；质量保修阶段称为项目后期。

1. 项目建议书

项目建议书是建设单位向国家有关部门提出要求建设某一具体项目的建设文件，是基建程序中的最初阶段，是投资决策前对拟建项目的轮廓设想。项目建议书一般应包括：建设项目提出的必要性和依据；需引进的技术和进口设备，说明国内技术差距以及引进和进口设备的理由；项目内容与范围，拟建规模和建设地点的初步设想；投资估算和资金筹措的设想、还贷能力的测算；项目进度设想和经济效益与社会效益的初步估算等。

2. 可行性研究

可行性研究以主管部门批准的项目建议书和委托书为依据，对项目建设的必要性、经济合理性、技术可行性、实施可能性等进行综合性的研究和论证，对不同建设方案进行比较后，提出本工程的最佳可行方案和工程估算。审批后的可行性研究报告是进行初步设计的依据。

3. 初步设计

根据批准的可行性研究报告（方案设计）进行初步设计，这个阶段的主要任务是明确工程规模、设计原则和标准，深化可行性报告提出的推荐方案并进行必要的局部方案比较，提出拆迁、征地范围和数量以及主要工程数量、主要材料设备数量、编制设计文件，做出工程概算（可行性研究的投资估算与初步设计概算之差，一般应控制在±10%内）。

在对推荐方案进行深化设计时，给水管网总平面图（图纸比例宜采用1∶500～1∶1000）上设计范围内绘出全部建筑物和构筑物的平面位置、道路、铁路等，并标出控制坐标、标高、指北针等；绘出给水管道平面位置，标注出干管的管径、流向、闸门井和其他给水构筑物位置及编号。

取水构筑物平面布置图（图纸比例宜采用1∶100～1∶500）中应单独绘出取水构筑物平面，包括取水头部（取水口）、取水泵房、转换闸门井、道路平面布置图、坐标、标高、方位等，必要时还应绘出流程示意图（图纸比例宜采用1∶100～1∶200），标注各构筑物之间的高程关系。

如工程设计项目有净水处理厂（站）时，应单独绘出水处理构筑物总平面布置图（图纸比例宜采用1：100～1：500）及高程关系示意。

在上述图中，还应列出建（构）筑物一览表，表中内容包括构筑物的平面尺寸、结构形式、占地面积、定员情况等。

4. 施工图设计

施工图是在批准的初步设计基础上绘制的供施工用的具体图纸。施工图设计应包括设计说明书、设计图纸、工程数量、材料数量、仪器设备表、修正概算或施工预算。

设计图纸要包括：取水工程总平面图，取水工程流程示意图（或剖面图），取水头部（取水头）平、剖面图及详图，取水泵房平、剖面图及详图，其他构筑物平、剖面图及详图，输配水管路带状平面图，给水净化处理厂（站）总平面布置图及高程系统图，各净化建（构）筑物平、剖面图及详图，水塔、水池配管及详图，循环水构筑物的平、剖面图及系统图等。除总平面布置图图纸比例采用1：100～1：500外，其余单体构筑物和详图图纸比例宜采用1：50～1：100。

2.2　给水管网布置

给水管网系统规划布置包括输水管渠定线和配水管网定线，是给水管网工程规划与设计的主要内容。

2.2.1　给水管网布置原则与形式

1. 给水管网布置原则

（1）按照城市总体规划，确定给水系统服务范围和建设规模。管线应遍布整个给水区，保证用户有足够的水量和水压。结合当地实际情况布置给水管网，要进行多方案技术经济比较。

（2）主次明确，先进行输水管渠与主干管布置，然后布置一般管线与设施。

（3）尽量缩短管线长度，尽量减少穿越障碍物等，节约工程投资与运行管理费用。

（4）协调好与其他管道、电缆和道路等工程的关系。

（5）保证供水具有适当的安全可靠性，当局部管线发生故障时，应保证不中断供水或尽可能缩小断水的范围。

（6）尽量减少拆迁，少占农田或不占农田。

（7）管渠的施工、运行和维护方便。

（8）近远期结合，留有发展余地，考虑分期实施的可能性。

2. 给水管网布置基本形式

给水管网有各种各样的形式，但其基本形式只有两种：树状管网和环状管网。

树状管网（图2-1）从水厂泵站或水塔到用户的管线布置成树枝状，其管径随所供给用户的减少而减小。这种管网管线长度一般较短，构造简单，投资较省。但管网中任一段管线损坏时，在该管段以后的所有管线就会断水，因此，树状网的供水可靠性较差；另外，在树状管网的末端，因用水量已经很小，管中的水流缓慢，甚至停滞不流动，因此水质容易变坏。而且当管网用水量超设计负荷时，末端管网又极易产生负压，可能吸入周围土壤的渗漏水而造成水质的污染；再者，树状管网易发生水锤，破坏管道。所以，树状管网一般适用于小城市和小型工矿企业，或在城市规划初期可先采用树状管网，以减少一次性投资费用，加快工程投产。

环状管网（图 2-2）管线连接成环状，当任一段管线损坏时，可以关闭附近的阀门，与其余管线隔开，然后进行检修，水还可以从另外的管线供应用户，断水的地区可以缩小，从而增加供水可靠性。环状网还可以大大减轻因水锤作用产生的危害，是供水安全性较高的管网形式。对于同一供水区，采用环状管网管线总长度较树状管网长，所以环状管网的造价比树状管网高。

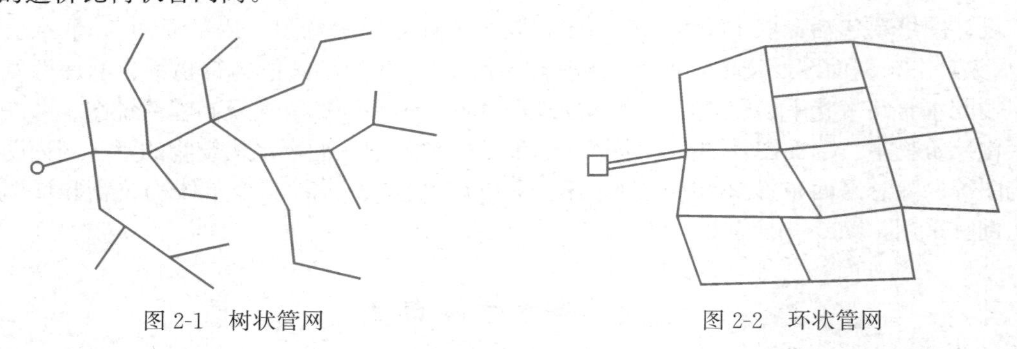

图 2-1　树状管网　　　　图 2-2　环状管网

给水管网的布置既要保证供水安全，又要尽量经济，因此，在布置管网时，应考虑分期建设的可能，即先按近期规划采用树状管网，随着用水量的增加，再逐步增设管线构成环状管网。现有城市的配水管网多数是环状管网和树状管网的结合：在城市中心地区布置成环状管网，而在郊区和城市次要地区，则以树状管网的形式向四周延伸。供水可靠性要求较高的工矿企业须采用环状网，并用树状管网或双管输水至个别较远的车间。

2.2.2　输水管渠定线

输水管渠在长距离输水时常穿越河流、公路、铁路、高地等。因此，其定线就显得比较复杂。输水管渠定线时一般按照下列要求确定：

1）尽量缩短线路的长度，尽量避开不良的地质构造（地质断层、滑坡等）处，尽量沿现有道路或规划道路敷设；减少拆迁，少占良田，少毁植被，保护环境；施工、维护方便，节省造价，运行安全可靠。

2）从水源至净水厂的原水输水管（渠）的设计流量，应按最高日平均时供水量确定，并计入输水管（渠）的漏损水量和净水厂自用水量；从净水厂至管网的清水输水管道的设计流量，应按最高日最高时供水条件下，由净水厂负担的供水量计算确定。

3）输水干管不宜少于 2 条，当有安全贮水池或其他安全供水措施时，也可修建 1 条。输水干管和连通管的管径及连通管根数，应按输水干管任何一段发生故障时仍能通过事故用水量（设计水量的 70%）计算确定。

4）输水管道系统运行中，应保证在各种设计工况下，管道不出现负压。

5）原水输送宜选用管道或暗渠（隧洞）；当采用明渠输送原水时，必须有可靠的防止水质污染和水量流失的安全措施；清水输送应选用管道。

6）输水管道系统的输水方式可采用重力式、加压式或两种并用方式，应通过技术经济比较后选定。图 2-3 为远距离输水采用的加压和重力结合的输水方式，在图中 1、3 处

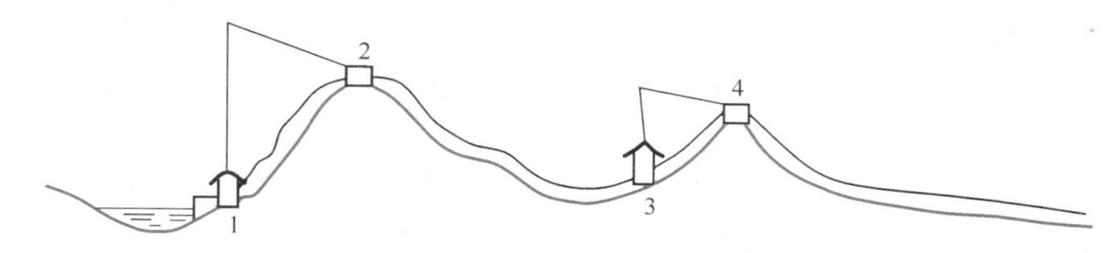

图 2-3　重力管和压力管相结合输水

1、3—泵站；2、4—高地水池

设泵站加压，2、4 处设高地水池，上坡部分如 1—2 和 3—4 段用加压管，下坡部分根据地形采用无压或有压重力管，以节省投资。

7）长距离输水工程应遵守下列基本规定：

（1）应深入进行管线实地勘察和路线方案比选优化；对输水方式、管道根数按不同工况进行技术经济分析论证，选择安全可靠的运行系统；根据工程的具体情况，进行管材、设备的比选优化，通过计算经济流速确定经济管径。

（2）应进行必要的水锤分析计算，并对管路系统采取水锤综合防护设计，根据管道纵向布置、管径、设计水量、功能要求，确定水锤防护措施。

（3）应设测流、测压点，根据需要设置遥测、遥信、遥控系统。

8）管道穿越河道时，可采用管桥或河底穿越等方式。

9）输水管的最小坡度应大于 1∶5D（D 为管径，以 mm 计）。输水管线坡度小于 1∶1000 时，每隔 0.5～1km 应装置排气阀。即使在平坦地区，埋管时也应人为地做成上升和下降的坡度，以便在管坡顶点设排气阀（一般每 1km 设一个为宜），在管坡低处设泄水阀及泄水管。管线埋深应按当地条件决定，在严寒地区敷设的管线应注意防止冰冻。

图 2-4 为输水管的平面和纵断面图。

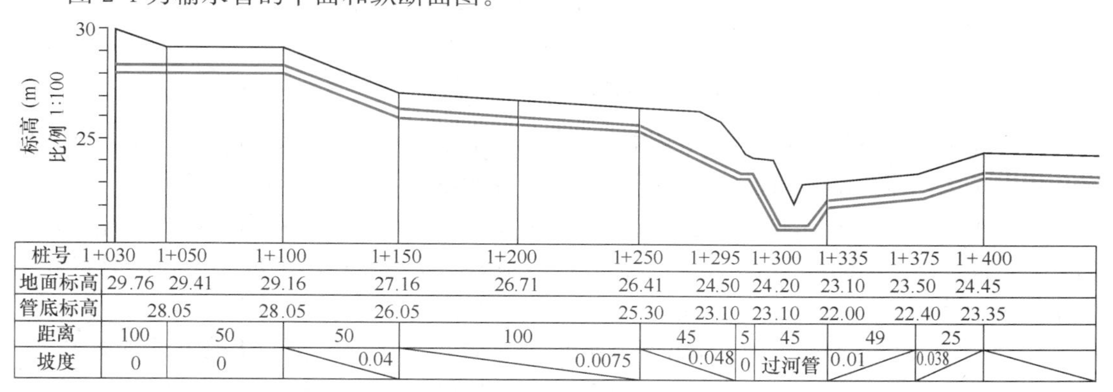

纵断面图

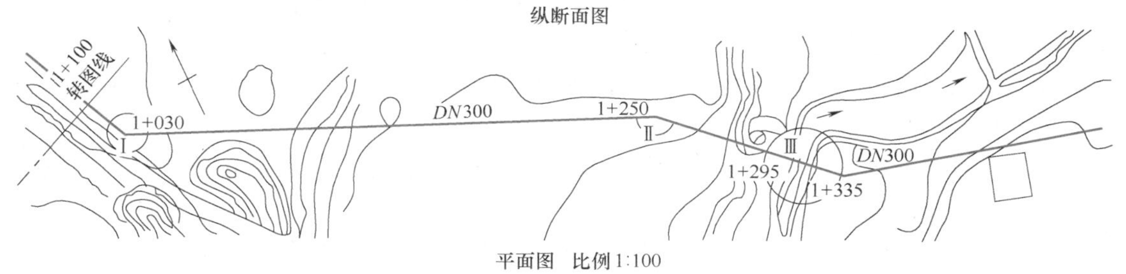

平面图　比例 1:100

图 2-4　输水管和纵断面平面图

2.2.3 配水管网定线

配水管网定线时一般只限于管网的干管以及干管之间的连接管，不包括从干管到用户的分配管和接到用户的接户管。

给水管网遍布整个给水区内，根据管道的功能，可划分为干管、分配管（或配水支管）、接户管（或进户管）三类。城市管网布置（图 2-5）中，实线表示干管，管径较大，用于输水到各地区；虚线表示分配管，它的作用是从干管取水供给用户和消火栓，管径较小，常由城市消防流量决定所需最小的管径。

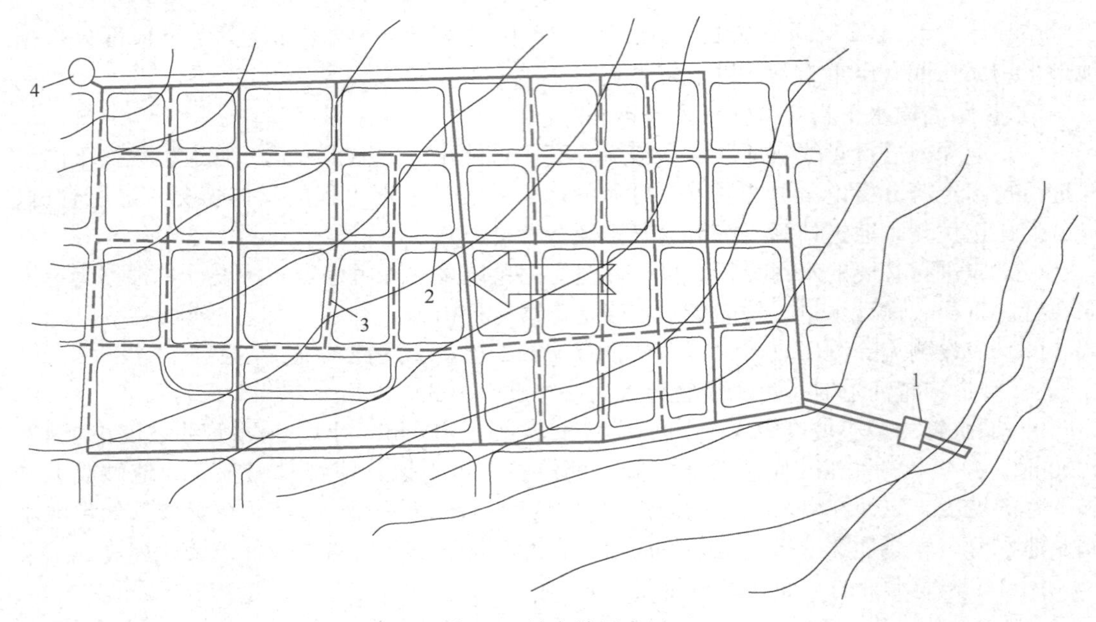

图 2-5　城市管网布置

1—水厂；2—干管；3—分配管；4—高地水池

配水管网定线取决于城市平面布置、供水区的地形、水源和调节构筑物位置、街区和用户特别是大用水户的分布、河流、铁路、桥梁等的位置等，考虑的要点如下：

（1）干管定线时其延伸方向应和二级泵站输水到水池、水塔、大用水户的水流方向基本一致，如图 2-5 中的箭头所示。沿水流方向以最短的距离，在用水量较大的街区布置一条或数条干管。

（2）从供水的可靠性考虑，城市给水管网宜布置几条接近平行的干管并形成环状网。从经济上考虑，当允许间断供水时，给水管网的布置可能采用一条干管接出许多支管，形成枝状管网，同时考虑将来连成环状网的可能。

（3）给水管网布置成环状网时，干管间距可根据街区情况，采用 500～800m，干管之间的连接管间距，根据街区情况一般为 800～1000m。

（4）干管一般按城市规划道路定线，但尽量避免在高级路面和重要道路下通过，以减小今后检修时的困难。

（5）城市生活饮用水管网，严禁与非生活饮用水管网连接。城市生活饮用水管网，严禁与自备水源供水系统连接。

(6) 生活饮用水管道应尽量避免穿过毒物污染及腐蚀性的地区，如必须穿过时应采取防护措施。

(7) 城市给水管道的平面布置和埋深，应符合城市的管道综合设计要求；工业企业给水管道的平面布置和竖向标高设计，应符合厂区的管道综合设计要求。

(8) 给水管网中还须安排其他一些管线和附属设备，例如在供水范围内的道路下需敷设分配管，以便把干管的水送到用户和消火栓。最小分配管直径为100mm，大城市采用150～200mm，主要原因是通过消防流量时，分配管中的水头损失不致过大，以免火灾地区的水压过低。

(9) 为保证给水管网的正常运行以及消防和管网的维修管理工作，管网上必须安装各种必要的附件，如阀门、消火栓、排气阀和泄水阀等。阀门是控制和调节流量、水压的重要设备，阀门的布置应能满足故障管段的切断需要，其位置可结合连接管或重要支管的接点位置；消火栓宜设在使用方便、明显易于取用之处。

工业企业内的管网布置有其具体特点。根据企业内的生产用水和生活用水对水质和水压的要求，两者可以合用一个管网，也可分建成两个管网。消防用水管网可根据消防水压和水量要求单独设置，也可由生活或生产给水管网供给消防用水。根据工业企业的特点，确定管网布置形式。当生活用水管网不供给消防用水时，可为枝状网，生活和消防用水合并的管网，应为环状网。生产用水则按照生产工艺对供水可靠性的要求，采用枝状网、环状网或两者结合的形式。不能断水的企业，生产用水管网必须是环状网，到个别距离较远的车间可用双管代替环状网。

大型工业企业的各车间用水量一般较大，所以生产用水管网不像城市管网那样易于划分干管和分配管，定线和计算时全部管线都要加以考虑。

2.3 城市用水量与水压计算

2.3.1 给水系统设计用水量依据

给水系统设计时，首先需确定该系统在设计年限内达到的用水量，因为系统中的取水、水处理、泵站和管网等设施的规模都需参照设计用水量确定，因此会直接影响建设投资和运行费用。

城市用水量由于受到水资源和气候条件、经济发展水平、用水习惯和工业企业发展状况等诸多因素的影响，居民生活用水、工业企业用水以及道路浇洒和绿地用水有可能是每天、每月和每年都在变化。如我国大中城市的居民生活用水量在一天内以早晨起床后和晚饭前后用水最多；道路浇洒和绿地用水，夏季比冬季多；工业生产用水量中的冷却用水和空调用水受到水温和气温的影响，一般夏季多于冬季；而生产工艺过程用水量的一般随着工业产品的产量的变化而变化。

城市最高日总用水量应包括设计年限内该给水系统最高日所供应的全部用水：居住区综合生活用水、工业企业生产用水和职工生活用水、浇洒道路用水、绿地用水、消防用水、未预见水量、管网漏失水量，但不包括工业自备水源所需的水量。应该指出的是，消防水量是城市给水系统必须供应的水量，它将作为常备水量储存在给水系统的流量调节构筑物（如清水池、水塔或高地水池、建筑储水池和楼顶水箱）内，一般在系统最高日用水量计算时不计入。

给水系统的设计流量包括城市规划期内用水量估算和工程设计最高日用水量的计算。前者主要用于预测远期供水规模以及水源水量是否满足系统远期规划的供水要求，后者配合 24h 用水量变化曲线作为确定系统中各构筑物设计流量的依据。

2.3.2 规划期内用水量预测

城市总体规划中，城市用水量预测是一项重要指标，其值将直接控制和影响城市给水系统的规模和建设计划。

城市用水量的预测涉及未来发展的许多因素和条件，有的因素属于地区的自然条件，如水资源本身的条件；有的因素属于人为的，如国家的建设方针、政策，国民经济计划，社会经济结构、科学技术的发展、经济与生产发展、人民生活水平、人口计划、水资源技术状况（包括给水排水技术与节水技术）等。因此，城市用水量预测结果常常与城市发展实际存在一定差距，一般采用多种方法相互校核。

城市用水量预测的时限与规划年限相一致，分为近期和远期。一般以过去的资料为依据，以今后用水趋势、经济条件、人口变化、水资源情况、政策导向等为条件，对各种影响用水的条件做出合理的假定，从而通过一定的方法，求出预期水量。以下简要地介绍当前用于城市、工业企业用水量中、远期规划的几种方法。

1. 城市综合用水量指标法

城市综合用水量指标法是指城市每日的总供水量除以用水人口所得到的人均用水量。规划时，合理确定城市规划期内人均用水量标准是关键。通常根据城市历年人均综合用水量，参照同类城市人均用水量指标确定。《城市给水工程规划规范》GB 50282—2016 中列出了城市人口综合用水量指标（表 2-1）。

城市综合用水量指标 q_1 [万 m^3/(万人·d)] **表 2-1**

区域	城市规模						
	超大城市 $P \geqslant 1000$	特大城市 $500 \leqslant P < 1000$	大城市		中等城市 $50 \leqslant P < 100$	小城市	
			Ⅰ型 $300 \leqslant P < 500$	Ⅱ型 $100 \leqslant P < 300$		Ⅰ型 $20 \leqslant P < 50$	Ⅱ型 $P < 20$
一区	0.50～0.80	0.50～0.75	0.45～0.75	0.40～0.70	0.35～0.65	0.30～0.60	0.25～0.55
二区	0.40～0.60	0.40～0.60	0.35～0.55	0.30～0.55	0.25～0.50	0.20～0.45	0.15～0.40
三区	—	—	—	0.30～0.50	0.25～0.45	0.20～0.40	0.15～0.35

注：1. 一区包括：湖北、湖南、江西、浙江、福建、广东、广西壮族自治区、海南、上海、江苏、安徽；
二区包括：重庆、四川、贵州、云南、黑龙江、吉林、辽宁、北京、天津、河北、山西、河南、山东、宁夏回族自治区、陕西、内蒙古河套以东和甘肃黄河以东地区；
三区包括：新疆维吾尔自治区、青海、西藏自治区、内蒙古河套以西和甘肃黄河以西地区。
2. 本指标已包括管网漏失水量。
3. P 为城区常住人口，单位：万人。

确定了用水指标后，再根据规划确定的人口数，确定用水量。

$$Q = q_1 N k \tag{2-1}$$

式中 Q——城市最高日用水量，万 m^3/d；

q_1——城市综合用水量指标，万 m^3/(万人·d)；

N——用水人口，万人；

k——规划期内自来水普及率，%。

2. 综合生活用水比例相关法

该方法需先确定工业用水量与综合生活用水量比值，然后计算用水量。《城市给水工程规划规范》GB 50282—2016 中列出了综合生活用水量指标（表 2-2）。

$$Q=10^{-7}q_2N(1+s)(1+m) \tag{2-2}$$

式中 q_2——综合生活用水量指标，L/(人·d)；

s——工业用水量与综合生活用水量比值；

m——其他用水（市政用水及管网漏损）系数，当缺乏资料时可取 0.1～0.15。

综合生活用水量指标 q_2 [L/(人·d)]　　表 2-2

区域	城市规模						
	超大城市 $P\geqslant1000$	特大城市 $500\leqslant P<1000$	大城市		中等城市 $50\leqslant P<100$	小城市	
			Ⅰ型 $300\leqslant P<500$	Ⅱ型 $100\leqslant P<300$		Ⅰ型 $20\leqslant P<50$	Ⅱ型 $P<20$
一区	250～480	240～450	230～420	220～400	200～380	190～350	180～320
二区	200～300	170～280	160～270	150～260	130～240	120～230	110～220
三区	—	—	—	150～250	130～230	120～220	110～210

注：综合生活用水为城市居民生活用水与公共设施用水之和，不包括市政用水和管网漏失水量。

3. 单位用地指标法

单位用地指标法是根据规划的城市用地规模，确定城市单位建设用地的用水量指标后，推算城市用水总量。这种方法对城市规划用水量预测有较好的适应性。《城市给水工程规划规范》GB 50282—2016 中列出了不同类别建设用地综合用水指标（表 2-3）。

不同类别用地用水量指标 q_i [$m^3/(m^2\cdot d)$]　　表 2-3

类别代码	类别名称		用水量指标
R	居住用地		50～130
A	公共管理与公共服务设施用地	行政办公用地	50～100
		文化设施用地	50～100
		教育科研用地	40～100
		体育用地	30～50
		医疗卫生用地	70～130
B	商业服务业设施用地	商业用地	50～200
		商务用地	50～120
M	工业用地		30～150
W	物流仓储用地		20～50
S	道路与交通设施用地	道路用地	20～30
		交通设施用地	50～80
U	公用设施用地		25～50
G	绿地与广场用地		10～30

注：1. 类别代码引自现行国家标准《城市用地分类与规划建设用地标准》GB 50137。
2. 本指标已包括管网漏失水量。
3. 超出本表的其他各类建设用地的用水量指标可根据所在城市具体情况确定。

$$Q=10^{-4}\sum q_i a_i \tag{2-3}$$

式中 q_i——不同类别用地用水量指标，$m^3/(hm^2 \cdot d)$；

a_i——不同类别用地规模，hm^2。

2.3.3 用水量分类与定额

1. 综合生活用水量标准

城市居民生活用水量由城市人口、每人每日平均生活用水量和城市给水普及率等因素确定。这些因素随城市规模的大小而变化。通常，住房条件较好、给水排水设备较完善、居民生活水平相对较高的大城市，生活用水量定额也较高。

我国幅员辽阔，各城市的水资源和气候条件不同，生活习惯各异，所以人均用水量有较大的差别。即使用水人口相同的城市，因城市地理位置和水源等条件不同，用水量也可以相差很多。

影响生活用水量的因素很多，设计时，如缺乏实际用水量资料，则居民生活用水定额和综合生活用水定额可参照《室外给水设计标准》GB 50013—2018 的规定。

对于公共建筑用水，如旅馆、医院、浴室、洗衣房、餐厅、剧院、游泳池、学校等的用水量，不包括在“居民生活用水定额”内。在具有建筑物详细规划资料的情况下，各类公共建筑的生活用水量计算可查阅《建筑给水排水设计标准》GB 50015—2019。如果在计算最高日用水量时，选用“综合生活用水定额”（见表 2-2），则不必再计算公用建筑用水量。

2. 工业企业用水标准

工业企业用水包括生产用水和职工生活用水（包括淋浴用水）。

(1) 工业企业生产用水量标准

工业生产用水一般是指工业企业在生产过程中，用于冷却、空调、制造、加工、净化和洗涤方面的用水。在城市给水中，工业用水占很大比例。

工业企业生产用水量，根据生产工艺过程的要求确定，可采用单位产品用水量、单位设备日用水量、万元产值用水量、单位建筑面积工业用水量作为工业用水的指标。由于生产性质、工艺过程、生产设备、管理水平等不同，工业生产用水量的变化很大。即使生产相同的产品，不同的生产厂家、不同阶段的生产用水量相差也很大。一般情况下，生产用水量标准由企业工艺部门来提供。缺乏具体资料时，常常通过对工业用水调查并参考同类型工业企业的用水指标来确定。

万元产值用水量是常用工业企业生产用水的常用指标。不同类型的工业，万元产值用水量不同。即使同类工业部门，由于管理水平提高、工艺条件改革和产品结构的变化，尤其是工业产值的增长，单耗指标会逐年降低。提高工业用水重复利用率，重视节约用水等可以降低工业用水单耗。随着工业的发展，工业用水量也随之增长，但用水量增长速度滞后产值的增长速度，工业用水的单耗指标由于水的重复利用率提高而有逐年下降的趋势。目前，由于高产值、低单耗的工业发展迅速，因此万元产值的用水量指标在很多城市有较大幅度的下降。

当不能提供详细的工业布局规划时，可以按工业占地估算工业用水量，一般一类工业按 1.2 万～2.0 万 $m^3/(km^2 \cdot d)$、二类工业按 2.0 万～2.5 万 $m^3/(km^2 \cdot d)$、三类工业按 3.5 万～5.0 万 $m^3/(km^2 \cdot d)$ 估算生产用水量。

（2）工业企业职工生活用水量及淋浴用水量标准

工业企业建筑管理人员的最高日生活用水定额可取30～50L/(人·班)；车间工人的生活用水定额应根据车间性质确定，宜采用30～50L/(人·班)；用水时间宜取8h，小时变化系数宜取2.5～1.5。

工业企业建筑淋浴最高日设计用水定额，应根据《工业企业设计卫生标准》GBZ 1—2010中的车间卫生特征分级确定，可采用40～60L/(人·次)，延续供水时间宜取1h。

（3）浇洒道路和绿地用水标准

应根据路面种类、绿地面积、气候和土壤等条件确定。浇洒道路路面用水可按浇洒面积以2.0～3.0L/(m^2·d)计算；浇洒绿地用水可按浇洒面积以1.0～3.0L/(m^2·d)计算。

（4）管网漏失水量标准

城市管网漏失水量可按最高日综合生活用水量、工业企业用水量、浇洒道路和绿地浇洒用水量三项之和的8%～12%计算。

（5）未预见水量标准

一般根据水量预测时难以预见因素的程度确定，可按最高日综合生活用水量、工业企业用水量、浇洒道路和绿地浇洒用水量和管网漏失水量四项之和的8%～12%计算。

（6）消防用水量标准

城市消防用水量，通常储存在水厂的清水池中，灭火时，由水厂二级泵站向城市管网供给足够的水量和水压。消防用水只在火灾时使用，历时短暂，但从数量上说，它在城市用水量中占有一定的比例，尤其是中小城市，所占比例甚大。消防用水量、水压和火灾延续时间等，应按照现行的《建筑设计防火规范》GB 50016—2014（2018年版）等执行。城市或居住区的室外消防用水量，应按同时发生的火灾次数和一次灭火的用水量确定（表2-4）。

城市、居住区同一时间内的火灾次数和一次灭火用水量　　表2-4

人数(万人)	≤1.0	≤2.5	≤5.0	≤10.0	≤20.0	≤30.0	≤40.0	≤50.0	≤60.0	≤70.0	≤80.0	≤100.0
同一时间内的火灾次数(次)	1	1	2	2	2	2	2	3	3	3	3	3
一次灭火用水量(L/s)	10	15	25	35	45	55	65	75	85	90	95	100

注：城市的室外消防用水量应包括居住区、工厂、仓库、堆场、储罐（区）和民用建筑的室外消火栓用水量。当工厂、仓库和民用建筑的室外消火栓用水量按表2-5的规定计算，其值与本表计算不一致时，应取其较大值。

工厂、仓库和民用建筑的室外消防用水量，可按同时发生火灾的次数和一次灭火的用水量确定（表2-5、表2-6）。

2.3.4　最高日用水量计算

城市最高日设计用水量计算时，应包括设计年限内该给水系统所供应的全部用水，包括综合生活用水、工业企业用水、浇洒道路和绿地用水、管网漏损水量、未预见用水及消防用水，单位为“m^3/d”。由于消防用水量是偶然发生的，因此在最高日设计用水量计算中不含消防用水量，仅作为设计校核用。

工厂、仓库、堆场、储罐（区）和民用建筑在同一时间内的火灾次数　　表 2-5

名称	基地面积(hm^2)	居住区人数(万人)	同一时间内的火灾次数(次)	备注
工厂	≤100	≤1.5	1	按需水量最大的一座建筑物(或堆场、储罐)计算
		>1.5	2	工厂、居住区各一次
	>100	不限	2	按需水量最大的两座建筑物(或堆场、储罐)之和计算
仓库、民用建筑	不限	不限	1	按需水量最大的一座建筑物(或堆场、储罐)计算

工厂、仓库和民用建筑一次灭火的室外消火栓用水量（L/s）　　表 2-6

耐火等级	建筑物类别		建筑物体积 V(万 m^3)					
			≤0.15	0.15～0.30	0.30～0.50	0.50～2.00	2.00～5.00	>5.00
一、二级	厂房	甲、乙类	10	15	20	25	30	35
		丙类	10	15	20	25	30	40
		丁、戊类	10	10	10	15	15	20
	库房	甲、乙类	15	15	25	25	—	—
		丙类	15	15	25	25	35	45
		丁、戊类	10	10	10	15	15	20
	民用建筑		10	15	15	20	25	30
三级	厂房(仓库)	乙、丙类	15	20	30	40	45	—
		丁、戊类	10	10	15	20	25	35
	民用建筑		10	15	20	25	30	—
四级	丁、戊类厂房(仓库)		10	15	20	25	—	—
	民用建筑		10	15	20	25	—	—

注：1. 室外消火栓用水量应按消防需水量最大的一座建筑物计算。成组布置的建筑物应按消防用水量较大的相邻两座计算。
2. 国家级文物保护单位的重点砖木或木结构的建筑物，其室外消火栓用水量应按三级耐火等级民用建筑的消防用水量确定。
3. 铁路车站、码头和机场的中转仓库其室外消火栓用水量可按丙类仓库确定。

1. 最高日综合生活用水量

$$Q_1 = \sum \frac{q_{1i} N_{1i}}{1000} \tag{2-4}$$

式中 q_{1i}——城市各用水分区的最高日综合生活用水量定额，L/(人·d)；

N_{1i}——设计年限内城市各用水分区的计划人口数，人。

一般地，城市应按房屋卫生设备类型不同，划分成不同的用水区域，以分别选定用水量定额，使计算更准确。城市计划人口数往往并不等于实际用水人数，所以应按实际情况考虑用水普及率，以便得出实际用水人数。

2. 工业企业生产用水量

$$Q_2 = \sum q_{2i} B_{2i} (1 - f_{2i}) \tag{2-5}$$

式中　q_{2i}——各工业企业最高日生产用水量定额，m^3/万元、m^3/产量单位或 m^3/(生产设备单位·d)；

B_{2i}——各工业企业产值、产量或生产设备数量，万元/d、产品单位/d、生产设备单位；

f_{2i}——各工业企业生产用水重复利用率。

3. 工业企业职工的生活用水和淋浴用水量

$$Q_3=\sum\frac{q_{3ai}N_{3ai}+q_{3bi}N_{3bi}}{1000} \tag{2-6}$$

式中　q_{3ai}——各工业企业车间职工生活用水量定额，L/(人·班)；

q_{3bi}——各工业企业车间职工淋浴用水量定额，L/(人·班)；

N_{3ai}——各工业企业车间最高日职工生活用水总人数，人；

N_{3bi}——各工业企业车间最高日职工淋浴用水总人数，人。

注意：N_{3ai} 和 N_{3bi} 应计算全日各班人数之和，不同车间用水量定额不同时，应分别计算。

4. 浇洒道路和绿地用水量

$$Q_4=\frac{q_{4a}N_{4a}f_4+q_{4b}N_{4b}}{1000} \tag{2-7}$$

式中　q_{4a}——城市浇洒道路用水量定额，L/(m^2·次)；

N_{4a}——城市最高日浇洒道路面积，m^2；

f_4——城市最高日浇洒道路次数；

q_{4b}——城市绿地用水量定额，L/(m^2·d)；

N_{4b}——城市最高日绿地用水面积，m^2。

5. 管网漏损水量

$$Q_5=(0.08\sim0.12)(Q_1+Q_2+Q_3+Q_4) \tag{2-8}$$

6. 未预见水量

$$Q_6=(0.08\sim0.12)(Q_1+Q_2+Q_3+Q_4+Q_5) \tag{2-9}$$

7. 消防用水量

$$Q_7=\frac{q_7f_7}{1000} \tag{2-10}$$

式中　q_7——一次灭火用水量，L/s；

f_7——同一时间内发生的火灾次数。

8. 最高日设计用水量

$$Q_d=Q_1+Q_2+Q_3+Q_4+Q_5+Q_6 \tag{2-11}$$

【例 2-1】 我国华东地区某城镇规划 80000 人，其中老市区 33000 人，自来水普及率 95%，新市区 47000 人，自来水普及率 100%，老市区房屋卫生设备较差，最高日综合生活用水量定额采用 260L/(人·d)，新市区房屋卫生设备比较先进和齐全，最高日综合生活污水用水量定额采用 350L/(人·d)；主要用水工业企业及其用水资料见表 2-7；城市浇洒道路面积 7.5hm²，用水量定额采用 2L/(m^2·次)，每天浇洒 1 次，大面积绿化面积 13hm²，用水量定额采用 2.0L/(m^2·d)。试求最高日设计用水量。

某城镇主要用水工业企业用水量 表 2-7

企业代号	工业产值（万元）	生产用水		生产班制	每班职工人数		每班淋浴人数	
		定额（m^3/万元）	复用率（%）		一般车间	高温车间	一般车间	污染车间
1	16.67	300	40	3 班	310	160	170	230
2	15.83	150	30	2 班	155	0	70	0
3	8.20	40	0	1 班	20	220	20	220
4	28.24	70	55	3 班	570	0	0	310
5	2.79	120	0	1 班	110	0	110	0
6	60.60	200	60	3 班	820	0	350	140
7	3.38	80	0	1 班	95	0	95	0

【解】 城市最高日综合生活用水量（包括公共设施生活用水量）为

$$Q_1=\sum\frac{q_{1i}N_{1i}}{1000}=\frac{260\times33000\times0.95+350\times47000\times1}{1000}=24601$$

工业企业生产用水量计算见表 2-8，工业企业职工的生活用水量和淋浴用水量计算见表 2-9。

工业企业生产用水量计算 表 2-8

企业代号		1	2	3	4	5	6	7	合计（Q_2）
工业产值（万元）		16.67	15.83	8.20	28.24	2.79	60.60	3.38	
生活用水	定额（m^3/万元）	300	150	40	70	120	200	80	
	复用率（%）	40	30	0	55	0	60	0	
生产用水量（m^3）		3000.6	1662.2	328.0	889.6	334.8	4848.0	270.4	11333.6

工业企业职工的生活用水量和淋浴用水量计算 表 2-9

企业代号		1	2	3	4	5	6	7	合计（Q_3）
生产班制		3	2	1	3	1	3	1	
每班职工人数	一般车间	310	155	20	570	110	820	95	
	高温车间	160	0	220	0	0	0	0	
每班淋浴人数	一般车间	170	70	20	0	110	350	95	
	污染车间	230	0	220	310	0	140	0	
职工生活用水与淋浴用水量	生活用水	47.1	9.3	9.4	51.3	3.3	73.8	2.9	
	淋浴用水	54.9	5.6	11.8	46.5	4.4	63.0	3.8	
	小计	102.0	14.9	21.2	97.8	7.7	136.8	6.7	387.1

注：职工生活用水量按一般车间 30L/(人·班)，高温车间 40L（人·班）计算；职工淋浴用水按一般车间 40L/(人·班)，高温车间 50L（人·班）计算。

浇洒道路和绿化用水量

$$Q_4 = \frac{q_{4a}N_{4a}f_4 + q_{4b}N_{4b}}{1000}$$

$$= \frac{2.0 \times 75000 \times 1 + 2.0 \times 130000}{1000}$$

$$= 410\text{m}^3$$

管网漏失水量

$$Q_5 = 0.1 \times (Q_1 + Q_2 + Q_3 + Q_4)$$

$$= 0.1 \times (24601 + 11333.6 + 387.1 + 410)$$

$$= 3673.2\text{m}^3$$

未预见水量

$$Q_6 = 0.1 \times (Q_1 + Q_2 + Q_3 + Q_4 + Q_5)$$

$$= 0.1 \times (24601 + 11333.6 + 387.1 + 410 + 3673.2)$$

$$= 4040.5\text{m}^3$$

最高日设计用水量

$$Q_\text{d} = Q_1 + Q_2 + Q_3 + Q_4 + Q_5 + Q_6$$

$$= 24601 + 11333.6 + 387.1 + 410 + 3673.2 + 4040.5$$

$$= 44445.4\text{m}^3$$

取 $Q_\text{d} = 45000\text{m}^3/\text{d}$。

2.3.5　用水量变化及其调节计算

1. 设计用水量变化规律的确定

无论生活和生产用水，用水量都经常在变化。生活用水随生活习惯和气候而变化，如假日比平时用水多，夏季比冬季用水多；从我国大、中城市的用水情况来看，在一天内又以早晨起床后和晚饭前后用水量最多。又如工业企业的冷却用水量，随气温和水温变化，夏季明显多于冬季。

用水量定额只是一个平均值，在给水系统设计时还必须要考虑每日、每时的用水量变化。用水量变化规律可以用变化系数和变化曲线表示。在设计规定的年限内，用水量最多一日的用水量叫作最高日用水量。在设计规定的年限内。最高日用水量与平均日用水量的比值叫作日变化系数 K_d。在最高日内，最高时用水量与平均时用水量的比值，叫作时变化系数 K_h。

(1) 城市供水的时变化系数、日变化系数应根据城市性质和规模、国民经济和社会发展、供水系统布局，结合现状供水曲线和日用水变化分析确定。在缺乏实际用水资料情况下，最高日城市综合用水的时变化系数宜采用 1.2～1.6；日变化系数宜采用 1.1～1.5。大中城市的用水比较均匀，K_h 比较小，可取下限，小城市可取上限或适当加大。

(2) 工业企业内工作人员的生活用水时变化系数为 2.5～3.0，淋浴用水量按每班延续用水 1h 确定变化系数。

(3) 工业生产用水量一般变化不大，可以在最高日的工作时段内均匀分配。

2. 二级泵站、二级泵站至管网的输水管及管网

二级泵站、二级泵站至管网的输水管等的设计流量，应根据有无水塔（高位水池）及设置的位置、用户用水量变化曲线及二级泵站工作曲线确定。

不设水塔时，二级泵站、二级泵站到管网的输水管及管网设计水量应按最高日最高时流量计算。不设水塔时，二级泵站任何小时的供水量应等于用户的用水量。

$$Q_{泵}=K_{\mathrm{h}}\frac{Q_{\mathrm{d}}}{T} \tag{2-12}$$

式中　Q——每小时供水量，$\mathrm{m^3/h}$；

K_{h}——时变化系数；

Q_{d}——最高日设计用水量，$\mathrm{m^3/d}$；

T——每日运行时间，h。

管网内设有水塔（或高位水池）时，首先应根据用户用水量变化曲线拟定二级泵站供水线。然后，根据二级泵站供水线确定二级泵站、二级泵站到管网的输水管设计流量。设水塔（或高位水池）时，由于水塔可以调节二级泵站供水和用户用水之间的流量差，因此，二级泵站每小时的供水量可以不等于用户每小时的用水量，但是，设计的最高日泵站的总供水量应等于最高日用户总用水量。

管网起端设水塔（或高地水池）时，二级泵站及二级泵站到管网的输水管设计流量应按二级泵站的供水线最大一级供水量确定，管网仍按最高日最高时用水量设计。

网中或网后设水塔（或高地水池）时，二级泵站的设计流量仍按二级泵站的供水线最大一级供水量确定，二级泵站到管网的输水管设计流量应按最高日最高时流量减去水塔（或高地水池）输入管网的流量计算，管网仍按最高日最高时用水量设计。

3. 清水池和水塔（或高地水池）

（1）清水池

清水池的主要作用在于调节一级泵站供水和二级泵站供水之间的流量差，并贮存消防用水和水厂生产用水。因此，净水厂清水池的有效容积，应根据产水曲线、送水曲线、自用水量及消防储备水量等确定，并满足消毒接触时间的要求。其有效容积为

$$W=W_1+W_2+W_3+W_4 \tag{2-13}$$

式中　W——有效容积，$\mathrm{m^3}$；

W_1——调节容积，由产水曲线、送水曲线确定，$\mathrm{m^3}$；

W_2——消防储备水量，按 2h 火灾延续时间计算，$\mathrm{m^3}$；

W_3——水厂冲洗沉淀池和滤池排泥等生产用水，为最高日用水量的 5%～10%，$\mathrm{m^3}$；

W_4——安全贮量，$\mathrm{m^3}$。

当管网无调节构筑物时，在缺乏资料情况下，清水池的有效容积可按水厂最高日设计水量的 10%～20%确定。对于大型水厂，采用小值。生产用水的清水池调节容积，可按工业生产调度、事故和消防等要求确定。

清水池的个数或分格数不得少于 2 个，并能单独工作和分别泄空；在有特殊措施能保证供水要求时，也可修建 1 个。

（2）水塔（或高地水池）

大中城市供水区域较大。供水距离远，为降低水厂输水泵站扬程，节省能耗，当供水区域有合适的位置合适和适宜的地形可建调节构筑物时，应进行技术经济比较，确定是否需要建调节构筑物（如高地水池、水塔或调节水池泵站等）。调节构筑物的容积应根据用水区域供需情况及消防储备水量等确定。当缺乏资料时，也可参照相似条件下的经验数据确定。

水塔的主要作用是调节二级泵站供水和用户用水量之间的流量差值，并贮存10min的室内消防水量，因此水塔的有效容积应根据用水区域供需情况及消防储备水量等确定。

$$W=W_1+W_2 \tag{2-14}$$

式中　W——有效容积，m^3；

W_1——调节容积，由二级泵站供水线和用户用水量曲线确定，m^3；

W_2——消防贮水量，按10min室内消防用水量计算，m^3。

当缺乏用户用水量变化规律资料的情况下，水塔的有效容积也可凭运转经验确定，当泵站分级工作时，可按最高日设计水量的2.5%～3%或5%～6%设计计算，城市用水量大时取低值。工业用水可按生产要求（调度、事故及消防等）确定水塔的调节容积。

确定水塔（或高地水池）和清水池有着密切的联系。二级泵站供水线越接近用水线则水塔容积越小，相应清水池容积就要适当放大。

2.3.6　给水管网系统的水压关系

1. 全重力给水

当水源地势较高时，如取用山溪水、泉水或高位水库水等，水流通过重力自流输水到水厂处理，然后又通过重力输水管和管网送至用户使用，在原水水质优良而不用处理时，原水可直接通过重力输送给用户使用，或仅经过消毒等简单处理直接输送给用户使用。这种情况属于完全利用原水的位能克服输水能量损失和转换成为用户要求的水压关系，这是一种最经济的给水方式。当原水位能有富余时可以通过阀门调节供水压力。

2. 一级加压给水

有多种情况可能采用一级加压给水：一是当水厂地势较高时，从水源取水到水厂采用一级提升，处理后的清水直接靠重力输水给用户；二是水源地势较高时，靠重力输水至水厂，处理后的清水加压输送给用户使用；三是当原水水质优良时，无须处理，取水时加压直接输送给用户使用；四是当给水处理全过程采用封闭式设施时，从取水处加压后，采用承压方式进行处理，直接输送给用户使用。

3. 二级加压给水

这是目前采用最多的给水方式，水流在水源取水时经过第一级加压（一级泵站），提升到水厂进行处理，处理好的清水储存于清水池中，清水经过第二级加压（二级泵站）进入输水管和管网，供用户使用。第一级加压的目的是取水和提供原水输送与处理过程中的能量要求，第二级加压的目的是提供清水在输水管与管网中流动所需要的能量，并提供用户用水所需的水压，为此，有必要以此为例讨论给水系统各组成部分之间的水压关系，以确定水泵扬程和水塔高度。

（1）水泵扬程

一般水厂中，取水构筑物、一级泵站和水处理构筑物的高程关系（图2-6），则一级泵站的扬程

$$H_p = H_0 + H_s + H_d \tag{2-15}$$

式中 H_0——静扬程，为取水构筑物的集水井最低水位与水厂第一级处理构筑物最高水位之间的高差，m；

H_s，H_d——取水构筑物设计流量对应的吸水管、压水管和泵站管线中的水头损失，m。

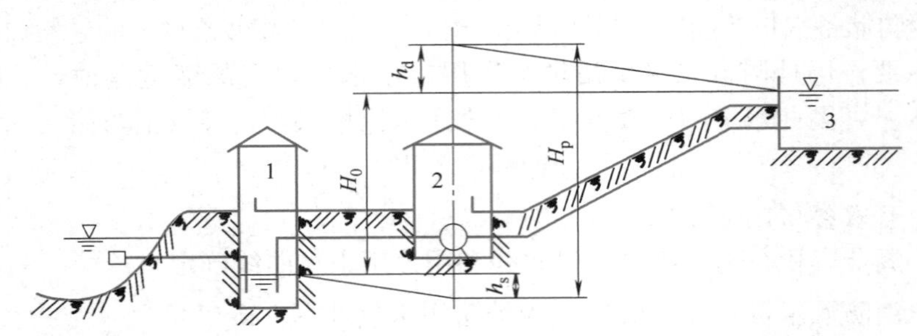

图 2-6 取水构筑物、一级泵站和水处理构筑物的高程关系

1—取水构筑物；2—泵站；3—絮凝池

在工业企业的循环给水系统中，水从冷却池（或冷却塔）的吸水井直接送到车间，这时静扬程等于车间所需水压（车间地面标高和要求的自由水压之和）与吸水井最低水位的高差，水泵扬程仍按式（2-15）计算。

二级泵站扬程是从水厂清水池取水直接送往用户或先送入水塔，而后送往用户。

无水塔管网，即管网内不设水塔而由二级泵站直接供水时，静扬程等于清水池最低水位与管网控制点所需服务水头标高的高程差。控制点也称最不利点，是管网中控制水压的点，这一点常为位于离二级泵站最远或地形最高的点，或者是最小服务水头要求最高的点，只要该点的水压在管网输送设计流量（最高日最高时流量）时可以达到服务水头，整个管网就不会出现低水压区（图 2-7）。

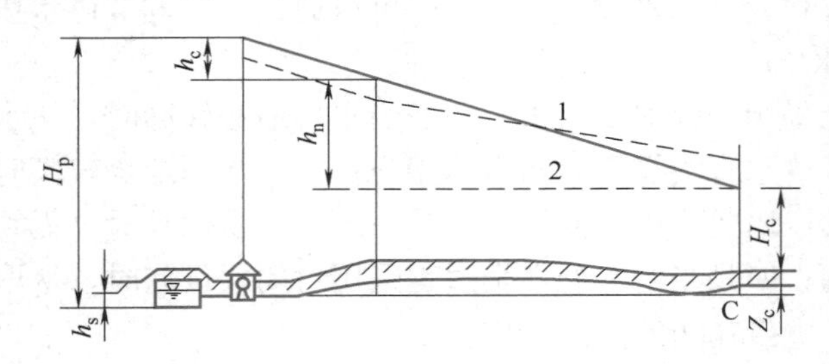

图 2-7 无水塔管网的水压线

1—最小用水时；2—最高用水时

生活用水管网要求的最小服务水头，在设计用水量（最高日最高时用水量）时，二级泵站的扬程应能保证控制点达到这种压力。在确定二级泵站的扬程时，通常不考虑城市内个别高层建筑所需水压，同时，一般以清水池生活调节容积的最低水位为扬程计算基准面。因此，二级泵站的扬程

$$H_p = Z_c + H_c + h_s + h_c + h_n \tag{2-16}$$

式中 Z_c——管网内控制点 C 的地面标高和清水池生活调节容积最低水位的高程差，m；

H_c——控制点要求的最小服务水头，m；

h_s——吸水管中的水头损失，m；

h_c，h_n——输水管和管网中的水头损失，m。

在工业企业和中小城市水厂，有时建造水塔，这时二级泵站只需供水到水塔，而由水塔高度来保证管网控制点的最小服务水头（图 2-8），这时静扬程等于清水池最低水位和水塔最高水位的高程差，水头损失为吸水管、泵站到水塔的管网水头损失之和。水泵扬程仍可参照式（2-15）计算。

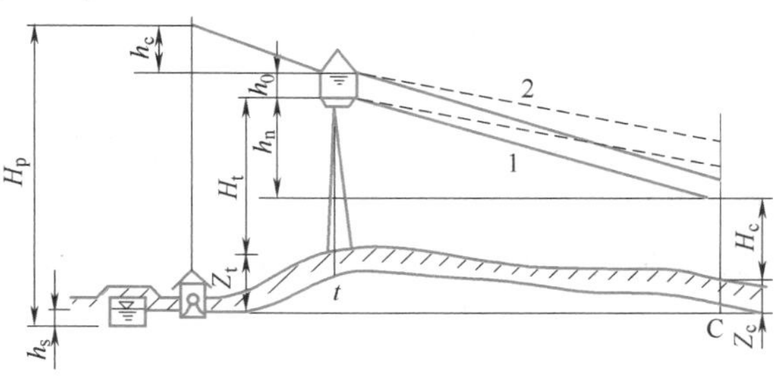

图 2-8　网前水塔管网的水压线

1—最高用水时；2—最小用水时

二级泵站扬程除了满足最高用水时的水压外，还应满足消防流量事故流量对水压要求的校核（图 2-9）。

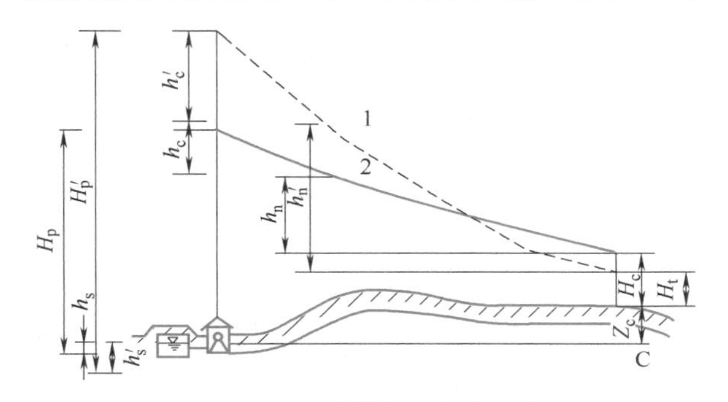

图 2-9　泵站供水时的水压线

1—消防时；2—最高用水时

（2）水塔高度

大城市一般不设水塔，因城市用水量大，水塔容积小了不起作用，容积太大造价又太高，况且水塔高度一经确定，不利于今后给水管网的发展，但是，在地势非常平坦的城市，不得已情况下也有采用水塔或水塔群作为管网中流量调节构筑物的。中小城市和工业企业则可考虑设置水塔，既可缩短水泵工作时间，又可保证恒定的水压。为了减小水塔高度，水塔一般设在城市地形高处，所以其在管网中的位置，可靠近水厂（网前水塔）、位于管网中间（网中水塔）或靠近管网末端（对置水塔）等。不管水塔位置如何，它的水柜底高于地面的高度均可按式（2-17）计算。

$$H_t = H_c + h_n - (Z_t - Z_c) \tag{2-17}$$

式中　H_c——控制点 C 要求的最小服务水头，m；

h_n——按最高时供水量计算的从水塔到控制点的管网水头损失，m；

Z_t——设置水塔处的地面标高与清水池最低水位的高差，m；

Z_c——控制点的地面标高与清水池最低水位的高差，m。

从式（2-17）可以看出，建造水塔处的地面标高 Z_t 越高，则水塔高度 H_t 越低，这是水塔建在高地的原因。

离二级泵站越远、地形越高的城市，水塔可能建在管网末端而形成对置水塔的管网系统。这种系统的给水情况比较特殊，在最高供水量时，管网用水由泵站和水塔同时供给，两者各有自己的供水区，在供水区分界线上，水压最低。在设计工况（管网通过最高日最高时流量时）下，对置水塔管网被供水分界线分成了类似无水塔管网和网前水塔管网两个供水区，所以，求对置水塔管网系统中的水塔高度时，式（2-17）中的 h_n 是指水塔到分界线处的水头损失，H_c 和 Z_c 分别指水压最低点的服务水头和地形标高。这时，设计工况下求出的二级泵站扬程是否能满足将管网最大转输时流量（管网在用水低于二泵站输水流量时，通过整个管网送至水塔储存的最大 1h 的流量）送到水塔最高蓄水位的要求，要按式（2-18）进行校核。

$$H_p=H_t+H_0+Z_t+h_s+h_c \tag{2-18}$$

式中 H_0——水塔水柜的有效水深，m；

h_s，h_c——水泵吸水管、压水管和管网中通过最大转输时流量的水头损失，m。

（3）多级加压给水

有两种情形：一是输水管渠的多级加压提升，如水源离水厂很远时，原水需经多级提升输送到水厂，或水厂离用水区域很远时，清水需要多级提升输送到用水区的管网；二是配水管网的多级加压，如给水系统的用水区域很大，或用水区域为窄长形，一级加压供水不经济或前端管网水压偏高，应采用多级加压供水。

习题

1. 给水管网布置有哪两种基本形式？各适用于何种情况？有何优缺点？
2. 树状管网与环状管网给水相比较，树状管网给水存在哪些缺点？
3. 一般城市是哪种形式的给水管网，为什么采用这种形式？
4. 工业企业内的给水管网与城市给水管网相比有哪些特点？
5. 管网定线应确定哪些管线的位置？其余的管线位置和管径怎样确定？
6. 给水管网布置应满足哪些基本要求？
7. 设计城市给水系统时应考虑哪些用水量？
8. 哪些因素影响水厂二级泵房水泵的扬程？
9. 清水池和水塔起什么作用？哪些情况下应设置水塔？
10. 某城市最高日用水量 10 万 m^3/d，给水系统设有取水泵房、输水管渠、水处理厂、给水泵房、清水输水管、配水管网、调节水池，日用水变化系数 $k_d=1.2$，时变化系数 $k_h=1.5$，水厂自用水量为 5%，则取水泵房的设计流量是多少？
11. 某城市用水人口 50 万，最高日生活用水量定额 $0.15m^3/(d·人)$，综合生活用水量定额 $0.20m^3/(d·人)$，自来水普及率 90%。该城市的最高日居民生活用水量和综合生活用水量各是多少？
12. 水塔处地面标高为 23m，水塔柜底距地面 20.5m，现拟在距水塔 5000m 处建一幢住宅楼，该地面标高为 12m，若水塔至新建住宅楼管线的水力坡降为 1.5‰，则按管网最小服务水头确定的新建住宅楼建筑层数应为多少层？

第 2 章课后例题题目

微课 第 2 章课后例题精讲

第3章 Chapter 03

给水管网设计

给水管网是一个复杂的系统，通过给水管网水力计算可以确定干管管径、管网各节点的水压、二级泵站和管网中加压泵站的扬程等，所以水力计算是给水管网设计的依据，是进行管网系统模拟和各种动态工况分析的基础，也是加强给水管网系统管理及优化运行的基础。因此，管网水力计算至关重要。

在实际工程设计中，管网水力计算包括对新建管网和扩建管网的设计以及对旧管网的复核。

3.1 管网图形及简化

3.1.1 管网图形

由于城市给水管线遍布于街道下，所以管网形状和城市规划总平面布置有着密切的联系。通常，城市给水管网是由环状网和树状网组成的混合型管网（图 3-1）。管网图形由配水水源、节点和管段组成（图 3-2）：配水水源提供管网所需的流量和水压，如泵站、水塔或高位水池等；节点是指管网中水流条件变化的点，图 3-2 中 2、3……7 点；两节点之间的管线称为管段，例如管段 3—6，表示节点 3 和 6 之间的一段管线。管段顺序连接形成管线，图中的管线 1—2—3—4—7—8 是指从泵站到水塔的一条管线。起点和终点重合的管线称为管网的环，图中 2—3—6—5—2 的环Ⅰ，因为环中不含其他环，所以称为基环。几个基环合成的环称为大环，如基环Ⅰ、Ⅱ合成的大环 2—3—4—7—6—5—2。

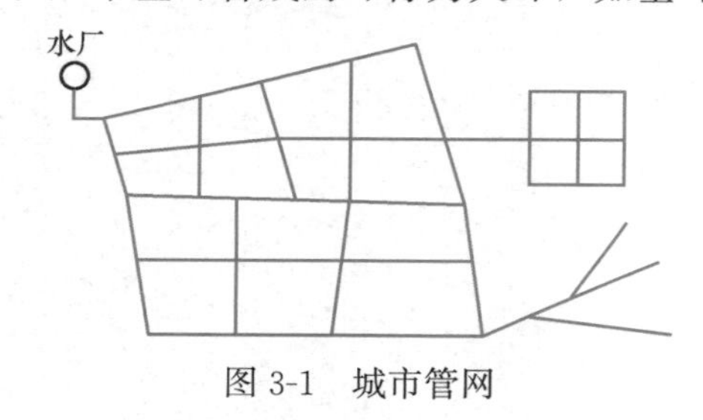

图 3-1　城市管网

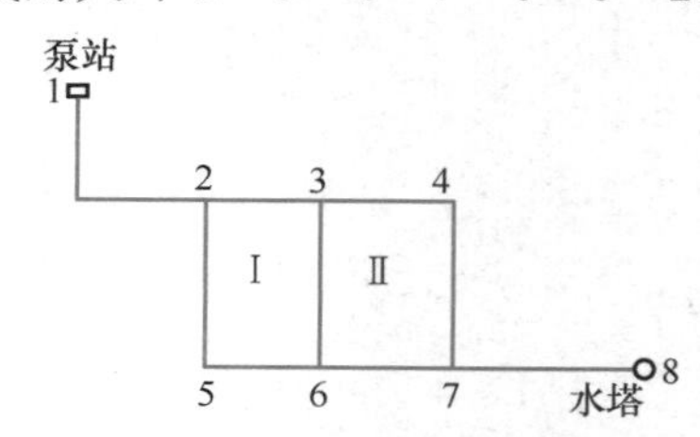

图 3-2　管网的管段、节点和环

3.1.2 树状网和环状网的关系

对于任何环状网，节点数 J、水源数 S、管段数 P 和基环数 L 之间存在下列关系。

$$P=J+L-S \tag{3-1}$$

如图 3-3 所示的环状网，有 10 个节点、1 个水源、4 个基环和 13 条管段，满足式（3-1）的关系。

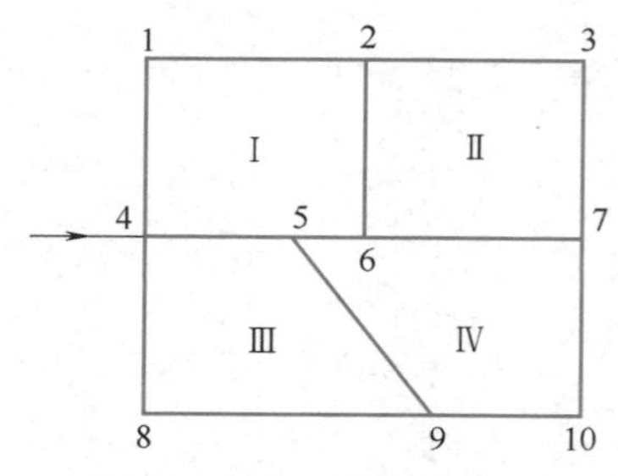

图 3-3　环状网的管段数、节点数和环数的关系

对于单水源树状网，$L=0$，$S=1$，因此

$$P=J-1 \tag{3-2}$$

即单水源树状网管段数等于节点数减 1。由此可见，若将环状网转化为树状网，需要去掉 L 条管段，即每环去掉一条管段。管段去掉后节点数保持不变。因为每环去掉的管段可以不同，所以同一环状网可以转化为多种形式的树状网。

3.1.3 给水排水管网的简化

给水排水管网是一类规模大且复杂多变的管网系统，

为便于规划、设计和运行管理，应将其简化和抽象为便于用图形和数据表达和分析的系统，称为给水排水管网模型。给水排水管网模型主要表达管网系统中各组成部分的拓扑关系和水力特性，将管网简化并抽象为管段和节点两类元素，并赋予工程属性。管网简化是从实际管网系统中删减一些比较次要的组成部分，使分析和计算集中于主要对象；管网抽象是忽略分析对象的一些具体特征，而将它们视为模型中的元素，只考虑它们的拓扑关系和水力特性。

1. 简化原则

（1）宏观等效原则。即对给水排水管网某些局部简化以后，要保持其功能，各元素之间的关系不变。宏观等效的原则是相对的，要根据应用的要求与目的不同来灵活掌握。

（2）小误差原则。简化必然带来模型与实际系统的误差，需要将误差控制在一定允许范围内，应满足工程要求。

2. 简化的一般方法

（1）删除次要管线（如管径较小的支管、配水管、出户管等），保留主干管和干管。当系统规模小或计算精度要求高时，可以将较小管径的管线定为干管，当系统规模大或计算精度要求低时，可以将较大管径的管线定为次要管线。删除不影响全局水力特性的设施（如全开的闸阀、排气阀、泄水阀、消火栓等）。

（2）当管线交叉点很近时，可以合并为同一交叉点；同一处的多个相同设施也可合并。

（3）并联的管线可以简化为单管线，其直径采用水力等效原则计算。

（4）将管线从全闭阀门处切断，但需保留调节阀、减压阀等。

（5）在可能的情况下，将大系统拆分为多个小系统，分别进行分析计算。

图 3-4（a），经简化后如图 3-4（b）所示。

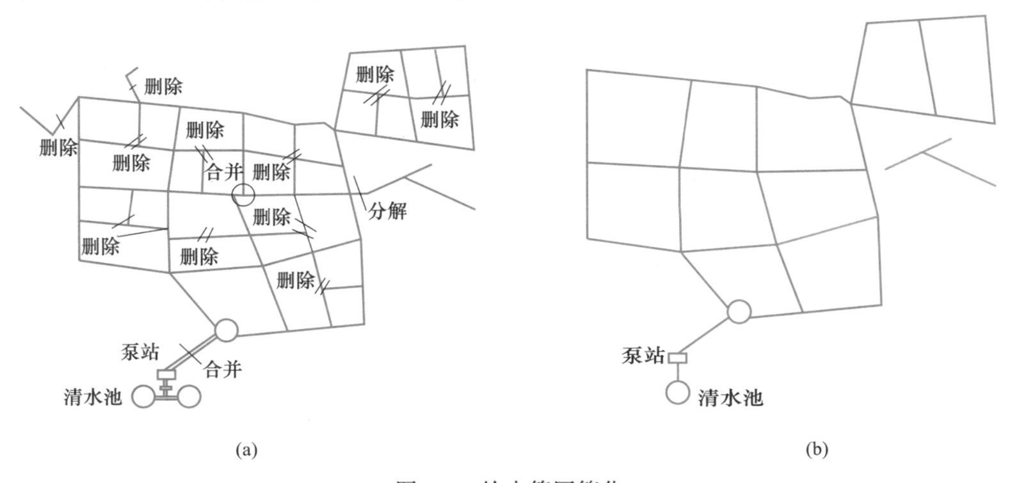

图 3-4　给水管网简化

3.2　管网流量计算

在管网水力计算过程中，首先需求出沿线流量和节点流量。沿线流量是指供给该管段两侧用户所需流量。节点流量是从沿线流量折算出的并且假设是在节点集中流出的流量。

3.2.1 比流量

城市给水管线，是在干管和分配管上接出许多用户，沿管线配水，沿线既有工厂、机关、旅馆等大量用水单位，也有数量很多但用水量较少的居民用水，情况比较复杂（图3-5）。

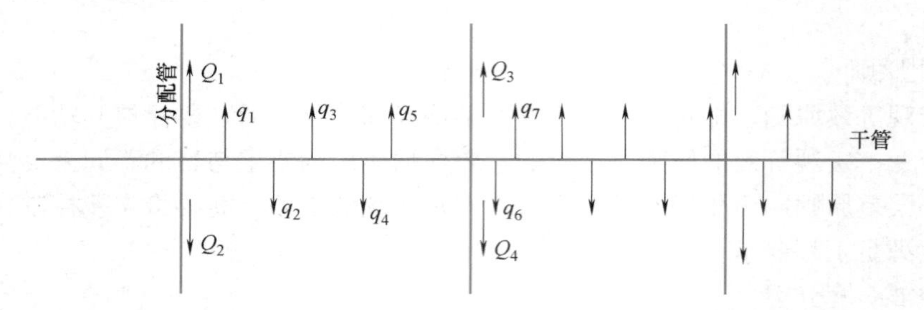

图 3-5　干管配水情况

如果按照实际用水情况来计算管网，不但很难做到，也没有必要，因为用户用水量是随时变化的。因此，计算时往往加以简化，即假定用水量均匀分布在全部干管上，由此算出干管单位长度的流量叫作比流量。

$$q_s=\frac{Q-\sum q}{\sum l} \tag{3-3}$$

式中　q_s——比流量，L/(s · m)；

Q——管网总用水量，m^3/s；

$\sum q$——大用水户集中用水量之和，m^3/s；

$\sum l$——干管总长度，穿越广场、公园等无建筑物地区的管线长度为 0，单侧配水管线长度按 50%计算，m。

干管的总长度一定时，比流量随用水量增减而变化，最高用水时和最大转输时的比流量不同，所以在管网计算时须分别计算。城市内人口密度或房屋卫生设备条件不同的地区，也应该根据各区的用水量和干管长度，分别计算其比流量，以得出比较接近实际用水的结果。

但是，按照用水量全部均匀分布在干管上的假定以求出比流量的方法，存在一定的缺陷。因为它忽视了沿线供水人数和用水量的差别，所以与各管段的实际配水量并不一致。为此提出另一种按该管段的供水面积决定比流量的计算方法，即将式（3-3）中的管段总长度$\sum l$ 用供水区总面积$\sum A$ 代替，得出的是以单位面积计算的比流量 q_A。这样，任一管段的沿线流量，等于其供水面积和比流量 q_A 的乘积。供水面积可用角等分线的方法来划分街区。在街区长边上的管段，其两侧供水面积均为梯形。在街区短边上的管段，其两侧供水面积均为三角形。这种方法虽然比较准确，但计算较为复杂，对于干管分布比较均匀、干管间距大致相同的管网，并无必要按供水面积计算比流量。

3.2.2 沿线流量

得到比流量后，即可求出各管段的沿线流量

$$q_l=q_s l \tag{3-4}$$

式中　q_l——沿线流量，L/s；

l——该管段的长度，m。需要注意的是，管段配水长度不一定等于实际管长。无配水的输水管，配水长度为零；单侧配水，为实际管长的一半。

3.2.3 节点流量

管网中任一管段的流量，由两部分组成：一部分是沿该管段长度 l 配水的沿线流量 q_l，另一部分是通过该管段输水到以后管段的转输流量 q_t。转输流量沿整个管段不变，而沿线流量由于管段沿线配水，所以管段中的流量顺水流方向逐渐减少，到管段末端只剩下转输流量（图 3-6），管段 1—2 起端 1 的流量等于转输流量 q_t 加沿线流量 q_l，到末端 2 只有转输流量 q_t，因此每一管段起点到终点的流量是变化的。对于流量变化的管段，难以确定管径和水头损失，所以有必要将沿线流量转化成从节点流出的流量。这样，沿管线不再有流量流出，即管段中的流量不再沿管线变化，就可根据该流量确定管径。

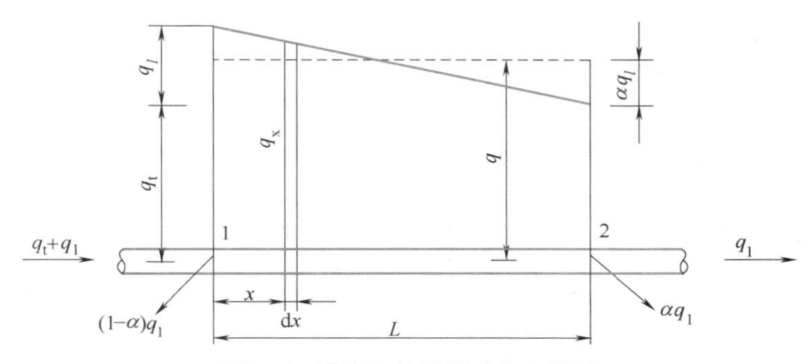

图 3-6 沿线流量折算成节点流量

沿线流量转化成节点流量的原理是求出一个沿线不变的折算流量 q，使它产生的水头损失等于实际上沿管线变化的流量 q_x 产生的水头损失。

图 3-6 中的水平虚线表示沿线不变的折算流量

$$q=q_t+\alpha q_l \tag{3-5}$$

式中 α——折算系数，是把沿线变化的流量折算成在管段两端节点流出的流量，即节点流量的系数。

按沿线流量转化成节点流量的原理，经推导，可得到折算系数

$$\alpha=\sqrt{\gamma^2+\gamma+\frac{1}{3}}-\gamma \tag{3-6}$$

式中，$\gamma=\dfrac{q_t}{q_l}$。式（3-6）表明，折算系数 α 和 γ 值有关。在管网末端的管段，因转输流量 q_t 为零，则 $\gamma=0$，得

$$\alpha=\sqrt{\frac{1}{3}}=0.577$$

如果 $\gamma=100$，即转输流量远大于沿线流量的管段（在管网的起端），折算系数为

$$\alpha=0.50$$

由此可见，因管段在管网中的位置不同，γ 值不同，折算系数 α 值也不等。在靠近管网起端的管段，因转输流量比沿线流量大得多，α 值接近于 0.5；相反，靠近管网末端的

管段，α 值大于 0.50。为便于进行管网计算，通常统一采用 $\alpha=0.5$，即将沿线流量折半作为管段两端的节点流量，在解决工程问题时，已足够精确。

因此管网任一节点的节点流量为

$$q_i=\alpha\sum q_l=0.5\sum q_l \tag{3-7}$$

即任一节点的节点流量 q_i 等于与该节点相连各管段的沿线流量 q_l 总和的一半。

城市管网中，工业企业等大用水户所需流量，可直接作为接入大用水户节点的节点流量。工业企业内的生产用水管网、用水量大的车间，用水量也可直接作为节点流量。

这样，管网图上只有集中在节点的流量，包括由沿线流量折算的节点流量和大用水户的集中流量。管网计算中，节点流量一般在管网计算图的节点旁引出箭头注明，以便于进一步计算。

【例 3-1】 某城镇给水管网管段长度和水流方向如图 3-7 所示，比流量为 0.04L/(s·m)，所有管段均为双侧配水，折算系数统一采用 0.5，节点 2 处有一集中流量 20L/s，则节点 2 的计算流量为多少？

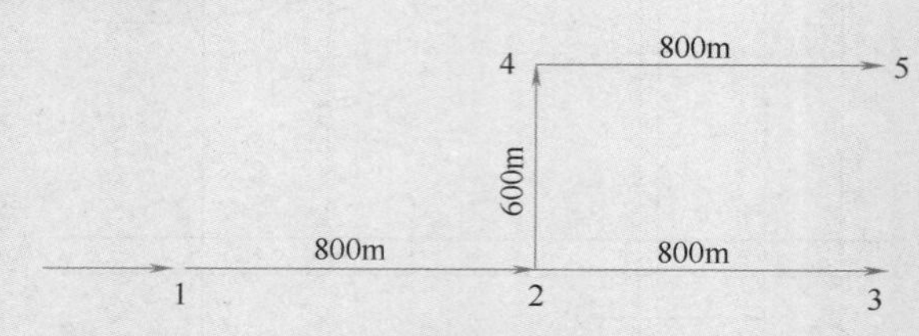

图 3-7　给水管网管段长度和水流方向

【解】 节点 2 的节点流量包括沿线流量折算到节点的流量和集中流量两部分，而沿线流量折算的节点流量为与节点 2 相连的所有管段沿线流量总和的一半，即节点 2 的节点流量为：

$$q_2=0.5\times0.04\times(800+800+600)+20=64\text{L/s}$$

3.2.4 管段设计流量

求出节点流量后，即可进行管网的流量分配，分配到各管段的流量已经包括了沿线流量和转输流量。求出各管段流量后，即可根据该流量确定管径和进行水力计算，所以流量分配在管网计算中是一个重要环节。

1. 树状网

单水源的树状网中，从水源（二级泵站、高地水池等）供水到各节点的水流方向只有一个，任一管段发生事故时，该管段以后的地区就会断水，因此任一管段的流量等于该管段以后（顺水流方向）所有节点流量的总和（图 3-8）。

例如，管段 3—4 的流量：

$$q_{3-4}=q_4+q_5+q_8+q_9+q_{10}$$

可见，树状网的流量分配比较简单，各管段的流量容易确定，并且每一管段只有唯一的流量值。

2. 环状网

环状网（图 3-9）流量分配比较复杂。各管段的流量与以后各节点流量没有直接的联系，但环状网流量分配时必须保持每一节点的水流连续性，也就是流向任一节点的流量必

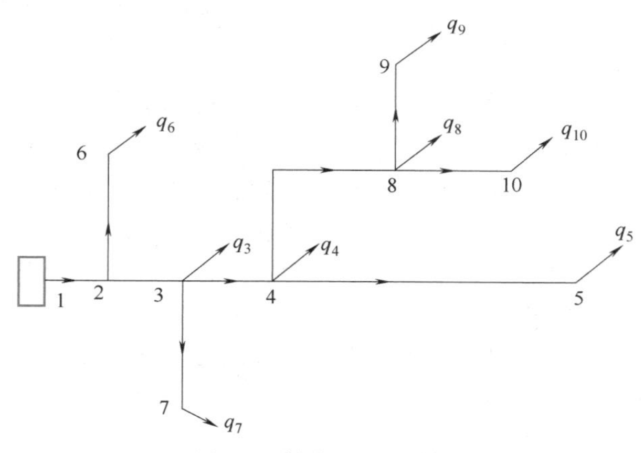

图 3-8　树状网流量分配

须等于流离该节点的流量，以满足节点流量平衡的条件，用公式表示为

$$q_i + \sum q_{ij} = 0 \tag{3-8}$$

式中　q_i——节点 i 的节点流量，L/s；

q_{ij}——从节点 i 到节点 j 的管段流量，L/s。

假定离开节点的管段流量为正，流向节点的为负。

以图 3-9 中的节点 1 为例，离开节点的流量为 q_1、q_{1-2}、q_{1-4}，流向节点的流量为 Q，根据式（3-8）得

$$-Q + q_1 + q_{1-2} + q_{1-4} = 0$$

或

$$Q - q_1 = q_{1-2} + q_{1-4}$$

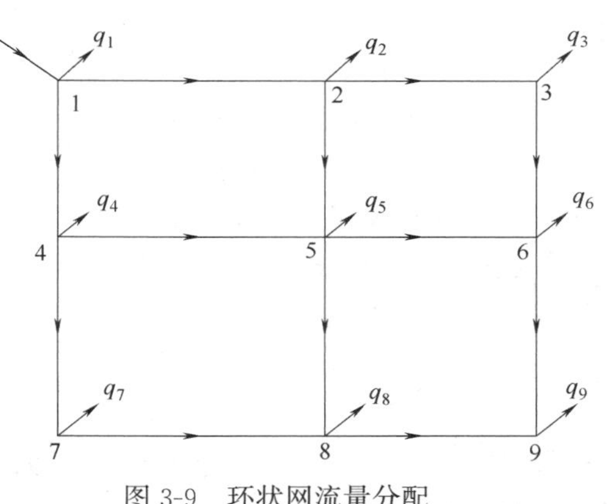

图 3-9　环状网流量分配

可见，对节点 1 来说，即使进入管网的总流量 Q 和节点流量已知，各管段的流量，如 q_{1-2}、q_{1-4}，还可以有不同的分配，即有不同的管段流量。假设在分配流量时，对其中的一条，如管段 1—2，分配很大的流量 q_{1-2}，而另一管段 1—4 分配很小的流量 q_{1-4}，因 $q_{1-2}+q_{1-4}$ 仍等于 $Q-q_1$，即保持水流的连续性，这时敷管费用虽然比较经济，但明显和安全供水产生矛盾。因为当流量很大的管段 1—2 损坏需要检修时，全部流量必须在管段 1—4 中通过，使该管段的水头损失过大，从而影响到整个管网的供水量或水压。

因此，环状网流量分配时，应同时考虑经济性和可靠性。经济性是指流量分配得到的管径，应使一定年限内的管网建造费用和管理费用最小。可靠性是指能向用户不间断地供水，并且保证应有的水量、水压和水质。很清楚，经济性和可靠性之间往往难以兼顾，一般只能在满足可靠性的要求下，力求管网最为经济。

环状网流量分配的步骤：

（1）按照管网的主要供水方向，初步拟定各管段的水流方向，并选定整个管网的控制

点。控制点是管网正常工作时和事故时必须保证所需水压的点，一般选在给水区内离二级泵站最远或地形较高之处。

（2）为了可靠供水，从二级泵站到控制点之间选定几条主要的平行干管，这些平行干管中尽可能均匀地分配流量，并且符合水流连续性即满足节点流量平衡的条件。这样，当其中一条干管损坏，流量由其他干管转输时，不会使这些干管中的流量增加过多。

（3）与干管垂直的连接管，其作用主要是沟通平行干管之间的流量。有时起一些输水作用，有时只是就近供水到用户，平时流量一般不大，只有在干管损坏时才转输较大的流量，因此连接管中可分配较少的流量。

多水源的管网，应由每一水源的供水量定出其大致供水范围，初步确定各水源的供水分界线，然后从各水源开始，循供水主流方向按每一节点符合 $q_i+\sum q_{ij}=0$ 的条件，同时考虑经济和安全供水进行流量分配。位于分界线上各节点的流量，往往由几个水源同时供给。各水源供水范围内的全部节点流量加上分界线上由该水源供给的节点流量之和，应等于该水源的供水量。

环状网流量分配后即可得出各管段的计算流量，由此流量即可确定管径。

3.2.5 管径设计

管网流量分配后得到了各个管段的计算流量，由于管径与设计流量的关系为

$$q=Av=\frac{\pi D^2}{4}v \tag{3-9}$$

式中 A——水管断面积，m^2；

D——管段直径，m；

q——管段流量，m^3/s；

v——流速，m/s。

因此，各管段的管径为

$$D=\sqrt{\frac{4q}{\pi v}} \tag{3-10}$$

从式（3-10）可知，管径不但和管段流量有关，而且和流速的大小有关，如果管段的流量已知，但是流速未定，管径还是无法确定。因此，要确定管径必须先选定流速。

为了防止管网因水锤现象出现事故，最大设计流速不应超过 2.5～3m/s；在输送浑浊的原水时，为了避免水中悬浮物质在水管内沉积，最低流速通常不得小于 0.6m/s，可见技术上允许的流速幅度是较大的。因此，需在上述流速范围内，根据当地的经济条件，考虑管网的造价和经营管理费用，来选定合适的流速。

从式（3-10）可以看出，流量已定时，管径和流速的平方根成反比。流量相同时，如果流速取得小些，管径相应增大，此时管网造价增加，可是管段中的水头损失却相应减小，因此水泵所需扬程降低，可以节约输水电费。相反，如果流速用得大些，管径虽然减小，管网造价有所下降，但因水头损失增大，电费势必增加。因此，一般采用优化方法求得流速或管径的最优解，在数学上表现为求一定年限 t（称为投资偿还期）内管网造价和管理费用（主要是电费）之和为最小的流速，称为经济流速，以此来确定管径。

设 C 为一次投资的管网造价，M 为每年管理费用，则在投资偿还期 t 年内的总费用

$$W_t = C + Mt \tag{3-11}$$

管理费用中包括电费 M_1 和折旧费（包括大修理费）M_2，因后者和管网造价有关，按管网造价的百分数计，可表示为$\frac{p}{100}C$，由此得出

$$W_t = C + \left(M_1 + \frac{p}{100}C\right)t \tag{3-12}$$

式中　p——管网的折旧和大修率，以管网造价的百分比计，%。

如以一年为基础求出年折算费用，即有条件地将造价折算为一年的费用，则年折算费用为

$$W = \frac{C}{t} + M = \left(\frac{1}{t} + \frac{p}{100}\right)C + M_1 \tag{3-13}$$

管网造价和管理费用都和管径有关。当流量已知时，则造价和管理费用与流速 v 有关，因此年折算费用既可以用流速 v 的函数也可以用管径 D 的函数表示。流量一定时，如管径 D 增大（v 相应减小），则式（3-13）中右边第 1 项管网造价和折旧费增大，而第 2 项电费减小。这种年折算费用 W 和管径 D 以及年折算费用 W 和流速 v 的关系，分别如图 3-10 和图 3-11 所示。

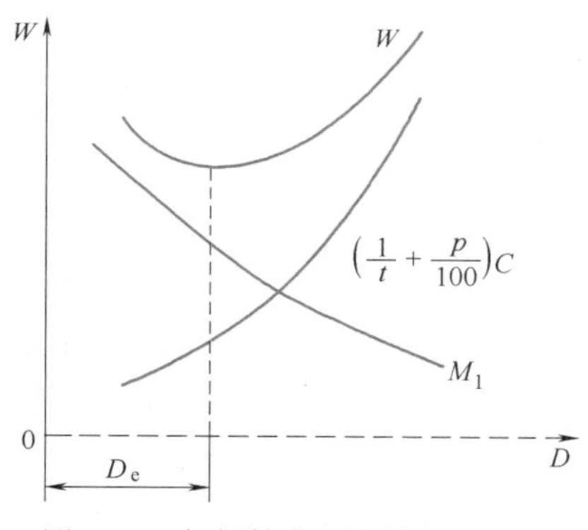

图 3-10　年折算费用和管径的关系

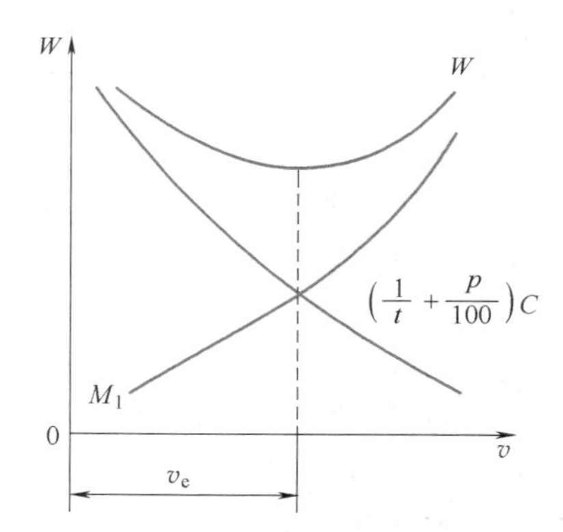

图 3-11　年折算费用和流速的关系

从图 3-10 和图 3-11 可见，年折算费用 W 存在最小值，其相应的管径和流速称为经济管径 D_e 和经济流速 V_e。各城市的经济流速值应按当地条件，如水管材料和价格、施工费用、电费等来确定，不能直接套用其他城市的数据。另外，管网中各管段的经济流速也不一样，需随管网图形、该管段在管网中的重要性、该管段流量和管网总流量的比例等决定。

由于实际管网的复杂性，加之情况在不断变化，例如用水量不断增长，管网逐步扩展，许多经济指标如水管价格、电费等也随时变化，要从理论上计算管网造价和年管理费用相当复杂，且有一定的难度。在条件不具备时，设计中也可采用平均经济流速来确定管径，得出的是近似经济管径（表 3-1），或输水管经济流速（表 3-2）。

平均经济流速　　**表 3-1**

管径(mm)	平均经济流速(m/s)	管径(mm)	平均经济流速(m/s)
100～400	0.6～0.9	≥400	0.9～1.4

输水管经济流速　　表 3-2

管材	电价[元/(kW·h)]	设计流速(L/s)											
		10	25	50	100	200	300	400	500	750	1000	1500	2000
球墨铸铁管	0.4	0.99	1.09	1.18	1.27	1.37	1.43	1.48	1.51	1.58	1.63	1.71	1.76
	0.6	0.87	0.97	1.04	1.13	1.22	1.27	1.31	1.35	1.41	1.45	1.52	1.57
	0.8	0.80	0.89	0.96	1.04	1.12	1.17	1.21	1.24	1.29	1.33	1.40	1.44
	1.0	0.75	0.83	0.90	0.97	1.05	1.09	1.13	1.16	1.21	1.25	1.31	1.35
普通铸铁管	0.4	0.95	1.05	1.14	1.23	1.33	1.40	1.45	1.48	1.55	1.61	1.68	1.74
	0.6	0.84	0.93	1.01	1.10	1.19	1.24	1.28	1.32	1.38	1.43	1.50	1.55
	0.8	0.77	0.86	0.93	1.01	1.09	1.14	1.18	1.21	1.27	1.31	1.38	1.42
	1.0	0.72	0.80	0.87	0.94	1.02	1.07	1.11	1.14	1.19	1.23	1.29	1.33
钢筋混凝土管	0.4	1.23	1.29	1.33	1.38	1.43	1.46	1.48	1.50	1.53	1.55	1.58	1.60
	0.6	1.08	1.13	1.17	1.21	1.26	1.28	1.30	1.32	1.34	1.36	1.39	1.41
	0.8	0.99	1.03	1.07	1.11	1.15	1.17	1.19	1.20	1.23	1.24	1.27	1.29
	1.0	0.92	0.96	1.00	1.03	1.07	1.09	1.11	1.12	1.14	1.16	1.18	1.20

选取经济流速和确定管径时，可以考虑以下原则：

(1) 大管径可取较大的经济流速，小管径可取较小的经济流速。

(2) 管径设计流量占整个管网供水流量比例较小时取较大的经济流速，反之取较小的经济流速。

(3) 从供水泵站到控制点的管线上的管段可取较小的经济流速，其余管段可取较大的经济流速。如输水管位于供水泵站到控制点的管线上，所以输水管所取经济流速应较管网中的管段小。

(4) 管线造价较高而电价相对较低时取较大的经济流速，反之取较小的经济流速。

(5) 重力供水时，各管段的经济管径或经济流速按充分利用地形高差来确定，即应使输水管渠和管网通过设计流量时的水头损失总和等于或略小于可以利用的标高差。

(6) 根据经济流速计算出的管径如果不符合市售标准管径时，可以选用相近的标准管径，或按表 3-3 所列界限管径选取标准管径更佳。

界限管径流量表　　表 3-3

管径	界限流量		管径	界限流量	
mm	L/s	m^3/hm^2	mm	L/s	m^3/hm^2
15	0.20～0.65	0.72～2.34	200	15.00～28.50	54.00～102.60
20	0.40～1.15	1.44～4.14	250	28.50～45.00	102.60～162.00
25	0.70～2.00	2.52～7.02	300	45.00～78.00	162.00～280.80
32	1.05～3.10	3.78～11.16	400	78.00～145.00	280.80～522.00
40	1.70～3.00	6.12～10.80	500	145.00～237.00	522.00～853.20
50	2.30～4.80	8.28～17.28	600	237.00～355.00	853.20～1278.00
70	3.40～6.40	12.24～23.04	700	355.00～490.00	1278.00～1764.00
80	3.90～7.40	14.01～26.64	800	490.00～685.00	1764.00～2466.00
100	4.40～8.90	15.84～32.04	900	685.00～822.00	2466.00～2959.20
150	9.00～15.00	32.40～54.00	1000	822.00～1120.00	2959.20～4032.00

（7）当管网有多个水源或设有对置水塔时，在各水源或水塔供水的分界区域，管段设计流量可能特别小，选择管径时要适当放大，因为当各水源供水流量比例变化或水塔转输（即进水）时，这些管段可能需要输送较大的流量。

（8）重要的输水管，如从水厂到用水区域的输水管，或向远离主管网大用水户供水的输水管，在未连成环状网且输水末端没有保证供水可靠性的贮水设施时，应采用平行双条管道，每条管道直径按设计流量的50%确定。另外，对于较长距离的输水管，中间应设置2处以上的连通管，并安装切换阀门，以便事故时能够局部隔离，保证达到70%以上供水量要求。

3.3 管网水力计算的基础方程

给水管网水力计算实质上是联立求解连续性方程、能量方程和管段压降方程。

在管网水力计算时，根据求解的未知数是管段流量还是节点水压，可以分为解节点方程、解环方程和解管段方程三类，在具体求解过程中可采用不同的算法。

3.3.1 解节点方程

解节点方程是在假定每一节点水压的条件下，应用连续性方程以及管段压降方程，通过计算调整，求出每一节点的水压。节点的水压已知后，即可以从任一管段两端节点的水压差得出该管段的水头损失，进一步从流量和水头损失之间的关系算出管段流量。工程上常用的算法有哈代-克罗斯法。

解节点方程是应用计算机求解管网计算问题时，应用最广的一种算法。

3.3.2 解环方程

管网经流量分配后，各节点已满足连续性方程，可是由该流量求出的管段水头损失，并不同时满足 L 个环的能量方程，为此必须多次将各管段的流量反复调整，直到满足能量方程，从而得出各管段的流量和水头损失。

解环方程时，哈代-克罗斯法是其中常用的一种算法。由于环状网中，环数少于节点数和管段数，相应地以环方程数为最少，因而成为手工计算时的主要方法。

3.3.3 解管段方程

该法是应用连续性方程和能量方程，求得各管段流量和水头损失，再根据已知节点水压求出其余各节点水压。大中城市的给水管网，管段数多达数百条甚至数千条，需借助计算机才能快速求解。

3.4 水头损失计算

3.4.1 管（渠）道沿程水头损失

1. 谢才公式计算

$$h_f=\frac{v^2}{C^2R}l \tag{3-14}$$

式中　h_f——沿程水头损失，m；

v——过水断面平均流速，m/s；

C——谢才系数；

R——过水断面水力半径，圆管流 $R=0.25D$，D 为直径，m；

l——管渠长度，m。

2. 对于圆管满流，可用达西公式计算

$$h_f=\lambda\frac{l}{D}\frac{v^2}{2g} \tag{3-15}$$

式中 λ——沿程阻力系数；

D——管段直径，m；

g——重力加速度，m^2/s。

沿程阻力系数或谢才系数与水流流态有关，一般只能采用经验公式或半经验公式计算。目前国内外使用较广泛的公式有：

(1) 海曾-威廉公式

适用于较光滑的圆管满流管紊流计算，主要用于给水管道水力计算。

$$\lambda=\frac{13.16gD^{0.13}}{C_w^{1.852}q^{0.148}} \tag{3-16}$$

式中 C_w——海曾-威廉粗糙系数（表 3-4）；

q——流量，m^3/s。

将式（3-16）代入式（3-15）得：

$$h_f=\frac{10.67q^{1.852}}{C_w^{1.852}D^{4.87}}l \tag{3-17}$$

海曾-威廉系数值 **表 3-4**

管道材料	C_w	管道材料	C_w
塑料管	150	新铸铁管、涂沥青或水泥的铸铁管	130
石棉水泥管	120～140	使用 5 年的铸铁管、焊接钢管	120
混凝土管、焊接钢管、木管	120	使用 10 年的铸铁管、焊接钢管	110
水泥衬里管	120	使用 20 年的铸铁管	90～100
陶土管	110	使用 30 年的铸铁管	75～90

(2) 舍维列夫公式

适用于旧铸铁管和旧钢管满管紊流，水温 10℃，常用于给水管道水力计算。

当 $v \geqslant 1.2m/s$ 时

$$\lambda=0.00214\frac{g}{D^{0.3}} \tag{3-18}$$

当 $v<1.2m/s$ 时

$$\lambda=0.001824\frac{g}{D^{0.3}}\left(1+\frac{0.867}{v}\right)^{0.3} \tag{3-19}$$

将式（3-18）及式（3-19）代入式（3-15）分别得

当 $v \geqslant 1.2m/s$ 时

$$h_f=0.00107\frac{v^2}{D^{1.3}}l \tag{3-20}$$

当 $v<1.2\text{m/s}$ 时

$$h_f=0.000912\frac{v^2}{D^{1.3}}\left(1+\frac{0.867}{v}\right)^{0.3}l \tag{3-21}$$

（3）巴甫洛夫斯基公式

适用于明渠流和非满管流管道的计算，公式为

$$C=\frac{R^y}{n} \tag{3-22}$$

式中　y——$y=2.5\sqrt{n}-0.13-0.75\sqrt{R}(\sqrt{n}-0.10)$；

n——管材粗糙系数（表3-5）。

常用管材粗糙系数值　　表3-5

管壁材料	n	管壁材料	n
铸铁管、陶土罐	0.013	浆砌砖渠道	0.015
混凝土管、钢筋混凝土管	0.013～0.014	浆砌块石渠道	0.017
水泥砂浆抹面渠道	0.013～0.014	干砌块石渠道	0.020～0.025
石棉水泥管、钢管	0.012	土明渠	0.025～0.030

将式（3-22）代入式（3-14）得

$$h_f=\frac{n^2v^2}{R^{2y+1}}l \tag{3-23}$$

（4）曼宁公式

曼宁公式是巴甫洛夫斯基公式中 $y=1/6$ 时的特例，适用于明渠或较粗糙的管道计算。

$$C=\frac{1}{n}R^{\frac{1}{6}} \tag{3-24}$$

将式（3-24）代入式（3-14）得

$$h_f=\frac{n^2v^2}{R^{1.333}}l \tag{3-25}$$

或

$$h_f=\frac{10.29n^2q^2}{D^{5.333}}l \tag{3-26}$$

（5）柯尔勃洛克-怀特公式

适用于各种紊流，是适用性和计算精度最高的公式之一。

$$C=-17.7\lg\left(\frac{e}{14.8R}+\frac{C}{3.53Re}\right) \tag{3-27}$$

或

$$\frac{1}{\sqrt{\lambda}}=-2\lg\left(\frac{e}{3.7D}+\frac{2.51}{Re\sqrt{\lambda}}\right) \tag{3-28}$$

式中　e——管壁当量粗糙度，mm；常用管材的 e 值见表3-6。

Re——雷诺数。

管壁当量粗糙度 e（mm）　　表 3-6

管壁材料	光滑	平均	粗糙
玻璃拉成的材料	0	0.003	0.006
钢、PVC 或 AC	0.015	0.03	0.06
有覆盖的钢	0.03	0.06	0.15
镀锌管、陶土管	0.06	0.15	0.3
铸铁或水泥衬里	0.15	0.3	0.6
预应力混凝土或木管	0.3	0.6	1.5
铆接钢管	1.5	3	6
脏的污水管道或结瘤的给水主管线	6	15	30
毛砌石头或土渠	60	150	300

式（3-27）和式（3-28）为隐函数形式，不便于手工计算和应用。为方便使用，可简化为显函数形式

$$C=-17.7\lg\left(\frac{e}{14.8R}+\frac{4.462}{Re^{0.875}}\right) \tag{3-29}$$

或

$$\frac{1}{\sqrt{\lambda}}=-2\lg\left(\frac{e}{3.7D}+\frac{4.462}{Re^{0.875}}\right) \tag{3-30}$$

3.4.2 局部水头损失计算

管道的局部水头损失

$$h_j=\zeta\frac{v^2}{2g} \tag{3-31}$$

式中 h_j——局部水头损失，m；

v——过水断面的流速，m/s；

ζ——局部阻力系数（表 3-7）。

局部阻力系数　　表 3-7

局部阻力设施	ζ	局部阻力设施	ζ
全开闸阀	0.19	90°弯头	0.9
50%开启闸阀	2.06	45°弯头	0.4
截止阀	3～5.5	三通转弯	1.5
全开蝶阀	0.24	三通直流	0.1

根据经验，室外给水排水管网中的局部水头损失一般不超过沿程水头损失的 5%，因和沿程水头损失相比很小，所以在管网水力计算中，常忽略局部水头损失的影响，不会造成大的计算误差。

3.4.3 沿程水头损失公式的指数形式

$$h_l=kl\frac{q^n}{D^m}=alq^n=sq^n \tag{3-32}$$

式中　k、m、n——常数和指数，在海曾-威廉公式中 $k=\frac{10.67}{C_w^{1.852}}$，$m=4.87$，$n=1.852$；

α——比阻，即单位管长的摩阻，$a=\frac{k}{D^m}$ 或 $a=\frac{64}{\pi^2 C^2 D^5}$；

s——水管摩阻，$s \cdot L^{-2} \cdot m$，$s=al$。

3.5 树状网计算

城市和工业企业给水管网在建设初期往往采用树状网，以后随着城市和用水量的发展，可根据需要逐步连接成环状网并建设多水源。树状网计算比较简单，主要原因是管段流量可以由节点流量连续性方程直接解出，不用求解非线性的能量方程组。由于树状网各管段流量唯一，当任一管段的流量确定后，即可按经济流速求出管径，并求得水头损失。

树状网水力计算的步骤：

（1）用流量连续性条件计算管段流量，并计算出管段压降；

（2）根据管段能量方程和管段压降，从定压节点出发推求各节点水头。

求管段流量一般采用逆推法，即从离树根较远的节点逐步推向离树根较近的节点，按此顺序用节点流量连续性方程求管段流量时，都只有一个未知量，可以直接解出。求节点水头一般从定压节点开始，根据管段能量方程求得节点管段水头损失，逐步推算相邻节点的压力。

【例 3-2】 某城市供水区用水人口 5 万，最高日用水量定额为 150L/(人·d)，要求最小服务水头为 157kPa（15.7m）。节点 4 接某工厂，工业用水量为 $400m^3/d$，两班制，均匀使用。城市地形平坦，地面标高为 5.00m，管网布置如图 3-12 所示，试对该管网进行水力计算。

【解】（1）总用水量：

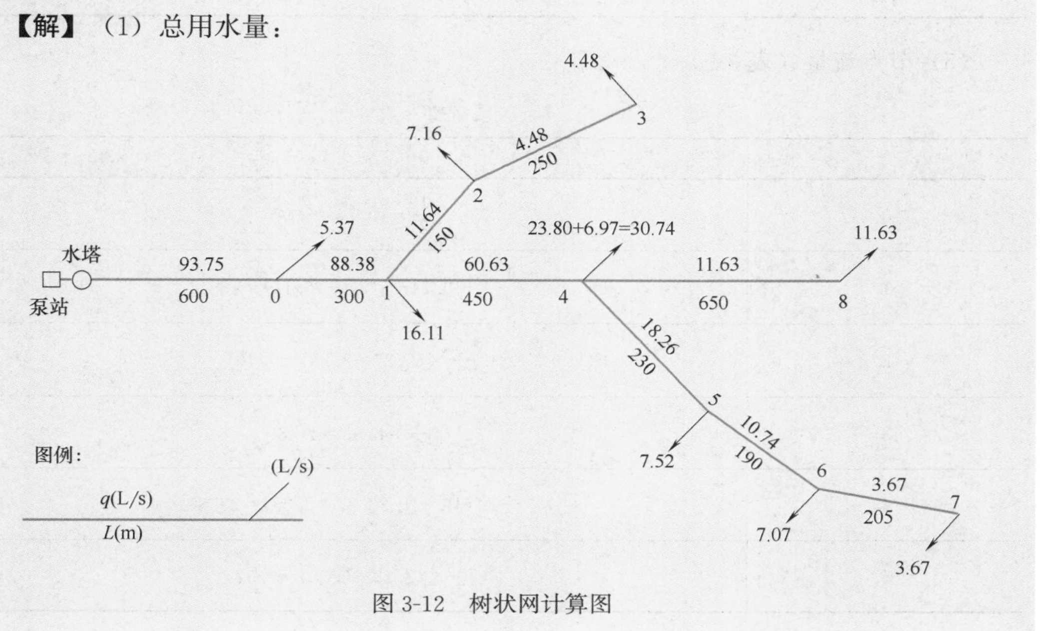

图 3-12　树状网计算图

设计最高日生活用水量：

$$50000 \times 0.15 = 7500 \mathrm{m}^3/\mathrm{d} = 312.5 \mathrm{m}^3/\mathrm{h} = 86.81 \mathrm{L/s}$$

工业用水量：

$$\frac{400}{16} = 25 \mathrm{m}^3/\mathrm{h} = 6.94 \mathrm{L/s}$$

总水量为：

$$\sum Q = 86.81 + 6.94 = 93.75 \mathrm{L/s}$$

（2）管线总长度$\sum L$＝3025m，其中水塔到节点 0 的管段两侧无用户。

（3）比流量：

$$q_s = \frac{93.75 - 6.94}{3025 - 600} = 0.0358 \mathrm{L/(m \cdot s)}$$

（4）沿线流量（表 3-8）。

沿线流量计算 表 3-8

管段	管段长度(m)	沿线流量(L/s)
0—1	300	300×0.0358＝10.74
1—2	150	300×0.0358＝5.37
2—3	250	250×0.0358＝8.95
1—4	450	16.11
4—8	650	23.27
4—5	230	8.23
5—6	190	6.80
6—7	205	7.34
合计	2425	86.81

（5）节点流量（表 3-9）。

节点流量计算 表 3-9

节点	节点流量(L/s)
0	$\frac{1}{2} \times 10.74 = 5.37$
1	$\frac{1}{2} \times (10.74 + 5.37 + 16.11) = 16.11$
2	$\frac{1}{2} \times (5.37 + 8.95) = 7.16$
3	$\frac{1}{2} \times 8.95 = 4.48$
4	$\frac{1}{2} \times (16.11 + 23.27 + 8.23) = 23.80$
5	$\frac{1}{2} \times (8.23 + 6.80) = 7.52$

续表

节点	节点流量(L/s)
6	$\frac{1}{2}\times(6.80+7.34)=7.07$
7	$\frac{1}{2}\times7.34=3.67$
8	$\frac{1}{2}\times23.27=11.63$
合计	86.81

(6) 因城市用水区地形平坦，控制点选在离泵站最远的节点8。干管各管段的水力计算见表3-10，支管各管段的水力计算见表3-11。管径按平均经济流速确定。

干管水力计算　　表3-10

干管	流量(L/s)	流速(m/s)	管径(mm)	水头损失(m)
水塔—0	93.75	0.75	400	1.27
0—1	88.38	0.70	400	0.56
1—4	60.63	0.86	300	1.75
4—8	11.63	0.66	150	3.95
				$\Sigma h=7.53$

支管水力计算　　表3-11

管段	流量(L/s)	管径(mm)	i	h(m)
1—2	11.64	150	0.00617	1.85
2—3	4.48	100	0.00829	2.07
4—5	18.26	200	0.00337	0.64
5—6	10.74	150	0.00631	1.45
6—7	3.67	100	0.00581	1.19

(7) 干管上各支管接出处节点的水压标高为：

节点4：16.00+5.00+3.95=24.95m

节点1：24.95+1.75=26.70m

节点0：26.70+0.56=27.26m

水塔：27.26+1.27=28.53m

各支管的允许水力坡度为：

$$i_{1-3}=\frac{26.70-(16+5)}{150+250}=\frac{5.70}{400}=0.01425$$

$$i_{4-7}=\frac{24.95-(16+5)}{230+190+205}=\frac{3.95}{625}=0.00632$$

参照水力坡度和流量选定支线各管段的管径时，应注意市售标准管径的规格，还应注意支线各管段水头损失之和不得大于允许的水头损失，例如支线4—5—6—7的总水头损失为3.28m，而允许的水头损失按支线起点和终点的水压标高差计算为3.95m，符合要求。否则，须调整管径重新计算，直到满足要求为止。由于标准管径的规格不多，可供选择的管径有限，所以调整的次数不多。

3.6 环状网计算

3.6.1 环状网计算原理

管网计算目的在于求出各水源节点（如泵站、水塔等）的供水量、各管段中的流量和管径，以及全部节点的水压。

首先分析环状网水力计算的条件。对于任何环状网，管段数 P、节点数 J（包括泵站、水塔等水源节点）和环数 L 之间存在下列关系：

$$P=J+L-1 \tag{3-33}$$

管网计算时，节点流量、管段长度、管径和阻力系数等已知，需要求解的是管网各管段的流量或水压，所以 P 个管段就有 P 个未知数。由式（3-33）可知，环状网计算时必须列出 $J+L-1$ 个方程，才能求出 P 个流量。

管网计算的原理是基于质量守恒和能量守恒，由此得出连续性方程和能量方程。

所谓连续性方程，就是对任一节点来说，流向该节点的流量必须等于从该节点流出的流量，参见式（3-8）。式（3-8）中的 q_{ij} 值的符号可以任意假定，这里规定：离开节点的流量为正，流向节点的流量为负。连续性方程是和流量成一次方关系的线性方程。如管网有 J 个节点，只可以写出类似于式（3-8）的独立方程 $J-1$ 个，因为其中任一方程可从其余方程导出。

$$\left.\begin{aligned}&(q_i+\sum q_{ij})_1=0\\&(q_i+\sum q_{ij})_2=0\\&\cdots\cdots\\&(q_i+\sum q_{ij})_{J-1}=0\end{aligned}\right\} \tag{3-34}$$

能量方程表示管网每一环中各管段的水头损失总和等于零的关系。为便于计算，规定：水流顺时针方向的管段，水头损失为正，逆时针方向的为负。由此得出

$$\left.\begin{aligned}&\sum(h_{ij})_{\text{I}}=0\\&\sum(h_{ij})_{\text{II}}=0\\&\cdots\cdots\\&\sum(h_{ij})_L=0\end{aligned}\right\} \tag{3-35}$$

式中　Ⅰ，Ⅱ，…，L——管网各环的编号。

如水头损失用指数公式 $h=sq^n$ 表示时，则式（3-35）可写成

$$\left.\begin{aligned}\sum(s_{ij}q_{ij}^{n})_{\mathrm{I}}=0\\ \sum(s_{ij}q_{ij}^{n})_{\mathrm{II}}=0\\ \cdots\cdots\\ \sum(s_{ij}q_{ij}^{n})_{L}=0\end{aligned}\right\}\tag{3-36}$$

管段流量和水头损失的关系，可由 $h=sq^{n}$ 导出：

$$q_{ij}=(h_{ij}/s_{ij})^{\frac{1}{n}}=\left(\frac{H_{i}-H_{j}}{s_{ij}}\right)^{1/n}\tag{3-37}$$

式中　i，j——节点 i 和节点 j；

H_{i}、H_{j}——节点 i 和节点 j 对某一基准点的水压，m；

h_{ij}——管段 $i—j$ 的水头损失，m；

s_{ij}——管段 $i—j$ 摩阻。

将式（3-37）代入连续性方程（3-8）中得到流量和水头损失的关系：

$$q_{i}=\sum_{1}^{N}\left[\pm\left(\frac{H_{i}-H_{j}}{s_{ij}}\right)^{1/n}\right]\tag{3-38}$$

式中　N——连接该节点的管段数。

中括号内的正负号由进出该节点的各管段流量方向而定，这里假定流离节点的管段流量为正，流向节点时为负。

3.6.2　管网平差软件的应用

由于环状网的流量分配比较复杂，同时水头损失又不是线性关系，所以环状网的手工计算比较困难，特别是当其节点和管段数目较多时。因此，选用一些商用软件进行管网（包括树状网和环状网）平差计算可以大大减轻工作强度。

现以 NetCal 管网平差计算软件为例讲述计算过程，软件界面如图 3-13 所示。

图 3-13　NetCal 管网平差计算软件界面

1. 数据准备

对于给定的管网，应该首先对各个节点和管段进行标号，要按照节点和管段的连接顺序进行标号，可以节省程序计算时所需的存储空间。对于节点要确定压力和流量，管段要确定管径、长度、阻力系数、起止节点，水泵确定扬程、摩阻、对应节点或管段。

2. 新建工程

新建工程选择“文件”菜单中的“新建工程”选项，或直接选择对应的工具条按钮。新建工程对话框为一个多页控制，应输入正确的节点、管段和水泵数目，选择正确的计算公式和计算精度。

3. 输入数据

新建工程后，主界面的多页控制中将会出现三页数据表格，分别对应节点、管段和水泵，可在对应表格中输入对应的数据。输入时可添加、删除、插入记录。输入时注意对应数据的单位（状态条中有显示）。

（1）节点数据输入。节点表格中只有地面标高、已知水压、已知流量三列可以输入，其中地面标高可以不输入，而已知水压和已知流量必输其一。

（2）管段数据输入。管段数据需要输入管径、长度、阻力系数、起始节点、终止节点。起始节点不要求小于终止节点。

（3）水泵数据输入。每台水泵需要输入扬程、摩阻（对应于升/秒的流量），对于水源泵站，需要输入所在节点；对于加压泵站，需要输入所在管段和加压方向，即与所在管段假定流向是否一致。如加压泵站不在一条管段上，可虚拟一条阻力很小的管段。

4. 平差计算

数据输入结束后，可直接选择“功能”菜单中的“计算”进行计算，如需改变计算参数，可选择“功能”菜单中的“选项”进行调整。

当计算结果中节点的水压全部满足用户要求、绝大多数管段满足经济流速而无法再进一步优化时，管网平差计算结束。

5. 输出结果

计算结束后，可将计算结果直接打印输出，或输出到一个文本文件，调整后输出。

【例 3-3】 某给水管网如图 3-14 所示，水源、泵站、水塔、节点设计流量、管段长度等均标于图中，节点地面标高及自由水压要求见表 3-12。试计算：

（1）管网的控制点；

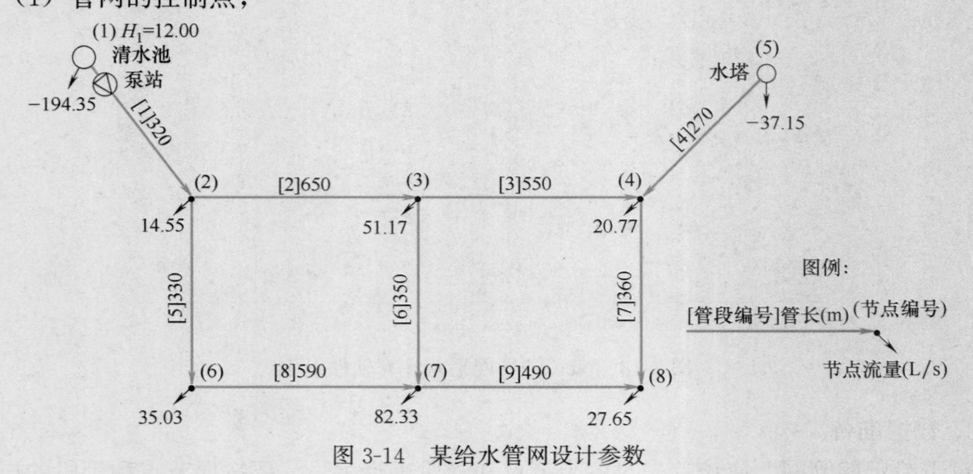

图 3-14 某给水管网设计参数

某给水管网设计节点数据　　表3-12

节点编号	1	2	3	4	5	6	7	8
地面标高(m)	13.60	18.80	19.10	22.00	32.20	18.30	17.30	17.50
要求自由水压(m)	—	24.00	28.00	24.00	—	28.00	28.00	24.00
服务水头(m)	—	42.80	47.10	46.00	—	46.30	45.30	41.50

（2）设计管段直径（标准管径为100mm、200mm、300mm、400mm、500mm）；

（3）水泵的设计参数。

【解】 将相关数据输入NetCal管网平差计算软件，试算并调整参数，最终得到节点、管段和水泵的计算表。

（1）管网的控制点（图3-15）。

文件(F)　编辑(E)　功能(C)　帮助(H)

节点　管段　水泵

编号	地面标高	已知水压	已知流量	节点水压	自由水头	节点流量
1	13.6		-194.35	13.5999	-0.0001	-194.3500
2	18.8		14.55	52.0573	33.2573	14.5500
3	19.1		51.17	51.0696	31.9696	51.1700
4	22	46		46.0000	24.0000	20.7700
5	32.2		-37.15	46.3773	14.1773	-37.1500
6	18.3		35.03	51.3856	33.0856	35.0300
7	17.3		82.33	49.2598	31.9598	82.3300
8	17.5		27.85	44.9993	27.4993	27.8500

图3-15　管网的控制点

由图3-15可知，当节点4的水压满足要求后，其他各点的水压与表3-12相比，各节点水压均满足要求，表明管网的控制点为节点4。

（2）设计管段直径（图3-16）。

文件(F)　编辑(E)　功能(C)　帮助(H)

节点　管段　水泵

编号	管径	长度	阻力系数	起始节点	终止节点	流量	流速	水力坡度	水头损失
1	0.5	320	110	1	2	194.3495	0.9898	120.1793	-38.4574
2	0.4	650	110	2	3	82.8183	0.6590	1.5196	0.9877
3	0.1	550	110	3	4	5.7238	0.7288	9.2174	5.0696
4	0.3	270	110	4	5	-37.1500	0.5256	1.3975	-0.3773
5	0.4	330	110	2	6	96.9812	0.7718	2.0356	0.6718
6	0.2	350	110	3	7	25.9249	0.8252	5.1710	1.8098
7	0.2	260	110	4	8	22.1038	0.7036	3.8487	1.0007
8	0.3	590	110	6	7	61.9506	0.8764	3.6031	2.1258
9	0.1	490	110	7	8	5.5462	0.7062	8.6948	4.2604

图3-16　设计管段直径

由图 3-16 可知，只有 2 号和 4 号管段的流速比表 3-1 的经济流速稍小，其他管段的流速均在经济流速范围内，如果将 2 号和 4 号管段的管径调小一级，计算结果表明其管道流速将大大超过经济流速，因此不宜再进行调整。

（3）水泵的设计参数（图 3-17）。

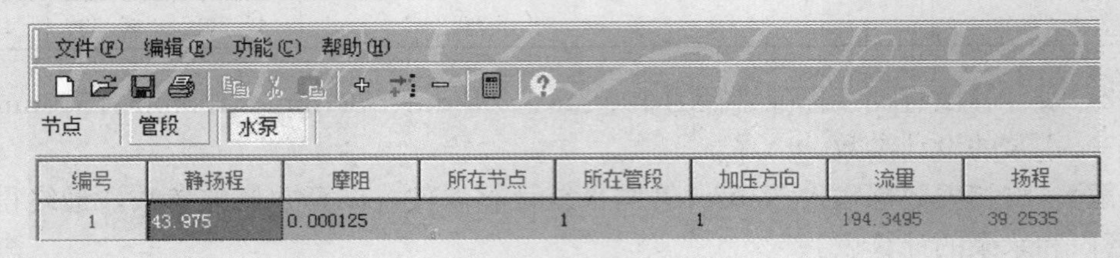

图 3-17 水泵的设计参数

由图 3-17 可知，水泵的静扬程为 43.975m，流量为 194.3495L/s，在 1 号管段上向管网加压，此时节点 1 的自由水头刚好为 0，表明水泵的静扬程取值正确。

3.7 管网设计校核

给水管网按最高日最高时用水流量进行设计，管段管径、水泵扬程和水塔高度等都是按此时的工况设计的。虽说它们一般都能满足供水要求，但有一些特殊的情况，它们不一定能保证供水，如管网出现事故造成部分管段损坏、管网提供消防灭火流量、管网向水塔转输流量等情况，必须对它们相应的工况进行水力分析，校核管网在这些工况条件下能否满足供水流量与水压要求。

通过校核，有时需要修改管网中个别管段直径，也有可能需要另选合适的水泵或改变水塔的高度等。

3.7.1 消防工况校核

给水管网的设计流量未计入消防流量，当火灾发生在最高日最高时时（当然这种概率很小），由于消防流量比较大（特别是对于小型系统），一般用户的用水量肯定不能满足。为了安全起见，要按最不利的情况，即按最高日最高时用水量加上消防用水量进行消防校核，此时节点服务水头只要求满足火灾节点的灭火服务水头，而不必满足正常用水的服务水头。

当只考虑一处火灾时，消防流量一般加在控制点（最不利火灾点），当考虑两处或两处以上同时火灾时，另外几处分别放在离供水泵站较远、靠近大用水户、居民密集区或重要的工业企业附近的节点上。对于未发生火灾的节点，其节点流量与最高时相同。

灭火处节点服务水头按低压消防考虑，即 10m 的自由水头。

消防工况校核一般采用水头校核法，即先按上述方法确定各节点流量，通过水力分析，得到各节点水头，判断各灭火节点水头是否满足消防服务水头。

虽然消防时比最高用水时所需服务水头要小得多，但因消防时通过管网的流量增大，各管段的水头损失相应增加，按最高用水时确定的水泵扬程有可能不满足消防时的需要，这时须放大个别管段的直径，以减小水头损失。个别情况下因最高用水时和消防时的水泵扬程相差很大（多见于中小型管网），须设专用消防泵供消防时使用。

3.7.2 最大转输工况校核

在最高用水时，由泵站和水塔同时向管网供水，但在一天内泵站供水量大于用水量的一段时间里，多余的水经过管网送入水塔内贮存，这种情况称为水塔转输工况。水塔进水流量最大的情况称为最大转输工况。

对于前置水塔或网中水塔，转输进水一般不存在问题，但对于对置水塔或靠近供水末端的网中水塔，由于它们离供水泵站较远，转输水流的水头损失大，水塔进水可能会遇到困难。所以，水塔转输工况校核通常只是对对置水塔或靠近供水末端的网中水塔的管网的最大转输工况进行校核。转输校核工况各节点流量按最大转输时的用水量求出，一般假定各节点流量随管网总用水量的变化成比例地增减，所以

$$\text{最大转输工况各节点流量}=\frac{\text{最大转输工程管网总用水量}}{\text{最高时工况管网总用水量}}\times\text{最高时工况各节点流量} \tag{3-39}$$

转输工况校核一般采用流量校核法，即将水塔所在节点作为定压节点，通过水力分析，得到该节点流量，判断是否满足水塔进水流量要求。

转输工况校核不满足要求时，应适当加大从泵站到水塔最短供水路线上管段的管径。

3.7.3 事故工况校核

管网主要管线损坏时必须及时检修，在检修期和恢复供水前，该管段停止输水，整个管网的水力特性改变，供水能力降低。国家有关规范规定，城市给水管网在事故工况下，必须保证70%以上用水量，工业企业给水管网也应按有关规定确定事故时供水比例。

一般按最不利事故工况进行校核，即考虑靠近供水泵站的主干管在最高时损坏的情况。节点压力仍按设计时的服务水头要求，当事故抢修时间短，且断水造成损失小时，节点压力要求可以适当降低。

$$\text{事故工况各节点流量}=\text{事故工况供水比例}\times\text{最高时工况各节点流量} \tag{3-40}$$

事故工况校核一般采用水头校核法，先从管网中删除事故管段，调低节点流量，通过水力分析，得到各节点水头，将它们与节点服务水头比较，全部高于服务水头则满足要求。

经过校核不能符合要求时，可以增加平行主干管条数或埋设双管；也可以从技术上采取措施，如加强当地给水管理部门的检修力量，缩短损坏管段的修复时间；重要的和不允许断水的用户，可以采取贮备用水的保障措施。

3.8 输水管渠计算

从水源到净水厂的原水输水管（渠）设计流量，应按最高日平均时供水量，并计入输水管（渠）的漏损水量和净水厂自用水量。从净水厂至管网的清水输水管道的设计流量，当管网内有调节构筑物时，应按最高日最高时供水量减去由调节构筑物每小时提供的水量确定；当无调节构筑物时，应按最高日最高时供水量确定。

上述输水管渠，当负有消防给水任务时，还应分别包括消防补充流量或消防流量。

输水管（渠）计算的任务是确定管径和水头损失。确定大型输水管渠的尺寸时，应考虑到具体埋设条件、所用材料、附属构筑物数量和特点、输水管渠条数等，通过方案比较确定。

3.8.1 重力供水时的压力输水管

水源在高地时，如果水源水位与水厂内处理构筑物水位的高差足够时，可利用水源水位向水厂重力输水。

假设水源水位标高为 Z，输水管输水到水处理构筑物，其水位为 Z_0，则水位差 $H=Z-Z_0$，称为位置水头。该水头用以克服输水管的水头损失。

假定输水管输水量为 Q，平行的输水管线为 n 条，则每条管线的流量为 Q/n，设平行管线的管材、直径和长度相同，并且沿程水头损失按 $h=sq^2$ 计算，则该系统的水头损失为

$$h=s\left(\frac{Q}{n}\right)^2=\frac{s}{n^2}Q^2 \tag{3-41}$$

式中　s——每条管线的摩阻。

当一条管线损坏时，该系统中其余 $n-1$ 条管线的水头损失

$$h_a=s\left(\frac{Q_a}{n-1}\right)^2=\frac{s}{(n-1)^2}Q_a^2 \tag{3-42}$$

式中　Q_a——管线损坏时须保证的流量或允许的事故流量。

因为重力输水系统的位置水头一定，正常时和事故时的水头损失都应等于位置水头，即 $h=h_a=Z-Z_0$，但是正常时和事故时输水系统的摩阻却不相等，由式（3-41）、式（3-42）得事故时流量

$$Q_a=\left(\frac{n-1}{n}\right)Q=\alpha Q \tag{3-43}$$

当平行管线数为 $n=2$ 时，则 $\alpha=(2-1)/2=0.5$，这样事故流量只有正常时供水量的一半。如果只有一条输水管，则 $Q_a=0$，即事故时流量为零，不能保证不间断供水。

实际上，为提高供水可靠性，常采用在平行管线之间增设连接管的方式。这样，当管线某段损坏时，无须整条管线全部停止运行，而只需用阀门关闭损坏的一段进行检修。采用这种措施可以提高事故时的流量。

【例 3-4】 设 2 条平行敷设的输水管线，其管材、直径和长度相同，用 2 条连通管将输水管线等分成三段，每一段单根管线的摩阻均为 s，采用重力供水，位置水头一定。图 3-18（a）表示输水管线正常工作时的情况，图 3-18（b）表示一段损坏时的水流情况。求输水管事故时与正常时的流量比为多少？

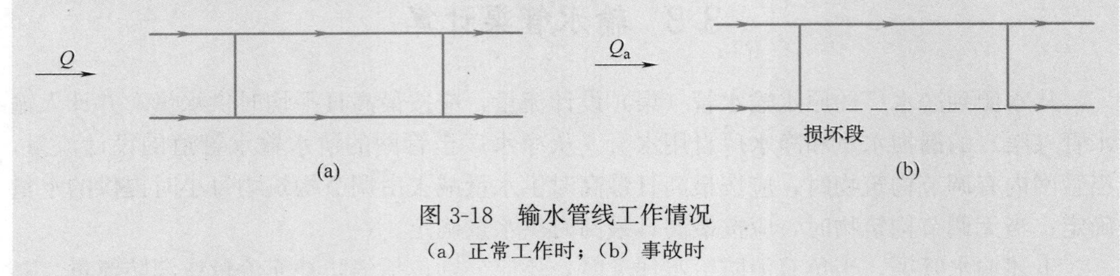

图 3-18　输水管线工作情况

（a）正常工作时；（b）事故时

【解】 正常工作时水头损失为

$$h=s(2+1)\left(\frac{Q}{2}\right)^2=\frac{3}{4}sQ^2 \tag{3-44}$$

由于连通管的长度与输水管相比很短，所以连通管的沿程水头损失和局部水头损失可忽略不计。因此某一段损坏时水头损失为

$$h_a=s\left(\frac{Q_a}{2}\right)^2\times2+s\left(\frac{Q_a}{2-1}\right)^2=\left[\frac{s}{2}+s\right]Q_a^2=\frac{3}{2}sQ_a^2 \tag{3-45}$$

则事故时和正常工作时的流量比为

$$\frac{Q_a}{Q}=\alpha=\sqrt{\frac{3/4}{3/2}}=\sqrt{\frac{1}{2}}=0.7 \tag{3-46}$$

城市的事故用水量规定为设计水量的70%，即要求 $\alpha\geqslant0.7$，所以为保证输水管损坏时的事故流量要求，应敷设2条平行管线，并用2条连接管将平行管线按总长度至少等分成3段才行。

3.8.2 水泵供水时的压力输水管

水泵供水时的实际流量，应由水泵特性曲线 $H_p=f(Q)$ 和输水管特性曲线 $H_0+\Sigma h=f(Q)$ 求出。假设输水管特性曲线中的流量指数 $n=2$，则水泵特性曲线和输水管特性曲线的联合工作情况（图3-19）：Ⅰ为输水管正常工作时的 Q—$(H_0+\Sigma h)$ 特性曲线，Ⅱ为事故时，当输水管任一段损坏时，阻力增大，使曲线的交点从正常工作时的 b 点移到 a 点，与 a 点相应的横坐标即表示事故时流量 Q_a。水泵供水时，为保证管线损坏时的事故流量，输水管的分段数计算方法如下：

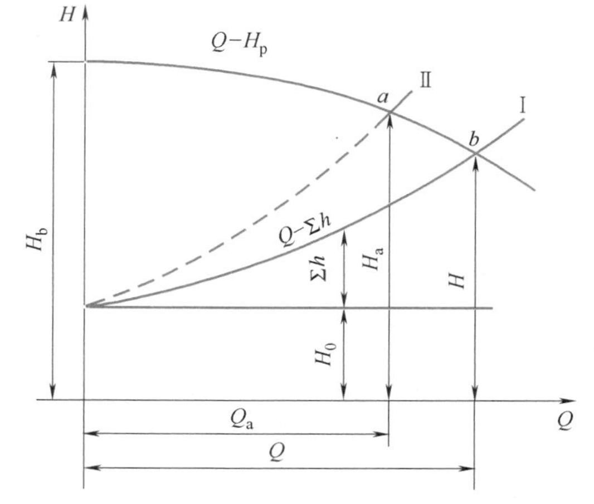

图3-19 水泵和输水管特性曲线

设输水管接入水塔，这时，输水管损坏只影响进入水塔的水量，直到水塔放空无水时，才影响管网用水量。假定输水管 Q—$(H_0+\Sigma h)$ 特性方程表示为

$$H=H_0+(s_p+s_d)Q^2 \tag{3-47}$$

设两条不同直径的输水管用连通管分成 n 段，则任一段损坏时，Q—$(H_0+\Sigma h)$ 特性方程为

$$H_a=H_0+\left(s_p+s_d-\frac{s_d}{n}+\frac{s_1}{n}\right)Q_a^2 \tag{3-48}$$

式中 H_0——水泵静扬程，等于水塔水面和泵站吸水井水面的高差；

s_p——泵站内部管线的摩阻；

s_d——两条输水管的当量摩阻。其中：

$$\frac{1}{\sqrt{s_d}}=\frac{1}{\sqrt{s_1}}+\frac{1}{\sqrt{s_2}}$$

$$s_d=\frac{s_1s_2}{(\sqrt{s_1}+\sqrt{s_2})^2} \tag{3-49}$$

式中 s_1、s_2——每条输水管的摩阻；

n——输水管分段数，输水管之间只有一条连接管时，分段数为 2，余类推；

Q——正常时流量；

Q_a——事故时流量。

连通管的长度与输水管相比很短，其阻力可忽略不计。

水泵 $Q—H_p$ 特性方程为：

$$H_p=H_b-sQ^2 \tag{3-50}$$

输水管任一段损坏时的水泵特性方程为：

$$H_a=H_b-sQ_a^2 \tag{3-51}$$

式中 s——水泵的摩阻。

联立式（3-47）和式（3-50）求解，得到正常工作时水泵的输水量

$$Q=\sqrt{\frac{H_b-H_0}{s+s_p+s_d}} \tag{3-52}$$

由式（3-52）可见，因 H_0、s、s_p 一定，故 H_b 减小或输水管当量摩阻 s_d 增大，均可使水泵流量减小。

解式（3-48）和式（3-51），得到事故时的水泵输水量

$$Q_a=\sqrt{\frac{H_b-H_0}{s+s_p+s_d+(s_1-s_d)\frac{1}{n}}} \tag{3-53}$$

从式（3-52）和式（3-53）得事故时和正常时的流量比

$$\frac{Q_a}{Q}=\alpha=\sqrt{\frac{s+s_p+s_d}{s+s_p+s_d+(s_1-s_d)\frac{1}{n}}} \tag{3-54}$$

按事故用水量为设计水量的 70%，即 $\alpha=0.7$ 的要求，所需分段数等于

$$n=\frac{(s_1-s_d)\alpha^2}{(s+s_p+s_d)(1-\alpha^2)}=\frac{0.96(s_1-s_d)}{s+s_p+s_d} \tag{3-55}$$

【例 3-5】 某城市从水源泵站到水厂敷设 2 条铸铁输水管（水泥砂浆内衬），每条输水管长度为 12400m，管径分别为 250mm 和 300mm（图 3-20）。水泵静扬程 40m，水泵特性曲线方程：$H_p=141.3-2600Q^2$，式中 Q 的单位为“m^3/s”。泵站内管线的摩阻 $s_p=210s^2/m^5$。假定 $DN300$ 输水管线的一段损坏，试求事故流量为 70% 设计水量时的分段数及正常时和事故时的流量比。

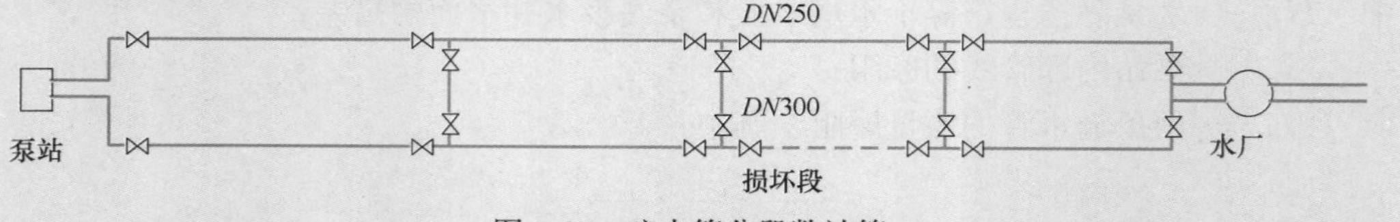

图 3-20 疏水管分段数计算

【解】 由于输水管采用水泥砂浆内衬铸铁管，粗糙系数 n 取 0.012，将 n 代入式（3-24），求出谢才系数

$$C_1=\frac{1}{0.012}\times(0.25\times0.25)^{\frac{1}{6}}=52.49$$

$$C_2=\frac{1}{0.012}\times(0.25\times0.3)^{\frac{1}{6}}=54.12$$

然后按公式 $a=\frac{64}{\pi^2C^2D^5}$，求出管道比阻

$$a_1=\frac{64}{3.14^2\times52.49^2\times0.25^5}=2.41$$

$$a_2=\frac{64}{3.14^2\times54.12^2\times0.3^5}=0.91$$

管径 250mm 和 300mm 的输水管摩阻分别为

$$s_1=2.41\times12400=29884\text{s}^2/\text{m}^5$$

$$s_2=0.91\times12400=11284\text{s}^2/\text{m}^5$$

由式（3-48），两条输水管的当量摩阻为

$$s_\text{d}=\frac{29884\times11284}{(\sqrt{29884}+\sqrt{11284})^2}=4329.06\text{s}^2/\text{m}^5$$

由式（3-54），所需分段数为

$$n=\frac{(29884-4329.06)\times0.7^2}{(2600+210+4329.06)(1-0.7^2)}=3.44$$

拟分成 4 段，即 $n=4$，由式（4-52），得事故时流量为

$$Q_\text{a}=\sqrt{\frac{141.3-40.0}{2600+210+4329.06+(29884-4329.06)\times\frac{1}{4}}}=0.0865\text{m}^3/\text{s}$$

由式（3-51），正常时流量为：

$$Q=\sqrt{\frac{141.3-40.0}{2600+210+4329.06}}=0.1191\text{m}^3/\text{s}$$

事故时和正常时的流量比为

$$\alpha=\frac{0.0865}{0.1191}=0.73$$

大于要求的 $\alpha=70\%$。

3.9 给水管网分区设计

3.9.1 分区给水系统

分区给水是根据城市地形特点将整个给水系统分成若干个区，每区有独立的泵站和管网等，但各区之间有适当的联系，以保证供水可靠和调度灵活。分区给水的目的，是使管网的

水压不超过水管可以承受的压力，以免损坏管道和附件，可减少漏水量，并可降低供水动力费用。在给水区很大、地形高差显著或远距离输水时，分区给水具有重要的工程价值。

图 3-21 表示给水区地形起伏、高差很大时采用的分区给水系统。其中图 3-21（a）是由同一泵站内的低压和高压水泵分别供给低区②和高区①用水，这种形式叫作并联分区。它的特点是各区用水分别供给，比较安全可靠；各区水泵集中在一个泵站内，管理方便；但增加了输水管长度和造价，又因到高区的水泵扬程高，需用耐高压的输水管等。图 3-21（b）中，高、低两区用水均由低区泵站 2 供给，但高区用水再由高区泵站 4 增压，这种形式叫作串联分区。大城市的管网往往由于城市面积大、管线延伸很长，而致管网水头损失过大，为了提高管网边缘地区的水压，而在管网中间设加压泵站或水库泵站加压，也是串联分区的一种形式。

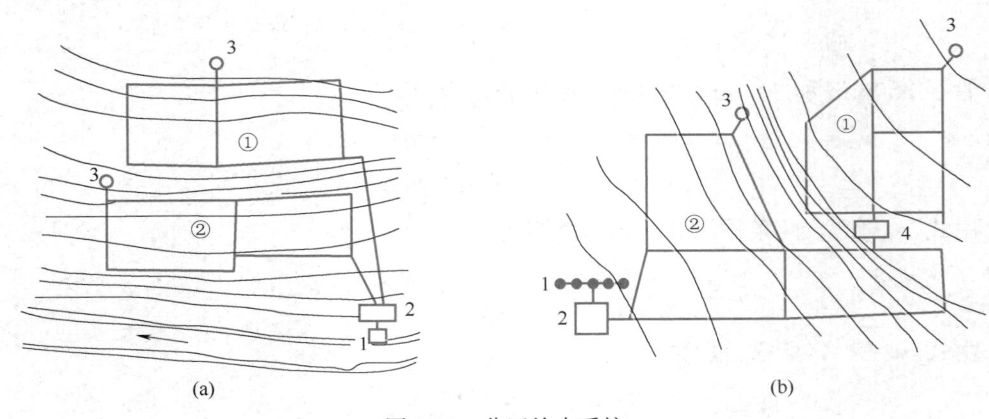

图 3-21 分区给水系统

（a）并联分区；（b）串联分区

①—高区；②—低区；1—取水构筑物；2—水处理构筑物和二级泵站；3—水塔或高位水池；4—高区泵站

图 3-22 表示远距离重力输水管，从水库 A 输水至水池 B。为防止水管承受压力过高将输水管适当分段（即分区），在分段处建造水池，以降低管网的水压，保证工作正常。这种输水管如不分段，且全线采用相同的管径，则水力坡度为 $i=\frac{\Delta Z}{L}$，这时部分管线所

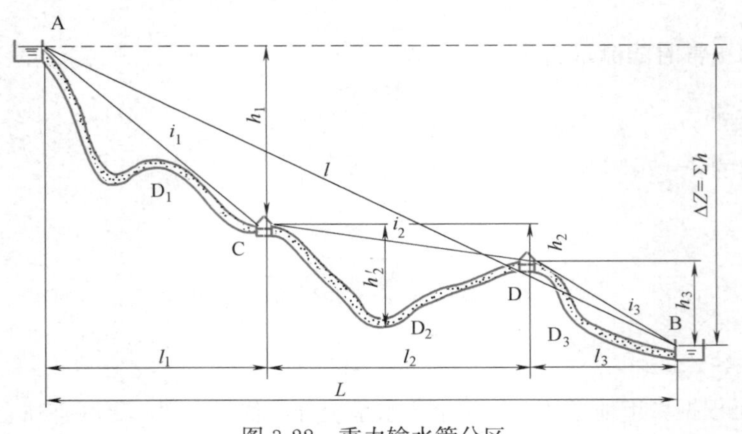

图 3-22 重力输水管分区

承受的压力很高，可是在地形高于水力坡线之外，例如 D 点，又使管中出现负压，显然是不合理的。如将输水管分成 3 段，并在 C 和 D 处建造水池，则 C 点附近水管的工作压力有所下降，D 点也不会出现负压，大部分管线的静水压力将显著减小。这是一种重力给水分区系统。

将输水管分段并在适当位置建造水池后，不仅可以降低输水管的工作压力，并且可以降低输水管各点的静水压力，使各区的静水压不超过 h_1、h_2 和 h_3，因此是经济合理的。水池应尽量布置在地形较高的地方，以免出现虹吸管段。

3.9.2　分区给水的能量分析

图 3-23 所示的给水区，假设地形从泵站起均匀升高。水由泵站经输水管供水到管网，这时管网中的水压以靠近泵站处为最高。设给水区的地形高差为 ΔZ，管网要求的最小服务水头为 H，最高用水时管网的水头损失为 $\sum h$，则管网中最高水压等于

$$H' = \Delta Z + H + \sum h \tag{3-56}$$

由于输水管的水头损失，泵站扬程 H'_p 应大于 H'。

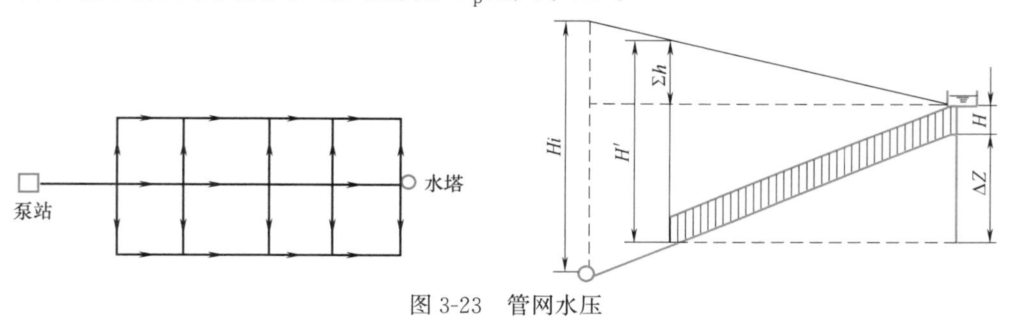

图 3-23　管网水压

城市管网最小服务水头 H 由房屋层数确定。管网的水头损失 $\sum h$ 根据管网水力计算决定。泵站扬程根据控制点所需最小服务水头和管网中的水头损失确定。除了控制点附近地区外，大部分给水区的管网水压高于实际所需的水压，多余的水压消耗在用户给水龙头的局部水头损失上，因此产生了能量浪费。

1. 输水管的供水能量分析

规模相同的给水系统，采用分区给水常可比未分区时减小泵站的总功率，降低输水能量费用。

图 3-24 的输水管各管段的流量 q_{ij} 和管径 D_{ij} 随着与泵站（设在节点 5 处）距离的增加而减小。未分区时泵站供水的能量为

$$E = \rho g q_{4-5} H \tag{3-57}$$

或

$$E = \rho g q_{4-5} (Z_1 + H_1 + \sum h_{ij}) \tag{3-58}$$

式中　q_{4-5}——泵站总供水量，L/s；

Z_1——控制点地面高出泵站吸水井水面的高度，m；

H_1——控制点所需最小服务水头，m；

$\sum h_{ij}$——从控制点到泵站的总水头损失，m；

ρ——水的密度，kg/L；

g——重力加速度，9.81m/s^2。

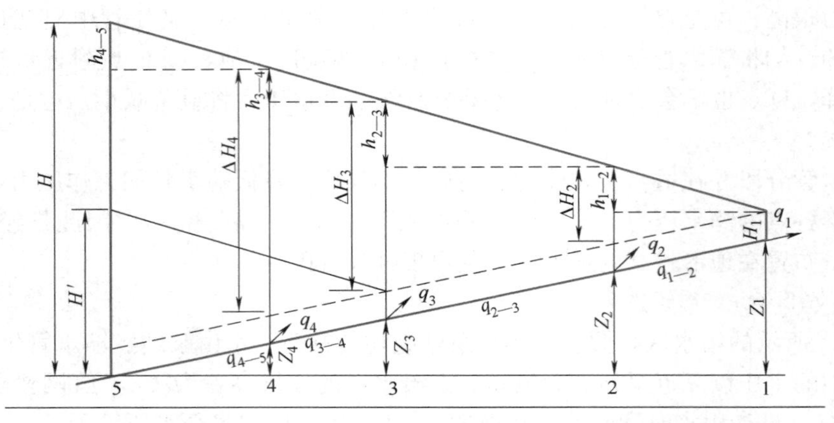

图 3-24　输水管系统

泵站供水能量 E 由三部分组成：

（1）保证最小服务水头所需的能量

$$E_1=\sum_{i=1}^{4}\rho g(Z_i+H_i)q_i=\rho g(Z_1+H_1)q_1+\rho g(Z_2+H_2)q_2+\rho g(Z_3+H_3)q_3+\rho g(Z_4+H_4)q_4 \tag{3-59}$$

（2）克服水管摩阻所需的能量

$$E_2=\sum_{i=1}^{4}\rho g q_{ij}h_{ij}=\rho g q_{1-2}h_{1-2}+\rho g q_{2-3}h_{2-3}+\rho g q_{3-4}h_{3-4}+\rho g q_{4-5}h_{4-5} \tag{3-60}$$

（3）未利用的能量，是因各用水点的水压过剩而浪费的能量

$$\begin{aligned}E_3=\sum_{i=2}^{4}\rho g q_i\Delta H_i=&\rho g(H_1+Z_1+h_{1-2}-H_2-Z_2)q_2+\\&\rho g(H_1+Z_1+h_{1-2}+h_{2-3}-H_3-Z_3)q_3+\\&\rho g(H_1+Z_1+h_{1-2}+h_{2-3}+h_{3-4}-H_4-Z_4)q_4\end{aligned} \tag{3-61}$$

式中　ΔH_i——过剩水压。

单位时间内水泵的总能量等于上述三部分能量之和。

$$E=E_1+E_2+E_3 \tag{3-62}$$

总能量中只有保证最小服务水头的能量 E_1 得到有效利用。由于给水系统设计时，泵站流量和控制点水压 Z_i+H_i 已定，所以 E_1 不能减小。

第二部分能量 E_2 消耗于输水过程不可避免的水管摩阻。为了降低这部分能量，必须减小 h_i，其措施是适当放大管径，所以并不是一种经济的解决办法。

第三部分能量 E_3 未能有效利用，属于浪费的能量，这是集中给水系统无法避免的缺点，因为泵站必须将全部流量按最远或位置最高处用户所需的水压输送。

集中（未分区）给水系统中供水能量利用的程度，可用必须消耗的能量占总能量的比例来表示，称为能量利用率。

$$\phi=\frac{E_1+E_2}{E}=1-\frac{E_3}{E} \tag{3-63}$$

从式（3-63）可以看出，为了提高输水能量利用率，只有设法降低 E_3 值，这就是从经济上考虑管网分区的原因。

假定在图3-24的节点3处设加泵站，将输水管分成两区，分区后，泵站5的扬程只需满足节点3处的最小服务水头，因此可从未分区时的 H 降低到 H'。从图中看出，此时过剩水压 ΔH_3 消失，ΔH_4 减小，因而减小了一部分未利用的能量。减小值为：

$$(Z_1+H_1+h_{1-2}+h_{2-3}-Z_3-H_3)(q_3+q_4)=\Delta H_3(q_3+q_4) \tag{3-64}$$

但是，当一条输水管的管径和流量相同时，即沿线无流量分出时，分区后不但不能降低能量费用，甚至基建和设备等项费用反而增加，管理也趋于复杂。这时只有在输水距离远、管内的水压过高时，才考虑分区。

2. 管网的供水能量分析

图3-25所示的城市给水管网，假定从泵站起地形均匀升高、全区用水均匀、要求的最小服务水头 H 相同。设管网的总水头损失为$\sum h$，泵站吸水井水面和控制点地面高差为 ΔZ。未分区时，泵站的流量为 Q，扬程

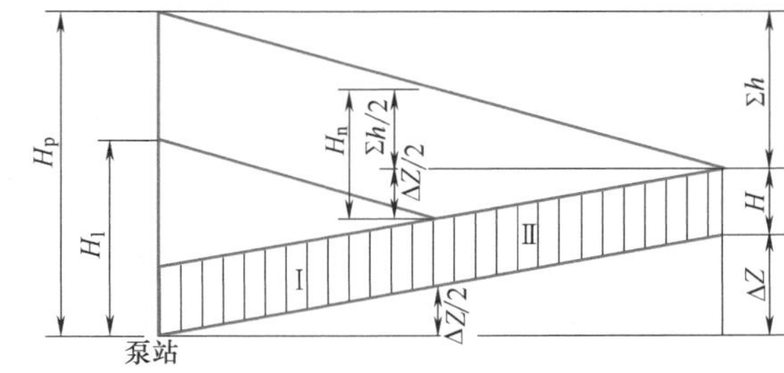

图3-25 管网系统

$$H_p=\Delta Z+H+\sum h \tag{3-65}$$

如果等分成为两区，则Ⅰ区管网的水泵扬程为

$$H_{\mathrm{I}}=\frac{\Delta Z}{2}+H+\frac{\sum h}{2} \tag{3-66}$$

如果Ⅰ区的最小服务水头 H 与泵站总扬程 H_p 相比极小时，则 H 可以略去不计，得

$$H_{\mathrm{I}}=\frac{\Delta Z}{2}+\frac{\sum h}{2} \tag{3-67}$$

Ⅱ区泵站如能利用Ⅰ区的水压 H 时，则该区的泵站扬程 $H_{\mathrm{II}}=\dfrac{\Delta Z}{2}+\dfrac{\sum h}{2}$。

依此类推，当给水系统分成 n 区时：

(1) 串联分区时，根据全区用水量均匀的假定，则各区的用水量分别为 Q，$\dfrac{n-1}{n}Q$，$\dfrac{n-2}{n}Q$，…，$\dfrac{Q}{n}$，各区的水泵扬程为$\dfrac{H_p}{n}=\dfrac{\Delta Z+\sum h}{n}$，分区后的供水能量

$$\begin{aligned}E_n&=Q\frac{H_p}{n}+\frac{n-1}{n}Q\frac{H_p}{n}+\frac{n-2}{n}Q\frac{H_p}{n}+\cdots+\frac{Q}{n}\frac{H_p}{n}\\&=\frac{1}{n^2}[n+(n-1)+(n-2)+\cdots+1]QH_p\\&=\frac{1}{n^2}\frac{n(n+1)}{2}QH_p=\frac{n+1}{2n}QH_p\\&=\frac{n+1}{2n}E\end{aligned} \tag{3-68}$$

式中 $E=QH_p$——未分区时供水所需总能量。

等分成两区时，因 $n=2$，代入式（3-68），得 $E_2=\frac{3}{4}QH$，即较未分区时节约 1/4 的能量。分区数越多，能量节约越多，但最多只能节约 1/2 的能量。

（2）并联分区时，各区的流量等于 $\frac{Q}{n}$，各区的泵站扬程分别为 H_p，$\frac{n-1}{n}H_p$，$\frac{n-2}{n}H_p$，…，$\frac{H_p}{n}$。分区后的供水能量

$$
\begin{aligned}
E_n &= \frac{Q}{n}H_p+\frac{Q}{n}\frac{n-1}{n}H_p+\frac{Q}{n}\frac{n-2}{n}H_p+\cdots+\frac{Q}{n}\frac{H_p}{n} \\
&= \frac{1}{n^2}[n+(n-1)+(n-2)+\cdots+1]QH_p \\
&= \frac{n+1}{2n}E
\end{aligned}
\tag{3-69}
$$

从经济上来说，无论串联分区还是并联分区，分区后可以节省的供水能量相同。

在分区给水设计时，城市地形是决定分区形式的重要影响因素。当城市狭长发展时，采用并联分区较适宜，因增加的输水管长度不多，高、低两区的泵站可以集中管理，如图 3-26（a）所示。与此相反，城市垂直于等高线方向延伸时，串联分区更为适宜，如图 3-26（b）所示。

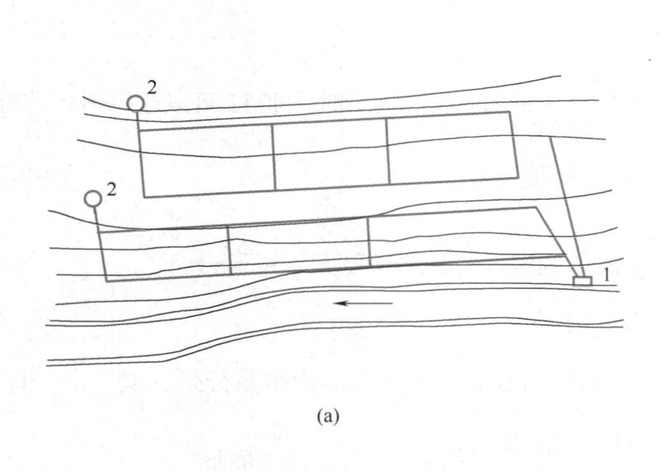

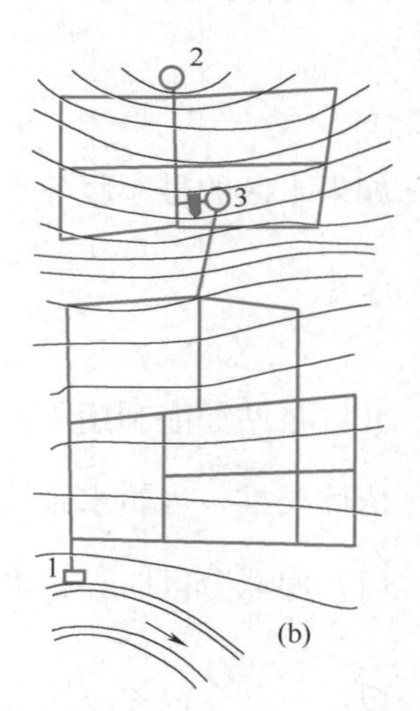

图 3-26　城市延伸方向与分区形式选择

（a）并联分区；（b）串联分区

1—水厂；2—水塔或高地水池；3—加压泵站

水厂的位置往往影响到分区形式，图 3-27（a）中，水厂靠近高区时，宜用并联分区。水厂远离高区时，宜用串联分区，以免到高区的输水管过长，如图 3-27（b）所示。

在分区给水系统中，可以采用高地水池或水塔作为水量调节设备，水池标高应保证该区所需的水压。采用水塔或水池须通过方案比较后确定。

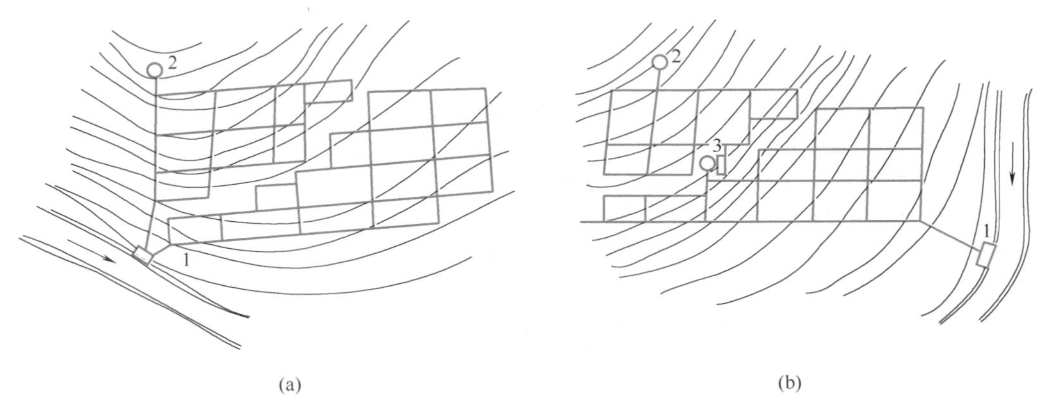

图 3-27　水源位置与分区形式选择

（a）并联分区；（b）串联分区

1—水厂；2—水塔或高地水池；3—加压泵站

3.9.3　分区给水系统的设计

综上所述，分区给水可以解决管网水压超出水管所能承受的压力的技术问题，也能减少沿途供水管网无形的能量浪费。但管网分区将增加管网系统的造价，因此需对不同分区形式和分区数的方案进行技术经济比较。如所节约的能量费用多于所增加的造价，则可考虑分区给水。就分区形式来说，并联分区的优点是各区用水由同一泵站供给，供水比较可靠，管理也较方便，整个给水系统的工作情况较为简单，设计条件易与实际情况一致。串联分区的优点是输水管长度较短，各区扬程较均衡，可用扬程较低的水泵和低压管。因此在选择分区形式时，应考虑到并联分区会增加输水管造价，串联分区将增加泵站的造价和管理费用等问题。

在给水系统中，传统二次加压给水方式中需设置水池或水箱，存在占地面积大、易产生水质污染、原有管网余压不能利用、水泵扬程高、运行噪声高等缺点。无负压供水系统是近年来出现的一种新型给水加压系统，它直接串接在给水管网加压，充分利用自来水管网的原有压力，又保证了用户供水压力恒定。系统在运行过程中时刻监测供水管网和用户系统压力，自动控制真空抑制器及稳流补偿器来抑制负压的产生，既充分利用了供水管网的压力，又不产生负压，不对供水管网产生任何不良影响，保证了用水的安全性。无负压供水系统既能利用供水管网的原有压力，又能动用足够的储存水量满足高峰期用水，系统全封闭式运行，完全杜绝水质污染，并可充分利用进水口原有管网压力，系统运行节能显著。

城市地形对分区形式的影响是：当城市狭长发展时，宜采用并联分区，因增加的输水管长度不多，而高、低两区的泵站可以集中管理；与此相反，城市垂直于等高线方向延伸的，串联分区更为适宜。

水厂位置往往影响到分区形式，水厂靠近高区时，宜采用并联分区。水厂远离高区时，采用串联分区较好，以免到高区的输水管过长，增加造价。

在分区给水系统中，可以采用高地水池或水塔作为水量调节设备。当具有可利用的高地时，高地水池的造价比相同容量的水塔低。但水池标高应保证该区所需的水压。采用水塔或水池需通过方案比较后确定。

习题

1. 什么叫比流量？比流量是否随着用水量的变化而变化？

2. 什么叫经济流速？平均经济流速一般是多少？

3. 环状网和树状网的流量分配有什么不同？

4. 环状管网平差软件需要输入哪些参数？如何判定平差结果是否正确？

5. 某树状管网各管段的水头损失如图 3-28 所示，管网内均为 5 层建筑，地面高程见表 3-13，则管网的水压控制点为哪一个？

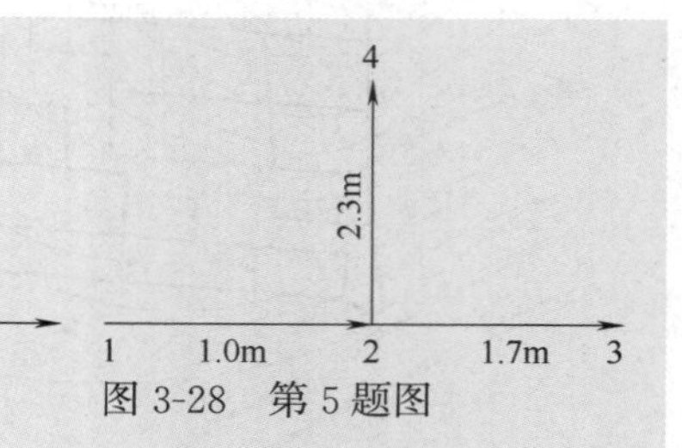

图 3-28　第 5 题图

第 5 题表　　　　表 3-13

节点编号	1	2	3	4
地面标高(m)	63.5	62.8	61	60

6. 某配水管网水压控制点地面标高 36m，服务水头 20m，拟建水塔，水塔至控制点管道水头损失约 8 m，且水塔处地面标高为 36m，则水塔高度为多少米？

7. 两条管径相同、平行敷设的重力输水管，要使任一管段故障输水量不低于 80%设计流量，求需等间距布置多少根连通管？

8. 某城镇输水工程敷设了 *DN*800、*DN*600 两根水泥砂浆衬里铸铁管（并联输水），输水管长 3000m，则 *DN*800 铸铁管输送的流量占两根输水管输送流量之和的百分比为多少？

9. 一个地处平原地区的较大城市给水系统，分为 3 个区，如图 3-29 所示。其中，Ⅰ区的给水量为总给水量的一半，水泵扬程为 H；Ⅱ区和Ⅲ区的给水量均为总给水量的 1/4。三个区内都不设调节构筑物时，Ⅱ区增压水泵扬程为 $0.7H$，Ⅲ区增压水泵扬程为 $0.8H$，Ⅰ区管网在Ⅱ区和Ⅲ区增压泵房进水点处的水压均为 $0.4H$，则该分区给水比不分区时能节省多少能量？

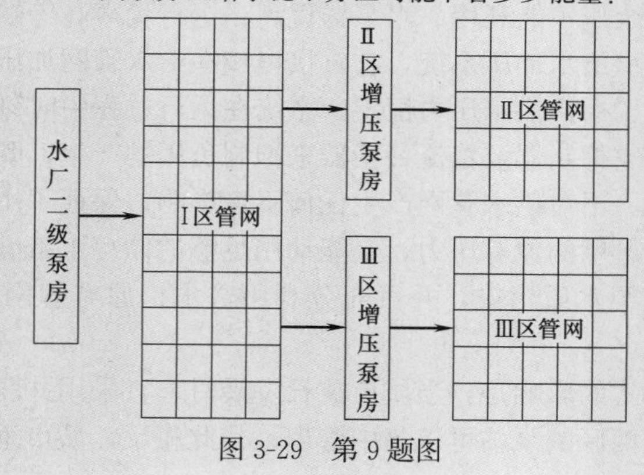

图 3-29　第 9 题图

第 3 章课后例题题目　　微课　第 3 章课后例题精讲

第4章 Chapter 04

给水管道材料、附件与附属构筑物

4.1 给水管道材料及配件

给水排水管道的材料和质量是影响给水排水工程质量和运行安全的关键。给水排水管道通常进行工厂化生产，有多种规格，在施工现场连接和埋设。

给水管道材料可分为金属管和非金属管。

4.1.1 金属管

1. 铸铁管

铸铁管（图 4-1）分为灰铸铁管和球墨铸铁管。灰铸铁管质地较脆，抗冲击和抗震能力差，重量较大，且经常发生接口漏水、水管断裂和爆管事故，在供水工程中基本不再采用。球墨铸铁管比灰铸铁管的机械性能有很大提高，耐腐蚀性远高于钢管，重量较轻，很少发生渗水、漏水和爆管事故，是室外管网常用的管材。

2. 钢管

钢管（图 4-2）分为焊接钢管和无缝钢管两大类。钢管强度高、耐振动、重量较轻、长度大、接头少和加工接口方便，但承受外荷载的稳定性差，耐腐蚀性差。在给水管网中，通常在管径大和水压高时，以及因地质、地形条件限制或穿越铁路、河谷和地震地区时使用。

图 4-1 铸铁管

图 4-2 钢管

4.1.2 非金属管

图 4-3 预应力钢筋混凝土管

1. 预应力钢筋混凝土管

预应力钢筋混凝土管（图 4-3）造价低、抗振性能强、管壁光滑、水力条件好、耐腐蚀、爆管率低，但重量大、不便于运输和安装。预应力钢筋混凝土管在设置阀门、弯管、排气、放水等装置处，须采用钢管配件。

2. 塑料管

塑料管具有重量轻、便于运输及安装、管道内壁光滑阻力系数小、防腐性能良好、对水质不构成二次污染的优点，但管材强度低，对基础及回填土要求较高，膨胀系数较大，需考虑温度补偿措施，抗紫外线能力较弱，存在应变腐蚀问题。用于给水管道工程的塑料管材有 PVC-U 管（图 4-4）、PE 管（图 4-5）、ABS 工程塑料管（图 4-6）、PP-R 管（图 4-7）等。

图 4-4　PVC-U 管

图 4-5　PE 管

图 4-6　ABS 工程塑料管

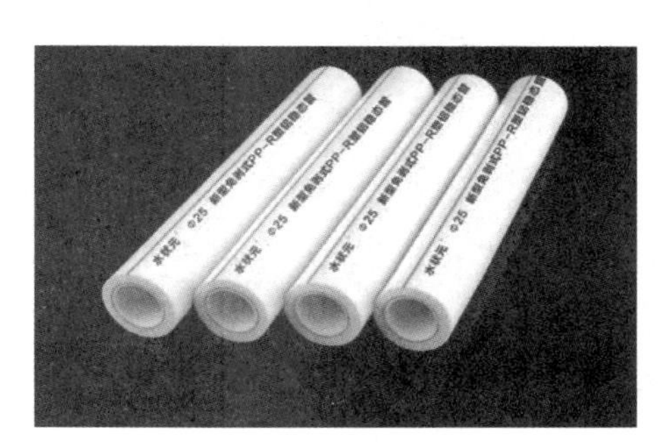

图 4-7　PP-R 管

3. 复合管

（1）玻璃钢管

玻璃钢管（图 4-8）具有强耐腐蚀性能、内表面光滑、不结垢、重量轻、抗冻性好、维护成本低、耐磨性好、使用寿命长、运输安装方便等优点，但由于密度小、材质轻，在地下水位较高地区安装玻璃钢管极易浮管，必须设置镇墩或雨水径流疏导等抗浮措施。回填土中不得含有大于 50mm 的砖、石等硬物，以免损伤管道外壁。

（2）钢骨架塑料复合管

钢骨架塑料复合管（图 4-9）是在管壁内用钢丝网或钢板孔网增强的塑料复合管的统称。钢骨架塑料复合管克服了钢管耐压不耐腐、塑料管耐腐不耐压、钢塑管易脱层等缺陷，具有优良的复合效果。

图 4-8　玻璃钢管

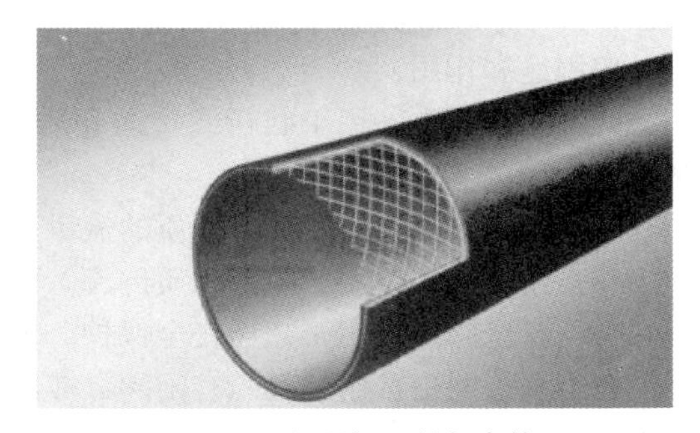

图 4-9　钢骨架塑料复合管

（3）铝塑复合管

铝塑复合管（图 4-10）是以铝合金为骨架，铝管内外层都有一定厚度的塑料管。铝塑复合管有较好的保温性能、不易腐蚀、内壁光滑、可随意弯曲、安装施工方便、机械性能优越、耐压较高，适用于建筑物冷热水供应。

（4）钢筒预应力管

钢筒预应力管（图 4-11）是钢筒与混凝土的复合管，管芯为混凝土，在管芯外壁或中部埋入厚 1.5mm 的钢筒。钢筒预应力管常在大口径的输配水工程中采用，同时兼有钢管与预应力混凝土的优点。

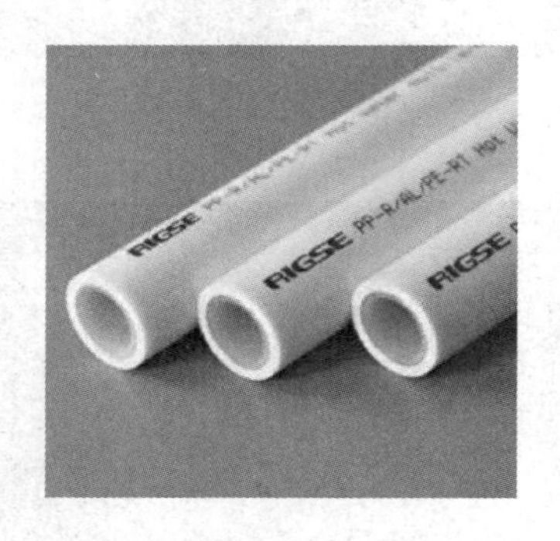

图 4-10　铝塑复合管

图 4-11　钢筒预应力管

4.2　给水管道附件

安装在给水管道及设备上的启闭和调节装置称为给水附件。给水管网上的附件主要有调节或关闭管网的控制附件，如阀门，还有用于灭火的消火栓等。阀门、消火栓是给水管网不可缺少的附件。

4.2.1　阀门及阀门井

1. 阀门

1）分类

阀门是用以连接、关闭和调节液体、气体或蒸汽流量的设备。

按公称压力：低压（≤1.6MPa）、中压（2.5MPa、4.0MPa、6.4MPa）、高压（≥10MPa）和超高压（≥100MPa）。

按用途和作用：

（1）截断阀类：用于截断或接通介质流。包括闸阀、截止阀、隔膜阀、旋塞阀、球阀、蝶阀等。

（2）调节阀类：用于调节介质的流量、压力等。包括调节阀、节流阀、减压阀等。

（3）止回阀类：用于阻止介质倒流。包括各种结构的止回阀。

（4）安全阀类：用于超压安全保护。包括各种类型的安全阀。

在给水管网中常用的阀门有闸阀、蝶阀、截止阀、止回阀、球阀、减压阀、调节阀、进排气阀和泄水阀等。

2）闸阀

闸阀是指关闭件（闸板）由阀杆带动，沿阀座密封面进行升降运动的阀门。根据密封元件的形式，常常把闸阀分成几种不同的类型，如楔式闸阀、平行式闸阀、平行双闸板闸阀、楔式双闸板闸阀等。最常用的形式是楔式闸阀和平行式闸阀。闸阀通常适用于不需要经常启闭，而且保持闸板全开或全闭的工况。闸阀外形及剖面如图 4-12～图 4-14 所示。图 4-13 中各符号含义如下：d_0 公称直径，d 凸面直径，D_0 手轮直径，n 螺栓个数，ϕ 螺栓孔径，C 法兰厚度，f 法兰凸台高度，$A\times B$ 阀盖尺寸，L 阀体长度。

图 4-14 中各符号含义如下：DN 公称直径，D_2 凸面直径，D_1 螺栓孔间距，D 法兰直径，D_0 手轮直径，d 螺栓孔直径，f 法兰凸台高度，b 法兰厚度，H_1 阀门全关高度，H_2 阀门全开高度，L 阀体长度。

图 4-12　闸阀外形图

闸阀具有流体阻力小、开闭所需外力较小、介质的流向不受限制等优点，但外形尺寸和开启高度都较大、安装所需空间较大、水中有杂质落入阀座后不能关闭严密、关闭过程中密封面间的相对摩擦容易引起擦伤现象。

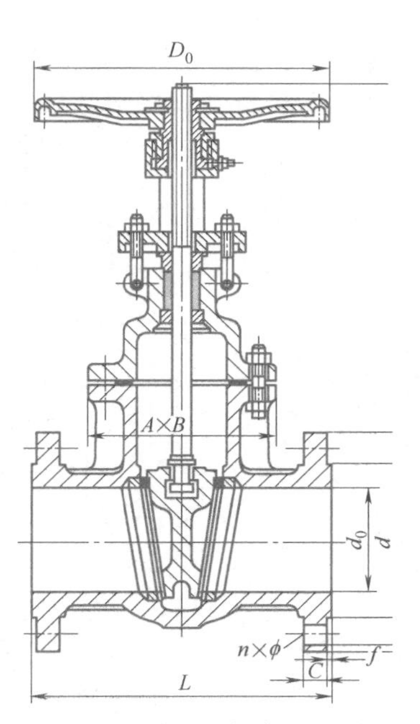

图 4-13　明杆楔式单闸板闸阀

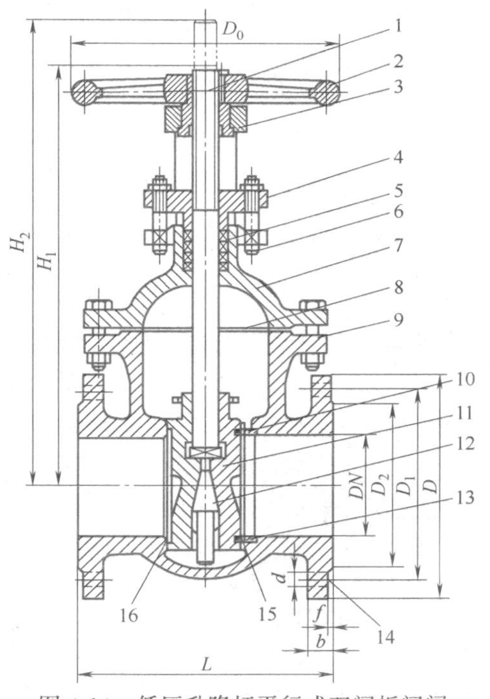

图 4-14　低压升降杆平行式双闸板闸阀

1—阀杆；2—手轮；3—阀杆螺母；4—填料压盖；5—填料；6—J 形螺栓；7—阀盖；8—垫片；9—阀体；10—闸板密封圈；11—闸板；12—顶楔；13—阀体密封圈；14—法兰孔数；15—有密封圈形式；16—无密封圈形式

3）蝶阀

蝶阀是指启闭件（蝶板）绕固定轴旋转的阀门，其外形如图 4-15 所示，LT 型蝶阀如图 4-16 所示。蝶阀的蝶板安装于管道的直径方向。在蝶阀阀体圆柱形通道内，圆盘形蝶板绕着轴线旋转，旋转角度为 0°～90°。蝶阀结构简单、体积小、重量轻、操作简单、阻力小，但蝶板占据一定的过水断面，增大水头损失，且易挂积杂物和纤维。图 4-16 中的符号意义如下：L_1 手柄长度，H_1 手柄高度，H_2 阀中心至手柄高度，H_3 阀中心至阀底高度，Z 螺栓个数，Md 螺栓孔直径，DN 公称直径，D_1 螺栓孔间距，D_2 法兰直径，D_3 手柄直径，L 阀体长度。

图 4-15　蝶阀外形图

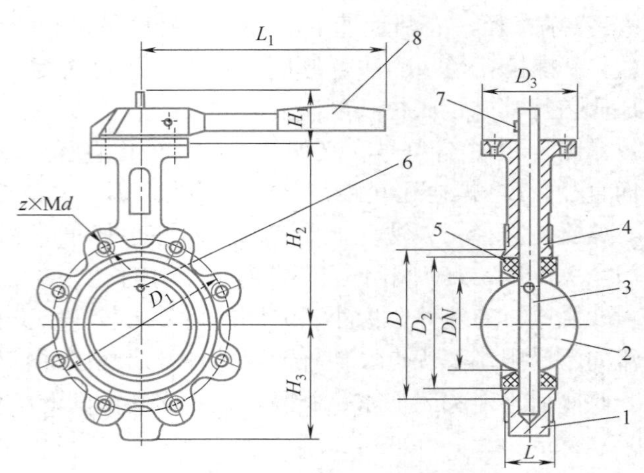

图 4-16　LT 型蝶阀

1—阀体；2—蝶板；3—阀杆；4—滑动轴承；5—阀座密封套；6—圆锥销；7—键；8—手柄

4）止回阀

止回阀又称单向阀，是只允许介质向一个方向流动，包括旋启式止回阀（图 4-17）和升降式止回阀（图 4-18）。该阀通常是自动工作的，靠水流的压力达到自行关闭或开启

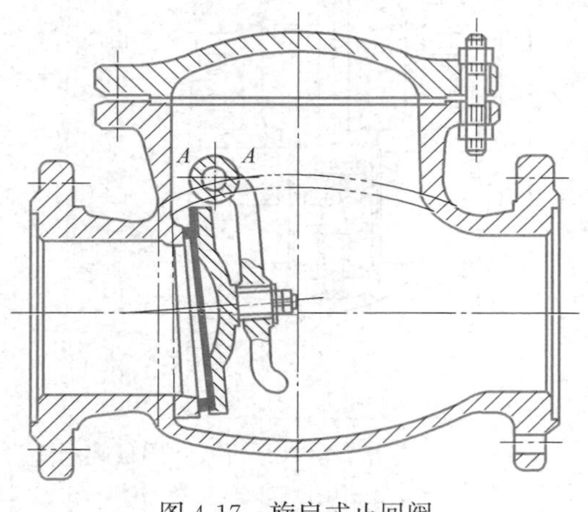

图 4-17　旋启式止回阀

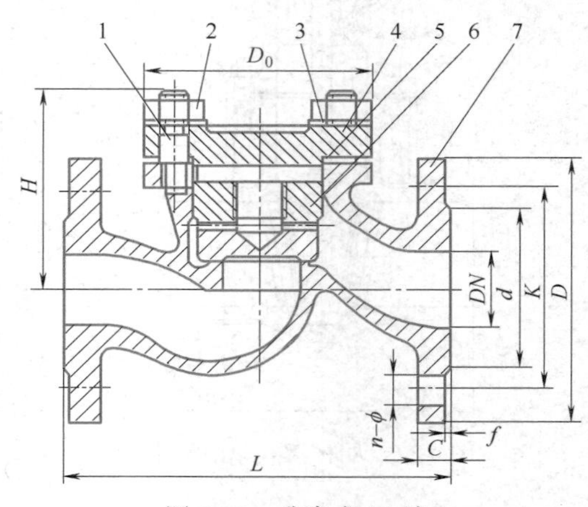

图 4-18　升降式止回阀

1—螺栓；2—螺母；3—垫圈；4—阀盖；5—中法兰垫片；6—阀瓣；7—阀体

的目的。一般安装在水泵出水管、用户接管和水塔进水管处，以防止水的倒流。图 4-18 中的符号意义如下，DN 公称直径，d 凸面直径，k 螺栓孔间距，D 法兰直径，D_0 阀体直径，n 螺栓个数，ϕ 螺栓孔直径，f 法兰凸台高度，C 法兰厚度，H 阀体中心至阀顶高度，L 阀体长度。

止回阀安装和使用时应注意以下几点：

（1）升降式止回阀应安装在水平方向的管道上，旋启式止回阀既可安装在水平管道上，又可安装在垂直管道上。

（2）安装止回阀要使阀体上标注的箭头与水流方向一致，不可倒装。

（3）大口径水管上应采用多瓣止回阀或缓闭止回阀，使各瓣的关闭时间错开或缓慢关闭，以减轻水锤的破坏作用。

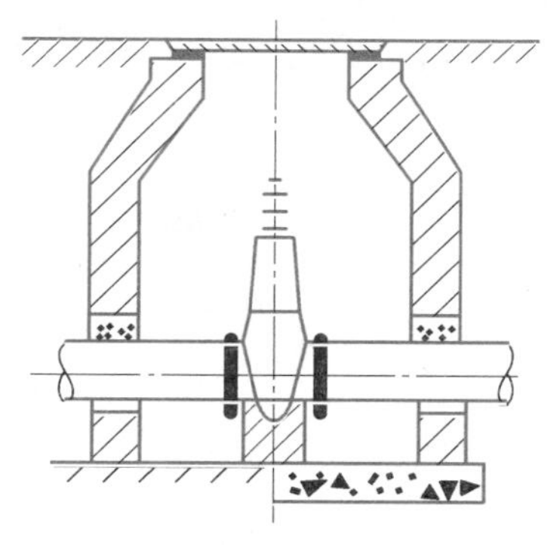

图 4-19 阀门井示意

2. 阀门井

阀门井（图 4-19）是安装管网中的阀门及管道附件的场所。阀门井的平面尺寸，应满足阀门操作和安装拆卸各种附件所需的最小尺寸。井深由水管埋设深度确定。但井底到水管承口或法兰盘底的距离至少为 0.10m，法兰盘和井壁的距离宜大于 0.15m，从承口外缘到井壁的距离应在 0.30m 以上，以便于接口施工。阀门井有圆形与方形两种，一般采用砖砌，也可用石砌或钢筋混凝土建造，同时应考虑地下水及寒冷地区的防冻因素。

4.2.2 排气阀和排气阀井

在间歇性使用的给水管网末端和最高点、给水管网有明显起伏可能积聚空气的管段的峰点应设置自动排气阀（图 4-20、图 4-21）。图 4-21 中的符号意义如下：DN 公称直径，D_1 螺栓孔间距，H 阀体高度，L 阀体长度，L_1 阀体宽度。

图 4-20 排气阀外形

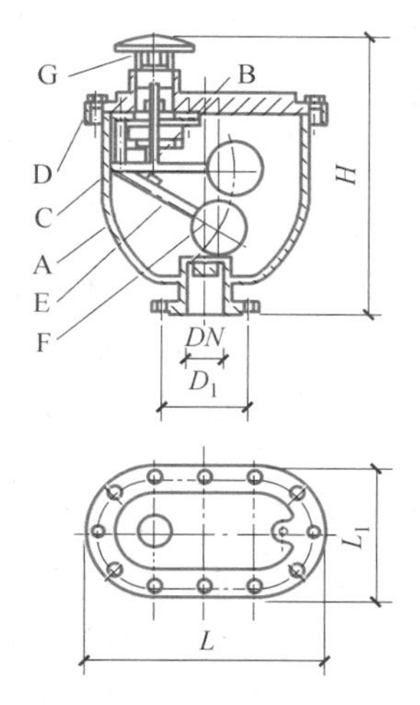

序号	名称	材质
A	阀体	球墨铸铁
B	阀塞	铝青铜
C	杠杆架	不锈钢
D	阀盖	球墨铸铁
E	杆	铝青铜
F	浮球	不锈钢
G	排气罩	球墨铸铁

图 4-21 排气阀剖面

排气阀应垂直安装（图 4-22）。地下管线的排气阀应做排气阀井，以便维修，在有可能冰冻的地方应有适当的保温措施。排气阀井参见给水排水标准图集 05S502。

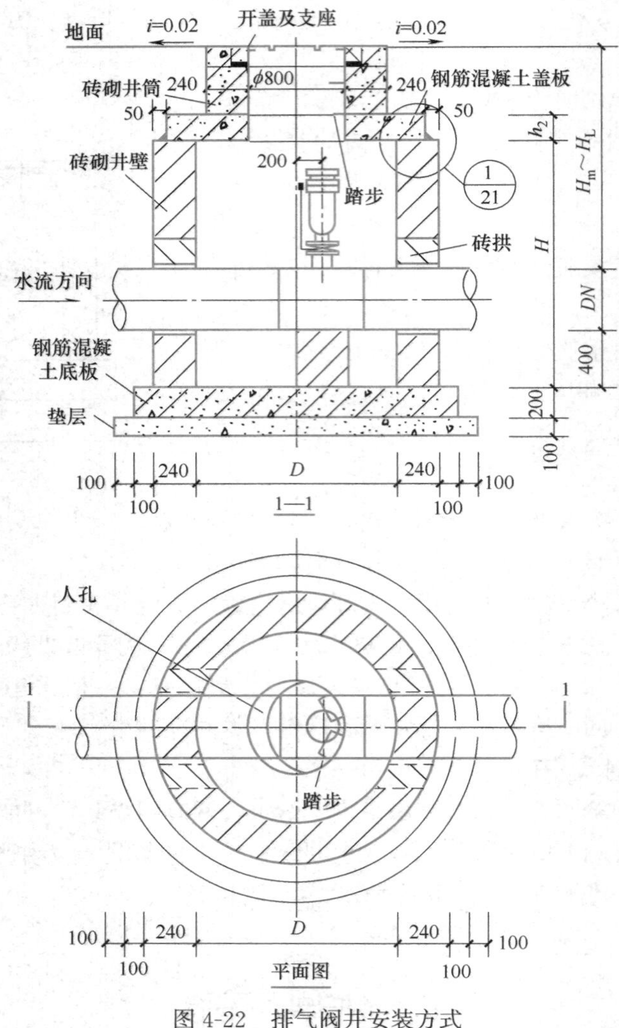

图 4-22 排气阀井安装方式

4.2.3 泄水阀、泄水管及排水井

泄水阀的作用是排出给水管网中的水，以利于维修。泄（排）水阀的直径，可根据放空管道中泄（排）水所需要的时间计算确定。输水管（渠）道、配水管网低洼处及阀门间管段低处，可根据工程的需要设置泄（排）水阀井（图 4-23）。

4.2.4 支墩

承插式接口的管线，在弯管处、三通处、水管尽端的盖板上以及缩管处，都会产生拉力，接口可能因此松动脱节而使管线漏水，因此在这些部位须设置支墩以承受拉力和防止事故。另外，在明管上每隔一定距离或阀门等处也应设支墩以减少管道的应力。但当管径小于 300mm 或转弯角度小于 10°且水压力不超过 980kPa 时，因接口本身足以承受拉力，可不设支墩。

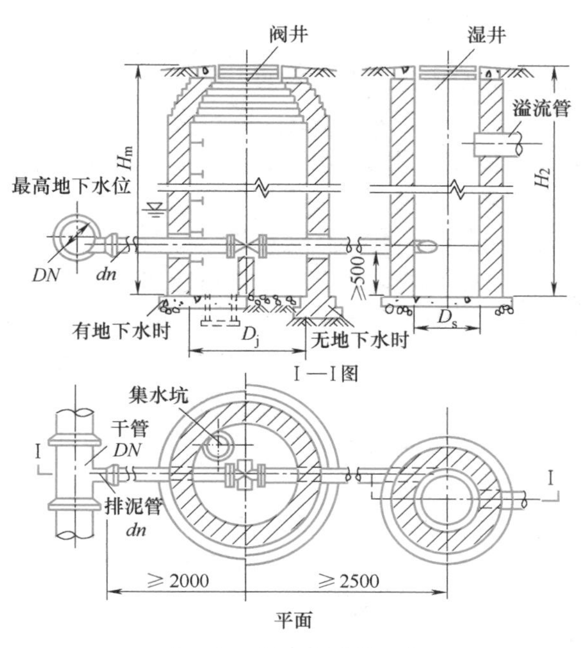

图 4-23　泄水阀及排水井

根据异形管在管网中布置的方式，支墩有以下几种常用类型。

1. 水平支墩

分为弯头处支墩、堵头处支墩、三通处支墩（图 4-24）。

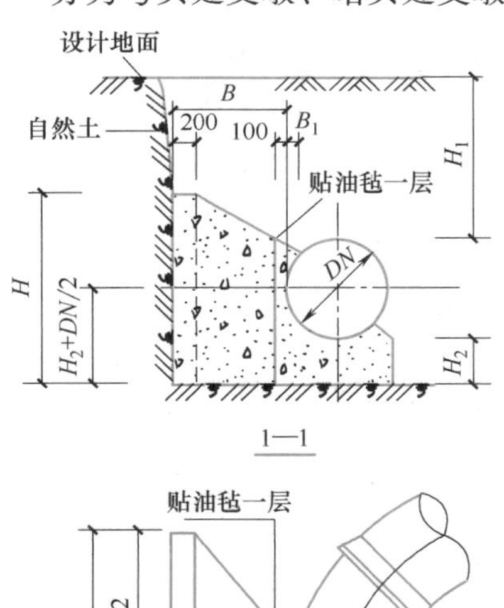

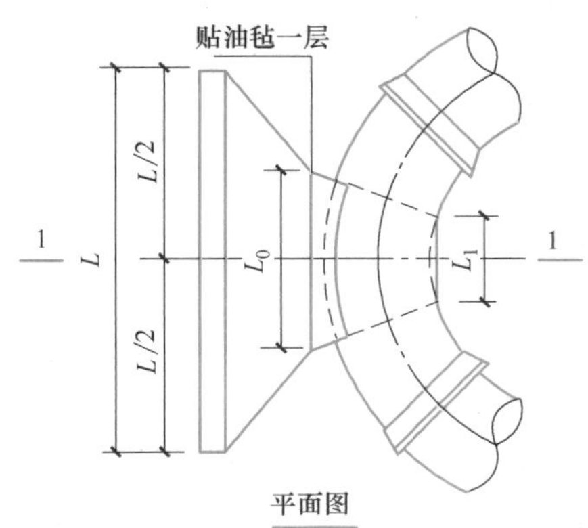

管径 DN(mm)	作用力 R(kN)	管顶覆土 H_1(mm)	支墩尺寸(mm) L	L_0	L_1	H	H_2	B	B_1	混凝土用量 V(m^3)
300	109.91	700	3500	750	250	1400	800	1400	100	3.98
		1000	2750	750	250	1750	750	1000	100	2.87
		1500	1750	750	250	2400	850	450	100	1.37
		2000	1400	750	250	2250	850	300	100	0.81
400	195.39	700	4450	1000	350	1700	1000	1700	100	7.56
		1000	3750	1000	350	2050	900	1350	100	6.10
		1500	2650	1000	350	2550	950	800	100	3.57
		2000	1750	1000	350	3300	1200	350	100	1.77
500	305.29	700	5350	1250	400	2000	1150	2000	100	12.65
		1000	4850	1250	400	2000	1050	1750	100	10.23
		1500	3500	1250	400	2750	1050	1100	100	6.73
		2000	2500	1250	400	3400	1200	600	100	3.83
600	439.62	700	6150	1500	500	2250	1300	2300	100	19.07
		1000	5700	1500	500	2150	1250	2100	100	15.91
		1500	4350	1500	500	2950	1150	1350	100	10.90
		2000	3200	1500	500	3600	1300	850	100	6.99
700	598.37	700	6600	1750	550	2500	1500	2550	100	26.61
		1000	6500	1750	550	2400	1350	2350	100	22.57
		1500	5050	1750	550	3200	1300	1650	100	16.79
		2000	3950	1750	550	3750	1350	1100	100	11.16
800	781.55	700	7600	2000	650	2700	1600	2800	100	35.56
		1000	7200	2000	650	2600	1500	2600	100	30.71
		1500	5750	2000	650	3400	1400	1900	100	23.54
		2000	4700	2000	650	3900	1400	1350	100	16.63

图 4-24　水平方向弯管支墩

2. 下弯支墩

管中线由水平方向转入垂直向下的弯头支墩。

3. 上弯支墩

管中线由水平方向转入垂直向上的弯头支墩。

在设计支墩时，应注意以下原则：

1. 当管道转弯角度小于10°时，可以不设支墩。

2. 管径大于600mm时，水平敷设时应尽量避免选用90°弯头，垂直敷设时应避免使用45°以上的弯头。

3. 支墩背后必须为原型土，支墩与土体应紧密接触，若有空隙用与支墩相同材料填实。

4. 支撑水平支墩后背的土壤，最小厚度应大于支墩底在设计地面以下深度的3倍。

4.2.5 消火栓

消火栓安装在给水管网上，向火场供水的带有阀门的标准接口，是市政和建筑物内消防供水的主要水源之一，常布置在易于寻找、消防车易取水的路边及需要特别保护的建筑物附近等地方。室外消火栓有地上式（图4-25）和地下式（图4-26）两种，一般，后者适用于气温较低的地区。

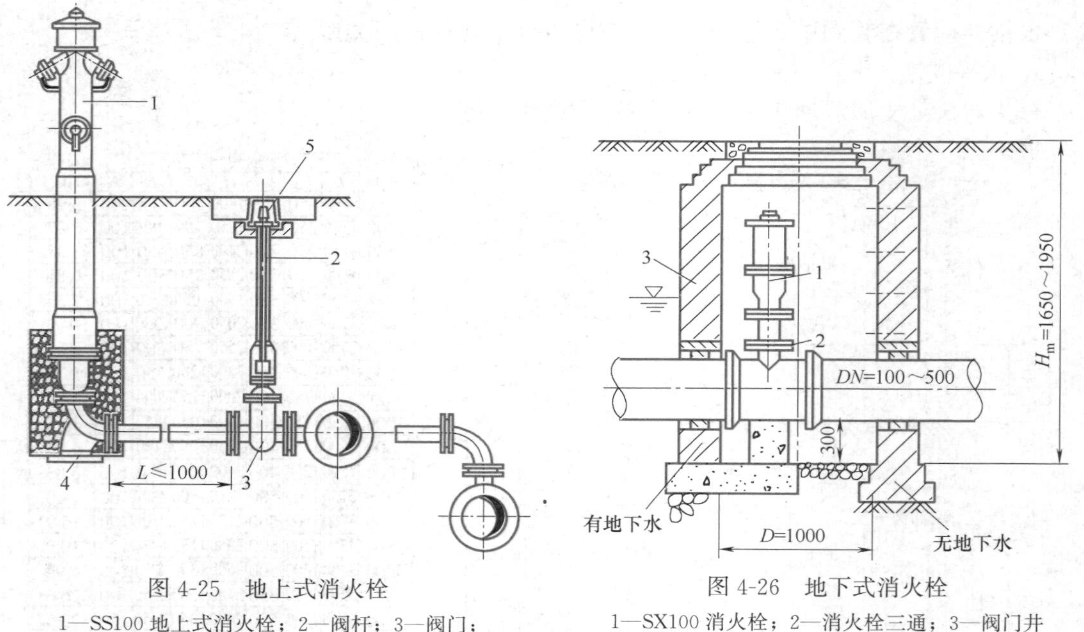

图4-25　地上式消火栓

1—SS100地上式消火栓；2—阀杆；3—阀门；4—弯头支座；5—阀门套筒

图4-26　地下式消火栓

1—SX100消火栓；2—消火栓三通；3—阀门井

4.2.6 倒虹管和管桥

若无桥梁可以利用，则可考虑设置倒虹管（图4-27），倒虹管应选择在地质条件较好的河床及河岸。倒虹管从河底穿越，比较隐蔽，不影响航运，但施工与检修不便。

利用现有桥梁或建筑专用管架敷设，应根据河道特性、通航情况、河岸地质地形条

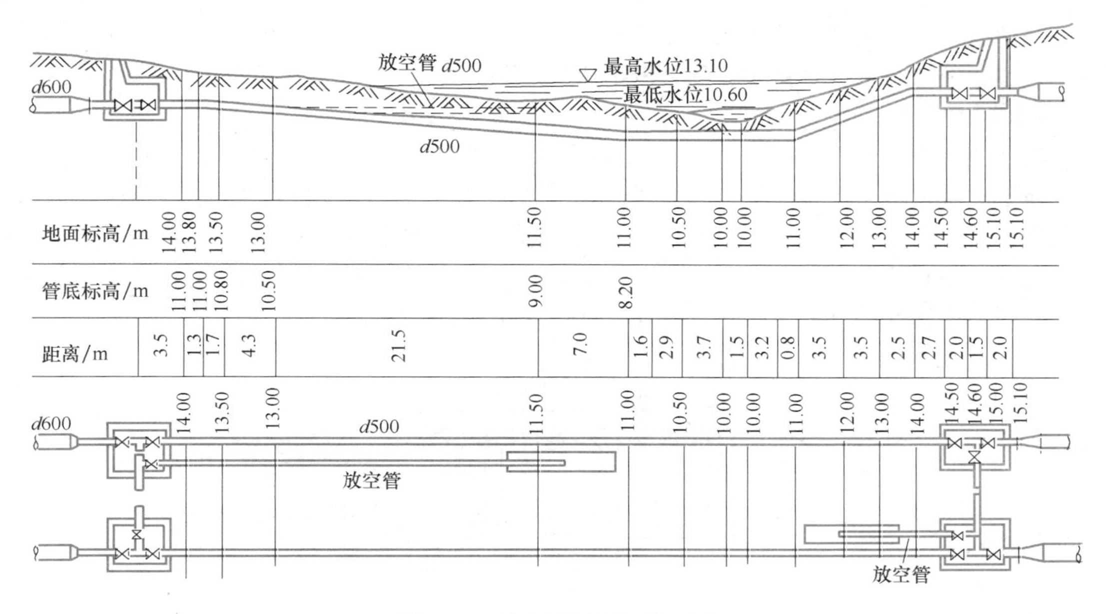

图 4-27　给水管道倒虹管过河

件、过河管材料和直径、施工条件选用。当排水管道穿过谷地时，可不改变管道的坡度，采用栈桥或桥梁承托管道，这种设施称为管桥（图 4-28）。

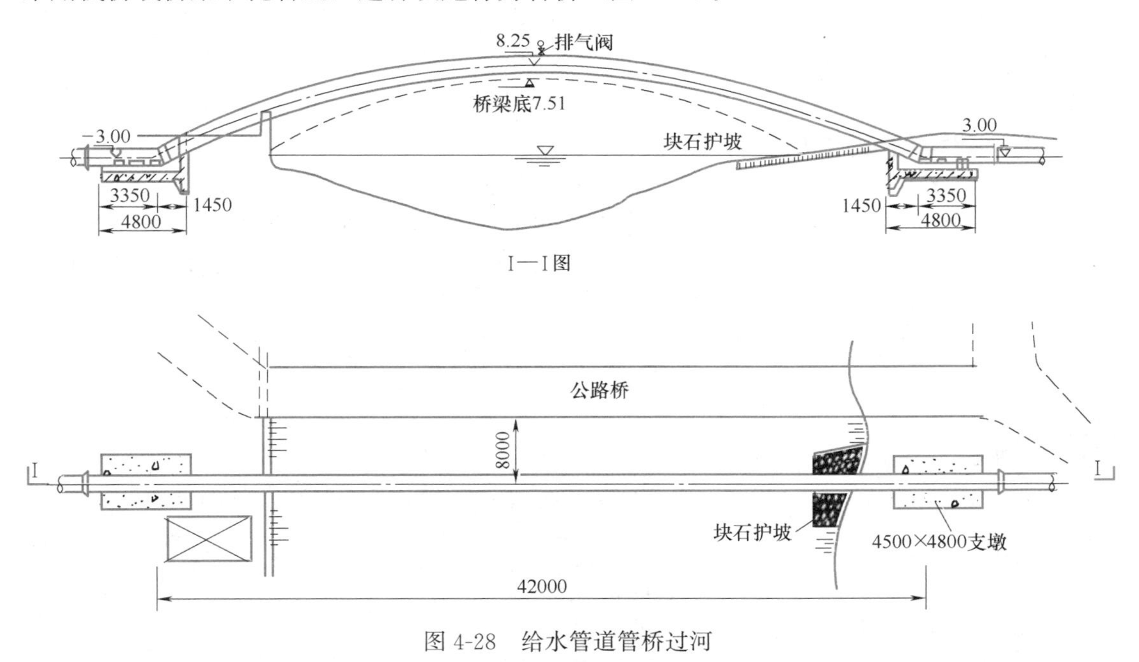

图 4-28　给水管道管桥过河

4.3　水量调节设施

给水管网的调节构筑物主要是水池、水塔。清水池用于调节一、二级泵站供水量的差额，还兼有贮存水量和保证氯消毒接触时间作用；水塔是调节二级泵站供水量和用户用水量的差额，还兼有贮存水量和保证管网水压的作用。

4.3.1 清水池

给水工程中，常用钢筋混凝土水池、预应力钢筋混凝土水池和砖石水池，一般做成圆形或矩形。清水池（图 4-29）应有单独的进水管、出水管及溢流管。溢流管管径和进水管相同，管端有喇叭口、管上不设阀门。清水池的放空管接在集水坑内，管径一般按 2h 内将池水放空计算。为避免池内水短流，池内应设导流墙，隔一定距离设过水孔，方便洗池时排水。容积在 $1000m^3$ 以上的水池，至少应设 2 个检修孔。

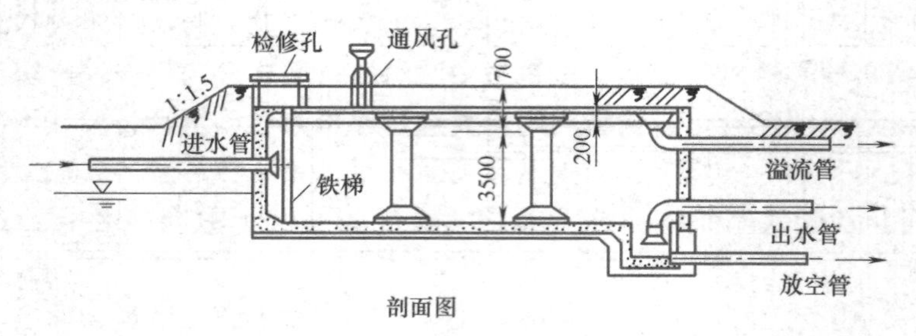

图 4-29 清水池剖面图

4.3.2 水塔及高位水池

水塔一般采用钢筋混凝土或砖石等建造，主要由水柜、塔架、管道和基础组成。进水管和出水管可以合用，也可分别设置。为防止水柜溢流和将柜内存水放空，须设置溢流管和排水管，管径可和进水管、出水管相同。溢流管上不设阀门。放空管从水柜底接出，管上设阀门，并接到溢水管上。

4.3.3 调节（水池）泵站

调节（水池）泵站主要由调节水池和加压泵房组成。

对于大中城市的配水管网，为了降低水厂出厂压力，一般在管网的适当位置设置调节（水池）泵站，兼起调节水量和增加水压的作用。另外，调节（水池）泵站还设置在管网中供水压力相差较大的地区和管网末端的延伸地区。

由于进入水池前管内水流具有一定压力，为了节约电能，一般应尽可能减少水池埋深和加高池深。

习题

1. 常用水管材料有哪几种？
2. 阀门起什么作用？有几种主要形式？
3. 阀门井起什么作用？它的大小和深度如何确定？
4. 排气阀和泄水阀的作用是什么？应在哪些情况下设置？
5. 哪些情况下水管要设支墩？应放在哪些部位？
6. 管网布置要考虑哪些主要的附件？

第5章 Chapter 05

给水管网管理与维护

给水管网管理与维护是给水系统安全运行的重要保证，其内容包括：建立准确和完善的管网资料档案及查询系统；管网监测与检漏；管道防腐蚀和修复；水质维持与调度管理。

为了保证给水管网的正常运作，必须及时更新管网资料，掌握管道及配件的位置，并准备好各种管材、配件及修理工具等，以便及时处理城市管网的各种紧急事故。

5.1 给水管网档案管理

给水管网档案一般由自来水公司或者水务集团管理，技术管理部门应整理好给水管网图，熟悉图中标有的管线、阀门、阀门井、消火栓、泵站等的具体位置和详细尺寸。其图纸一般有三类：一是各种比例的象限图（1∶100、1∶500、1∶1000 等）；二是按路名绘制的街道图；三是管网区域图。

5.1.1 设计资料

设计资料是施工标准又是验收的依据，竣工后是查询的主要依据。内容有设计任务书、给水总体规划、管道设计图、水力计算图、构筑物大样图等。

5.1.2 竣工资料

竣工资料包括以下内容：

1. 管网的竣工报告

2. 竣工图

（1）管道纵断面图：标明管顶的高程、管径大小、坡度及埋深等。

（2）管道平面图：注明管线布置、管径、阀门及节点等。

（3）节点大样图：标明阀门大样、检查井大样、消火栓大样以及节点与附近其他设施的距离等。图 5-1 为给水管网的节点详图，节点图中部件编号见表 5-1。节点详图可不按比例进行绘制，图的大小比例依据节点复杂程度确定。

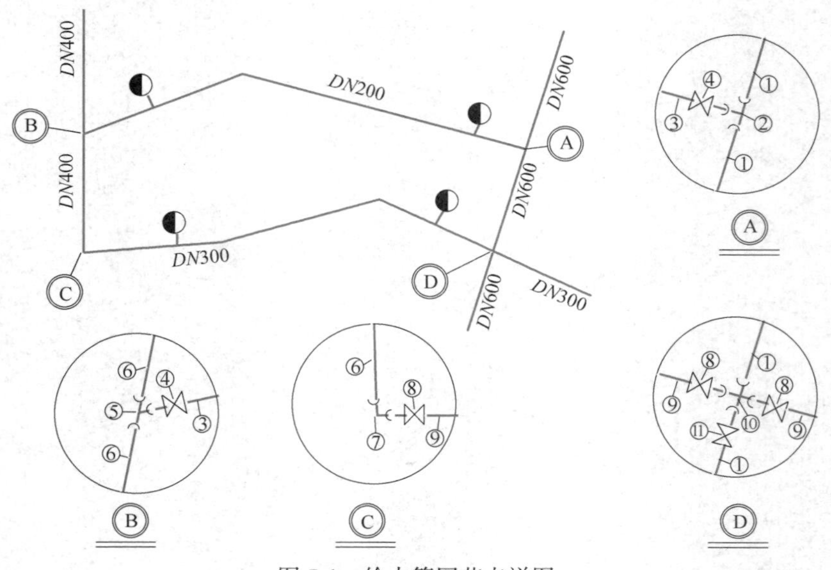

图 5-1 给水管网节点详图

部件编号　　表 5-1

编号	管件名称	管件规格	编号	管件名称	管件规格
1	铸铁管	DN600	7	异径弯管	DN400×DN300
2	全承三通	DN600×DN200	8	闸阀	DN300
3	铸铁管	DN200	9	铸铁管	DN300
4	闸阀	DN200	10	全承四通	DN600×DN300
5	全承三通	DN400×DN200	11	闸阀	DN300
6	铸铁管	DN400			

3. 竣工情况说明

包括完工日期，施工单位及负责人，材料规格、型号、数量及来源，以及同其他管沟、建筑物交叉时的局部处理情况，工程事故说明及存在的隐患说明，各管段水压试验记录、通水记录，隐蔽工程验收记录等。

5.1.3 管网现状技术资料

管网现状图是说明管网实际情况的图纸，反映了随时间推移，管道的增减变化，是竣工修改后的管网图。

1. 管网现状资料的内容

（1）管道平面总图：包括给水所有管线，管道材质、管径、走向，阀门、消火栓、检查井、节点位置及主要用户接管位置等。通过总图可以了解管网总的情况并据此运行和维修。

（2）分块现状平面图：应详细地注明支管与干管的管径、材质、坡度、方位，节点坐标、位置及控制尺寸，埋设时间、水表位置及口径，检查井坐标、大小等。它是现状资料的详图。

（3）管道纵断面图：要求同竣工图。

（4）水表卡片：一般包括水表的道路名、安装地点、日期、水表编号、用户名称、用水性质、干管口径、水表类型、表前阀口径、表后阀口径、维修情况等，并附简图。

（5）供水用户卡片：包括户名、通信地址、用户方联系电话和联系人等，重点用户要单独列出，要统一编号，并及时增补。

（6）阀门和消火栓卡片：卡片上应有附图，要对所有的消火栓和阀门进行编号，分别建立卡片，卡片上标明地理位置、安装时间、型号、口径及检修记录等。

（7）检查井卡片：包括检查井编号、所属区域、地理位置、型号等，并附有简图。

（8）管道越过河流、铁路及公路的构造详图。

（9）附属设施的图纸及文档资料：比如给水管网中的加压泵站等。

2. 管网现状资料的整理

要掌握管网的现状，必须将随时间所发生的变化、管网的增减及变化及时对管网的现状资料进行整理和更新。

在建立符合现状的技术资料档案的同时，资料专职人员每月需要对图纸和各种卡片进行校对，并及时对所有资料进行修改。对事故情况和分析记录，管道变化，阀门、消火栓、检查井的增减等，均应整理存档。

为适应快速发展的城市建设需要，传统的管理模式已不能适应信息社会的要求，现在逐步开始采用容量大、集各种功能于一体的管网图形与信息的计算机管理系统，而网络技术的推广和应用更使计算机管理工作如虎添翼。

5.1.4 给水地理信息系统

地理信息系统（Geographical Information System，GIS）通常泛指用于获取、储存、查询、综合、处理、分析和显示与地球表面位置相关的数据的计算机系统。它的特征有两点：一方面，它是一个计算机系统；另一方面，它处理的数据是与地球表面位置相关的。

我国的 GIS 发展晚，但发展速度并不慢。GIS 在城市方面的应用领域有城市自来水、城市煤气、城市规划、城市地下管线、城市环境、城市道路、城市土地等。

GIS 作为世界性的高科技领域学科和技术体系已渗透到各行各业。GIS 在给水系统中也得到了广泛应用，如上海、深圳、唐山等城市。一般以计算机程序设计语言（如 VC 等）和 GIS 软件（如 MapInfo、ArcInfo 等）为开发平台进行二次开发，建立城市管网管理系统，实现管网图形数据和属性数据的计算机录入、修改；对管线及各种设施进行属性查询、空间定位以及定性和定量的统计、分析；对各类图形（包括管线的横断面和纵断面图）及统计分析报表显示和输出；通过 GIS 的集成，使管网图形库、属性数据库及外部数据库融为一体，不仅图文并茂，准确高效，而且易于动态更新，从而大大提高了管网管理工作的效率和质量。

GIS 管网系统结构如图 5-2 所示。

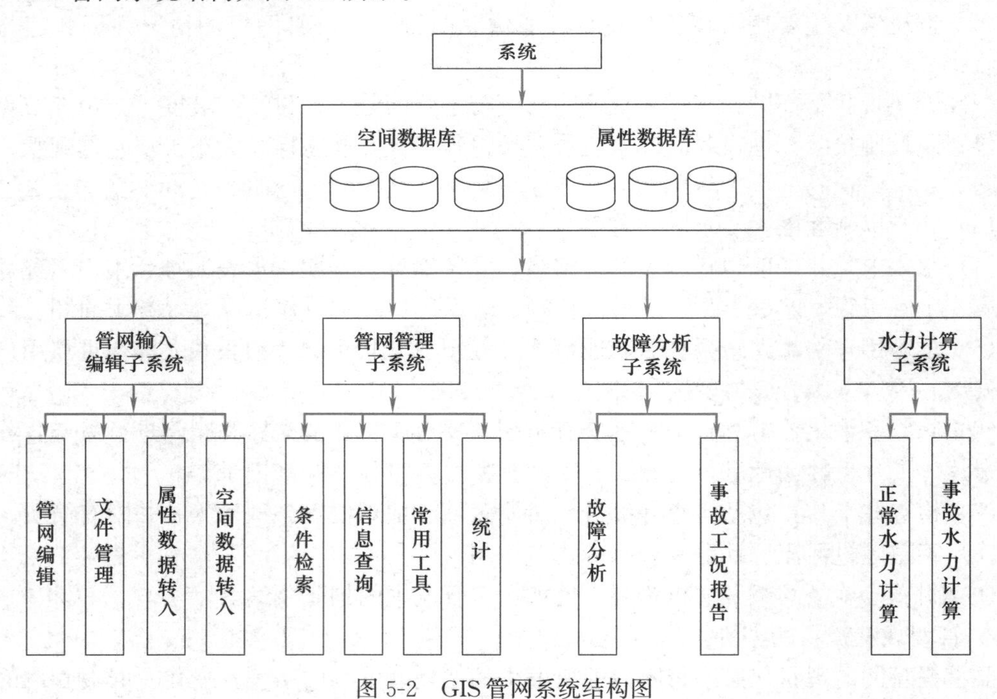

图 5-2 GIS 管网系统结构图

对庞大复杂的给水管网系统实施科学管理是当前给水行业迫切需要解决的问题，建立城市给水管网信息化管理系统，可产生良好的效益，具有重要的实践意义：

（1）城市给水管网图文数据库的建立，可实现全市范围内管网图籍资料的计算机管理，便于资料的日常管理工作及管网的维护等；

（2）将城市给水管网系统信息输入计算机，建立起给水管网系统动态分析平台；

（3）可优化城市给水管网系统的设计和规划等；

（4）调度人员、管理人员可了解城市给水管网运行现状，了解管网在不同时段下的运行情况，了解给水管网运行特性，可有效指导方案决策。

因此，城市地下给水管网管理系统利用地理信息系统（GIS）技术，在建立管网基础信息库的基础上，实现地下给水管网的科学化和自动化管理，克服了历年来信息系统在处理图形数据和属性数据时的分离。运用地理信息技术，将各种信息与地理位置很好地结合在一起，相关人员可以尽快掌握给水管网的现状，不仅使地下管网工程规划更合理，工程预算更准确，而且也保证道路改造、新增管线铺设施工时便于查询与更改设计，既节约了时间和资金，也避免了传统管理可能造成的施工混乱。此外，GIS管网系统可为有关部门和单位提供辅助决策服务，使得城市给水管网的设计、管理与维护具有宏观的经济效益。

未来地理信息技术的发展将使其在给水管网管理中应用更加广泛，主要有以下几个方面：

（1）将GIS扩展至多维分析，以三维可视化等方式提高管理水平。

（2）GIS与遥感（Remote Sensing，RS）技术、全球定位系统（Global Positioning System，GPS）相结合，将后者作为高效的数据获取手段。

（3）越来越多地利用声音、图像、图形等多媒体数据。

（4）进一步与互联网结合，使给水管网的地理信息数据可以突破空间的局限，在更大范围内获取和查询。

5.2 给水管网维护

5.2.1 管网水质监测

自来水出厂后由供水管网输送至用户。在自来水的长距离连续输送过程中，存在诸多因素会导致水受到二次污染，例如管材质量问题、给水管道锈蚀结垢、管道检漏修复、中途提升泵站的影响等。

进行管网水质监测，可及时分析水质变化的有关因素，并将结果反馈给自来水公司；指导和改进制水过程，及时制定管网污染的防护方案；通过长期的水质监测，积累监测数据，为建立符合实际的管网水质模型提供资料，优化管网布置及管网的运行管理。

根据《城市供水水质标准》CJ/T 206—2005规定，管网水质监测项目包括浑浊度、色度、臭和味、余氯、细菌总数、总大肠菌群、COD_{Mn}（管网末梢点）。在这7项指标中，浑浊度和余氯量的变化可以直接反映供水水质的变化。通常浑浊度的变化必然伴随污染物进入水中，以及微生物、细菌、病原菌的滋生。管网中的余氯可防止输水过程中微生物、细菌的再生长，因此，管网中游离余氯量的变化也是指示水质污染的一项重要指标。在日常管网水质监测中，浑浊度及余氯是两个非常重要的监控指标。

水质监测点的布置影响分析整个管网水质状况的真实性，因而水质监测点的布置需具有代表性。水质监测点的布置需考虑的因素较多，是一个多目标问题。目前，对于常规污染管网水质监测点的设置主要是基于1991年Byoung Ho Lee等人提出的覆盖水量法；对于防范突发污染事件监测点布置方案主要是根据1998年Avner Kessler等人提出的“q体积服务水平”概念，即从污染物开始注入监测到污染物质这段时间内管网对外供出的水的体积。该方案的布置监测点的目的是当管网中任一节点突发污染事故时，在监测到污染物质之前管网对外供出的水量不超过“q体积服务水平”；1999年，Arun Kumar等人又提出用“t小时服务水平”来代替“q体积服务水平”，该方案的布置监测点的目的是当管网中任一节点突发污染事故时，至少有一个监测站点在t小时内发出警报。但是这些方法在数学求解上都较为复杂，在实际工程中应用困难，还待进一步讨论和解决。

5.2.2 水压和流量测定

1. 管网测压点及测流点的布置

要实现对城市给水管网的计算机模拟和优化调度管理，必须了解给水管网的运行工况，掌握管网的动态信息，为今后建立城市给水系统的优化调度模型提供必要的运行状态数据。另外通过观察给水管测压点的异常变化，可推断给水管网的事故发生情况，从而了解非正常情况的管网压力分布情况及由此造成的影响。同时通过给水管网测压点的实测压力，了解给水管网不同时段不同工况的压力分布情况，为管网改扩建提供依据。

管网测点包括测压点、测流点及水质监测点等。管网测压点及测流点应具有代表性。管网测压点一般选择在给水管网末梢或管网中地势高的地方，根据管网测压点的实测压力值和管网水力工况的模拟可以推断出给水管网其他点的压力值，从而能比较准确地全面了解给水管网的工作状况。而管网测流点则应选择在给水管网的干管上，以掌握给水管网的流量分布和水流的实际走向。

2. 管网测压测流仪器

（1）压力表

管道压力测量仪器是压力表。常用类型有：一般压力表、隔膜压力表、不锈钢压力表、耐震压力表、电接点压力表及远传压力表等。

一般压力表由测量系统（包括接头、弹簧管、齿轮传动机构）、指示部分（包括指针、度盘）、表壳部分组成。其工作原理是基于弹性元件——弹簧管变形。当被测介质由接头进入弹簧管自由端产生位移，此位移借助连杆经齿轮传动机构的压力传递和放大、使指针在度盘上指示出压力。一般压力表适用于测量无爆炸危险、不结晶、不凝固及对铜及铜合金不起腐蚀作用的液体、蒸汽和气体等介质的压力。

不锈钢压力表由导压系统（包括接头、弹簧管、限流螺钉等）、齿轮传动结构、示数装置（指针与度盘）和外壳（包括表壳、表盖、表玻璃等）所组成。外壳为气密型结构，能有效地保护内部机件免受环境和污垢侵入。对于在外壳内充液（一般为硅油或者甘油）的仪表，能够抗工作环境振动较剧和较少介质压力的脉动影响。

电接点压力表由测量系统、指示装置、磁助电接点装置、外壳、调节装置及接线盒等组成。当被测压力作用于弹簧管时，其末端产生相应的弹性变形——位移，经传动机构放大后，由指示装置在度盘上指示出来。同时指针带动电接点装置的活动触点与设定指针上的触头（上限或下限）相接触的瞬时，致使控制系统接通或断开电路，以达到自动控制和发信号报警的目的。在电接点装置的电接触信号针上，装有可调节的永久磁钢，可以增加接点吸力，加快接触动作，从而使触点接触可靠，消除电弧，能有效地避免仪表由于工作环境振动或介质压力脉动造成触点的频繁关断。所以该仪表具有动作可靠、使用寿命长、触点开关功率较大等优点（图 5-3）。

远传压力表由一个弹簧管压力表和一个滑线电阻式发送器等组成（图 5-4）。仪表机械部分的工作原理与一般弹簧管压力表相同。由于电阻发送器系设置在齿轮传动机构上，因此当齿轮传动机构中的扇形齿轮轴产生偏转时，电阻发送器的转臂（电刷）也相应地偏转，由于电刷在电阻器上滑行，使得被测压力值的变化变换为电阻值的变化，传至二次仪表上，指示出一相应的读数值。同时，一次仪表也指示相应的压力值。

图 5-3　电接点压力表

图 5-4　远传压力表

（2）流量计

管道流量测量仪器常用类型有：节流式流量计、转子流量计、电磁流量计、容积式流量计、流体振动式流量计、超声波流量计及质量流量计等。

节流式流量计是在气体的流动管道上装有一个节流装置，其内装有一个孔板，中心开有一个圆孔，其孔径比管道内径小，在孔板前气体稳定地向前流动，气体流过孔板时由于孔径变小，截面积收缩，使稳定流动状态被打乱，因而流速将发生变化，速度加快，气体的静压随之降低，于是在孔板前后产生压力降落，即差压（孔板前截面大的地方压力大，通过孔板截面小的地方压力小）。差压的大小和气体流量有确定的数值关系，即流量大时差压就大，流量小时差压就小。流量与差压的平方根成正比。节流式流量计是根据安装于管道中流量检测件产生的差压、已知的流体条件和检测件与管道的几何尺寸来计算流量的仪表。

转子流量计由两个部件组成，一个是从下向上逐渐扩大的锥形管，另一个是置于锥形管中且可以沿管的中心线上下自由移动的转子。测量流体的流量时，被测流体从锥形管下端流入，流体的流动冲击着转子，并对它产生一个作用力（这个力的大小随流量大小而变化）；当流量足够大时，所产生的作用力将转子托起，并使之升高。同时，被测流体流经转子与锥形管壁间的环形断面，从上端流出。当被测流体流动时对转子的作用力正好等于转子在流体中的重量时（称为显示重量），转子受力处于平衡状态而停留在某一高度。分析表明：转子在锥形管中的位置高度，与所通过的流体流量有着相互对应的关系。因此，观测转子在锥形管中的位置高度，就可以求得相应的流量值（图 5-5）。

电磁流量计的工作原理是基于法拉第电磁感应定律。在电磁流量计中，测量管内的导电介质相当于法拉第实验中的导电金属杆，上下两端的两个电磁线圈产生恒定磁场。当有导电介质流过时，则会产生感应电压。管道内部的两个电极测量产生的感应电压。测量管道通过不导电的内衬（橡胶、特氟隆等）实现与流体和测量电极的电磁隔离（图 5-6）。

图 5-5　转子流量计

图 5-6　电磁流量计

3. 管网测点结构图

管网测点包括：压力（流量）传感器、测控系统、Modem、超短波电台、电源及定向天线（图 5-7）。

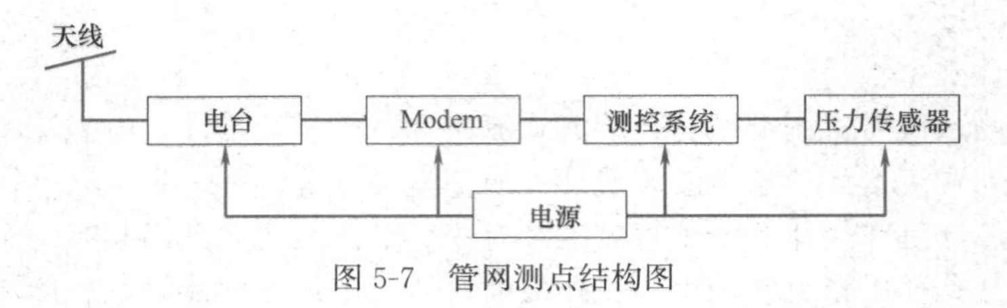

图 5-7　管网测点结构图

5.2.3　管网检漏

城市给水管网的漏水损耗非常严重，大部分是年久失修及管道接口暗漏造成的。减少漏水等同于开辟新水源，不但有利于降低供水成本，具有较大的经济价值，也有助于缓解日益紧张的水资源短缺危机。对于大孔隙土壤城市，如漏水严重，还会破坏建筑物的基础结构稳定。管道漏水的原因有很多，如管材质量不合格、接口质量不合格、水压过高、水锤破坏、城市施工损坏以及道路交通负载（如管道埋设过浅或重型车辆通过）等。

1. 检漏方法

（1）听音检漏法

听音检漏法分为阀栓听音法及地面听音法。前者用于漏水点预定位，后者用于精确定位。阀栓听音法是用听漏棒或者电子放大听漏仪直接在管道暴露位置（如阀门、消火栓及管道等）听测漏水声音，从而确定漏水管道，缩小漏水检测范围。地面听音法是预定位后，使用电子放大听漏仪在地面听出漏水管道的具体位置，进行准确定位。听测方法为沿漏水管道每隔一定距离进行听音，并进行音量比较，音量最大者即为漏水点位置。

（2）分区检漏法

把整个给水管网分为若干片区，凡是与其他片区相通的阀门全部关闭，片区内暂时停止用水，然后开启一条装有水表的本片区进水管上的阀门，使水流向片区，如片区内管网漏水，水表指针会转动，可读出漏水量，并判断漏水严重性。

其他检漏方法还有质量检漏法、水力坡降线法、统计检漏法以及基于神经网络的检漏方法等。

2. 检漏应配仪器

根据我国城市供水企业生产规模的不同、制水技术水平的高低以及经济条件的差异，把供水企业进行分类，不同类型配备相应的检漏仪器。

第一类为最高日供水量超过 100 万 t，同时是直辖市、对外开放城市、重点旅游城市或者国家一级供水企业。

第二类为最高日供水量在 50 万～100 万 t 省会城市或者国家二级供水企业。

第三类为最高日供水量在 10 万～50 万 t 供水企业。

第四类为最高日供水量在 10 万 t 以下的供水企业。

按不同情况区别配置不同规格的仪器：第一类供水企业配备一定数量电子放大听漏仪（数字式）、听音棒、管线定位仪、井盖定位仪、超级型相关仪表及漏水声自动记录仪。第二类供水企业配备一定数量电子放大听漏仪（数字式）、听音棒、管线定位仪、井盖定位仪及普通型相关仪表。第三类供水企业配备一定数量电子放大听漏仪（模拟式）、听音棒、管线定位仪及井盖定位仪。第四类供水企业配备少量电子放大听漏仪（模拟式）、听音棒、管线定位仪及井盖定位仪。

5.2.4　管道的维护与养护

1. 管道防腐蚀

管道腐蚀一般是指金属管道在周围介质的化学、电化学作用下所引起的一种破坏现象。此外，无机非金属材料管道（比如陶瓷管、水泥管等）与有机高分子材料管道（如各种塑料管道等）也会受到腐蚀的损坏。腐蚀的表现形式各种各样，有生锈、坑蚀、结瘤、开裂或者脆化等。其按管道被腐蚀部位，可分为内壁腐蚀和外壁腐蚀；按管道腐蚀形态，可分为全面腐蚀和局部腐蚀；按管道腐蚀机理，可分为化学腐蚀和电化学腐蚀等。

1）管道腐蚀

（1）管道外腐蚀

腐蚀是一种化学过程，而且大多都是电化学过程，伴随着氧化-还原反应的发生。

① 化学腐蚀

金属的化学腐蚀是指金属表面与非电解质直接发生纯化学作用而引起的破坏。在化学腐蚀过程中，电子的传递是在金属与氧化剂之间直接进行的，因而没有电流产生。又可分为气体腐蚀与在非电解质溶液中的腐蚀两种类型：气体腐蚀指裸金属表面暴露在空气或其他气体中，形成氧化膜和化合物，在较高温度下氧化膜生长速度通常较快，空气或气体中的水分会加快这类腐蚀的速度；管道内除液体水外，也含有一定的 CO_2 等易腐蚀管道的化学物质。它们与管道内壁发生化学作用而腐蚀管道。

② 电化学腐蚀

金属管道与电解质溶液作用所发生的腐蚀，是由于金属表面发生原电池作用而引起的，这一类腐蚀叫作电化学腐蚀。管道外腐蚀过程通常是电化学腐蚀。

金属的电化学腐蚀绝大多数是金属同水溶液接触时发生的腐蚀。水溶液中除了其他离子外，总是存在 H^+ 和 OH^- 离子。这两种离子含量的多少用溶液 pH 值表示。金属在水溶液中的稳定性不但与它的电极电位有关，还与水溶液的 pH 值有关。将金属的腐蚀体系的电极电位与溶液 pH 值的关系绘成图，称为电位—pH 图，用于研究金属的腐蚀与防护问题。

（2）管道内腐蚀

① 金属管道内壁腐蚀

金属管道内壁腐蚀主要是前面讲述的化学腐蚀和电化学腐蚀。金属管道输送的水相当于电解溶液，因此管道腐蚀大多为电化学腐蚀。

② 金属管道细菌腐蚀

城市供水管网中的水经过消毒后，在管网中产生有机物和繁殖细菌的可能性很小。但是铁细菌是一种特殊的自养菌，它依赖铁盐的氧化，利用极少的有机物及本身产生的能量繁殖。铁细菌附着在管壁上，吸收亚铁盐排出氢氧化铁。铁细菌存活期排出的氢氧化铁超出其本身体积的 500 倍，有时甚至造成给水管的堵塞。

2）管道防腐措施

（1）采用复合材料的管道。通过基体和增强材料的选择、匹配、复合工艺等手段进行设计和控制，以最大限度满足使用性能要求和环境条件要求。

（2）采用防腐层，隔绝金属与腐蚀介质的接触。在各种防腐技术中，涂料防腐蚀技术应用最广泛，因为它具有许多独特的优越性。只要涂料品种配套体系选择恰当，涂料防腐仍然是一种最简便、最有效、最经济的防腐蚀措施。据日本腐蚀和防腐蚀协会调查表明，在涂料、金属表面处理、耐腐蚀材料、防锈油、缓蚀剂、电化学保护、腐蚀研究七大防腐技术投资中，涂料防腐蚀投资的经费占 60％。

（3）采用阴极保护。阴极保护是目前国内外公认的经济有效的防腐蚀措施。阴极保护分为外加电流法与牺牲阳极法两种（图 5-8）。

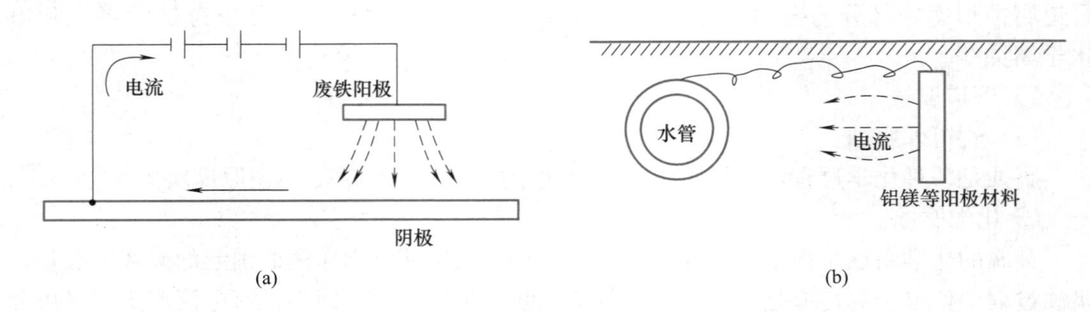

图 5-8 管道阴极保护

（a）外加电流法；（b）牺牲阳极法

① 外加电流法。外加电流法又称强制电流法。它是由外加的直流电源（整流器或恒电位仪）直接向被保护金属管道施加阴极电流使其发生阴极极化。它由辅助阳极、参比电极、直流电源和相关的连接电缆所组成。

② 牺牲阳极法。在被保护金属构筑物上联结一个电位更低的金属或合金作阳极，依靠它不断溶解所产生的阴极电流对金属进行阴极极化。

③ 两种方法的优缺点（表 5-2）。

外加电流法与牺牲阳极法优缺点　　表 5-2

方　法	优　点	缺　点
外加电流	输出电流、电压连续可调，保护范围大，不受环境电阻率限制，工程规模越大越经济，保护装置寿命长	需要外部电源，对邻近金属构筑物干扰大，维护管理工作量大
牺牲阳极	不需要外部电源，对邻近金属构筑物无干扰或很小，投产调试后可不需管理，工程规模越小越经济，保护电流分布均匀、利用率高	高电阻率环境不宜使用，保护电流几乎不可调，覆盖层质量必须好，投产调试工作复杂，消耗有色金属

2. 管道清垢和涂料

城市给水管道在长期运行过程中，由于水质的物理化学特性及微生物作用，管道内壁会发生腐蚀和结垢。水垢的组成根据其化学成分可分为颗粒状水垢、碳酸盐水垢、硫酸盐水垢、氢氧化物水垢及硅酸盐水垢、磷酸盐水垢等。一方面，金属给水管道内壁的腐蚀结垢，长时间易导致管道穿孔漏水而无法修复，缩短了管道使用寿命；另一方面，降低了管网输水能力，增加了输水电耗。金属给水管道内壁腐蚀结垢后，管道的比阻值增加，根据某些地方的经验，内壁涂水泥砂浆的铸铁管，长期使用后，其粗糙系数基本上维持不变，未涂水泥砂浆的铸铁管，使用1～2年后其粗糙系数可增长到0.025左右。过水断面减小，导致管网输水能力下降，输水电耗增加，而且对水质产生不良影响。管道内壁腐蚀结垢与管网水发生化学反应，从而引起管网水质恶化以及余氯和溶解氧的衰减。此外其还为微生物提供良好的栖息地，使管内壁易于生长生物膜，同时还能够吸收和累积一些有毒有害的物质，增加管网水的生物不稳定性。因此，清除给水管道内锈垢并采取必要的防腐措施，不仅可以恢复其通水能力，降低电耗，而且可改善管道内卫生状况，保证供水水质。

1）管道水垢的清除

管道清垢也就是管内壁涂衬前的刮管工作。水垢的清除方法很多，主要有四种：水力冲洗法、气水联合冲洗法、机械清洗法、化学清洗法。但要从根本上解决水垢的产生，必须提升输送水水质。

（1）水力冲洗法

适用于结垢物表面松软层与管壁胶结不紧密时，可采用高速水流冲洗，当水的压力为0.2～0.3MPa，水的流速为正常工作流速的3～5倍，一般可将软垢冲洗干净。优点是所用设备较少，冲洗方法简单，对管道安全无影响；缺点是冲洗不彻底，不能冲洗坚硬水垢层。

（2）气水联合冲洗法

结垢较硬、与管壁结合紧密的水垢，可采用气水联合冲洗（图5-9）。采用气水联合冲洗，即在对管道进行压力水冲洗的同时输入压缩空气（水压为0.2MPa，空气压力为0.7MPa）。压缩空气进入管道后迅速膨胀，在管内与水混合，产生流速很大的气水混合流，管内紊流加剧，对管壁产生很大的冲击、振动，使与管壁胶结的水垢逐渐松弛、脱落。一般每次冲洗长度为500～200m，冲洗时第一次压力水冲洗15～30min后，进入第一次气水冲洗40～60min，再进行第二次压力水冲洗20～30min后，进行第三次压力水冲洗20～40min。直到出水达到饮用水标准，冲洗作业结束。用气水冲洗一般可恢复通水能力80%～90%。

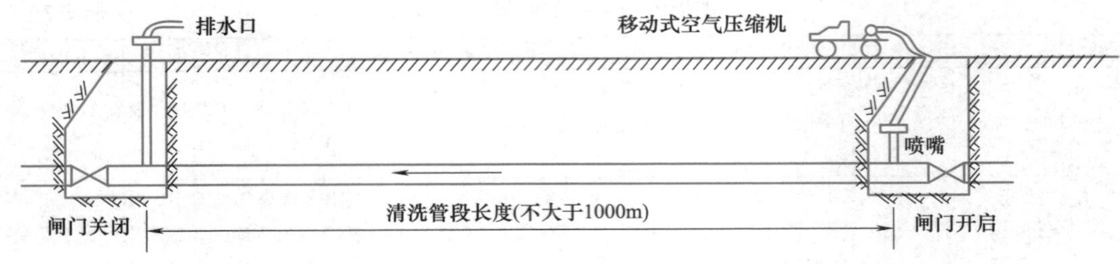

图 5-9　气水联合冲洗

（3）机械清洗法

管内壁形成了坚硬的结垢，必须采用机械刮除，即采用刮管器进行刮除。刮管器一般由内切削环、刮管环和钢丝刷等组成，用钢丝绳在管内来回拖动。优点是能刮除气水联合冲洗难于清除的坚硬水垢。

（4）化学清洗法

化学清洗法，是利用酸类溶解各种腐蚀性水垢、碳酸盐水垢、有机物水垢。一般是以硫酸或盐酸为主要溶液，加入适量抑制剂、消沫剂配合而成。酸洗液的配方及浸泡时间根据采样试验确定，以不造成管道腐蚀为标准，并对浸泡时间严格要求，以免损伤管道。浸泡后，进行排酸，排酸时应采用水顶酸法排出，再用高压水彻底冲洗管道。最后加入钝化剂，在管内制造钝化膜，完成全部作业。排出的废酸不能直接排入下水道、天然水体或大地，要用石灰中和后，再处理。酸洗法一般适用于中、小口径管道的清洗。

2）管道清洗程序

无论采用什么样的清洗方式，事先应仔细了解管道设备的有关情况，主要包括干管长度、管径、支管、三通弯头、阀门等准确位置、水垢情况，包括软垢层厚度、硬垢层厚度、采用化学清洗时还应割取管段分析水垢成分、含量，试验酸洗液配方、浸泡时间。这些工作完成后，即可进行清洗工作，

清洗作业程序如下：

（1）拆除所有支管，以免堵塞；

（2）挖工作坑，连接清洗设备；

（3）清洗作业（包括水力清洗、化学清洗、机械清洗等）；

（4）冲洗管道达到水质标准；

（5）进行水压试验并处理清洗作业引起的漏水；

（6）连接支管，结束全部作业。

3）管壁防腐涂料

涂层的用意是要在金属表面形成一层绝缘材料的连续覆盖层，将金属与其直接接触的电解质之间进行绝缘（防止电解质直接接触到金属），即设置一个高电阻使得电化学反应无法正常发生。给水管材的防腐主要为管道的内、外防腐。在管道外壁进行优质的防腐保护是延长管道寿命的关键因素之一，根据近年来的工程经验，目前应用最为广泛的外防腐材料是环氧煤沥青。环氧煤沥青具有防腐效果好、便于施工、造价低等优点。管道内防腐处理十分重要，不仅影响管道的使用寿命，还影响管道的输水能力及常年运行费用。目前在国内采用较多的内防腐措施有水泥砂浆、环氧砂浆和有机涂层等。

（1）水泥砂浆法

管壁清垢后，在管内衬涂保护涂料，以保护输水能力和延长管道寿命。一般是在水管内壁涂水泥砂浆或者聚合物改性水泥砂浆。水泥砂浆涂层为3～5mm厚，聚合物改性水泥砂浆涂层1.5～2mm厚。前者用M50硅酸盐水泥或者矿渣水泥和石英砂拌合而成，后者由硅酸盐水泥、聚醋酸乙烯乳剂、水溶性有机硅、石英砂等按一定比例配合而成。采用喷浆机将水泥砂浆喷涂在管道内壁。

（2）环氧树脂涂衬法

环氧树脂具有耐磨性、柔软性、紧密性，使用环氧树脂和硬化剂混合后的反应型树脂，可以形成快速、强劲、耐久的涂膜。

环氧树脂的喷涂采用高速离心喷射原理，一次喷涂的厚度为0.5～1mm便可以满足防腐要求。环氧树脂涂衬不影响水质，施工工期短，当天施工可当天通水。缺点是操作复杂，施工设备繁杂。

（3）内衬软管法

内衬软管法即在旧管内衬套管，有滑衬法、反转衬里法、“袜法”及用弹性清管器拖带聚氨酯薄膜等方法。该法改变了旧管的结构，形成了“管中有管”的防腐形式，防腐效果非常好，但造价比较高，材料需要进口，目前大量推广有一定的困难。

（4）风送涂衬法

目前国内不少部门在输水管道上采用了风送涂衬的措施。利用压缩空气推进清扫器、涂管器，对管道进行清扫及内衬作业。用于管道内衬前的除锈和清扫，一般要求反复清扫3～4遍，除去管道内壁的铁锈，并把管内杂物扫除。用压力水对管段冲洗，用压缩空气再把管内余水吹排掉。

现实中，所有的涂层，不论总体质量如何，都存在孔洞，通常称为不连续点，又被称作漏点，这些漏点一般是在涂敷、运输或者安装过程中产生的。使用过程中，涂层漏点一般是由于涂层老化、土壤应力或是管道在土壤中移动而产生的，有时也可能来自未被及时发现的第三方破坏。

 习题

1. 管网检漏的方法有哪些？如何进行检测？
2. 保持管网水质可采取什么措施？
3. 金属管道经常容易发生腐蚀，防止给水管道腐蚀的方法有哪些？
4. 如何对给水管道进行清垢？清垢后采用什么措施进行管内防腐？

第6章 Chapter 06

排水管网规划与布置

6.1 排水工程规划内容、原则和方法

排水工程规划是城市总体规划的重要组成部分，是城市专业功能规划的重要内容之一。排水工程规划必须与城市总体规划协调，规划内容和深度应与城市规划的步骤一致，充分体现城市规划和建设的合理性、科学性和可实施性。

6.1.1 城市排水工程规划内容

城市排水工程规划是根据城市总体规划要求，制定全市排水方案，使城市有合理的排水条件。规划的具体内容有下列几个方面。

（1）估算城市各种排水量。要求分别估算生活污水量、工业废水量和雨水径流量。一般将生活污水量和工业废水量之和称为城市总污水量，而雨水量根据气象资料和地形地貌单独估算。

（2）制定城市污水、雨水的排除方案。包括：确定排水区域和排水方向；研究生活污水、工业废水和雨水的排除方式，确定排水体制；制定旧城区原有排水设施的利用与改造方案，确定在规划期限内排水系统的建设要求、近远期结合、分期建设等问题。

（3）研究城市污水处理与利用的方法，确定污水处理厂、出水口的位置。根据国家环境保护规定与城市的具体条件，确定污水处理程度、处理方案，以及污水、污泥综合利用的途径。

（4）进行排水系统的平面布置。包括确定排水区域，划分排水流域，布置污水管网、雨水管网、防洪沟等。在管网布置中要决定主干管和干管的走向、位置、管径以及提升泵站的位置等。

（5）估算城市排水工程的造价和年运营费用。一般按扩大经济指标粗略估算。

6.1.2 城市排水工程规划原则

排水工程规划应符合国家城市建设的方针政策，遵循下列原则：

（1）满足城市总体规划的原则。排水工程是城市建设的一个组成部分，排水工程规划是城市总体规划中的一项单项规划，应当符合城市总体规划所确定的原则与精神，并和其他单项工程建设密切配合，互相协调。在解决排水工程规划问题过程中，要从全局观点出发，合理布局，使其成为整个城市有机的组成部分。

（2）符合环境保护的要求，贯彻执行“全面规划，合理布局，综合利用，化害为利，依靠群众，大家动手，保护环境，造福人民”的环境保护方针。在规划中对于污（废）水的污染问题，要防患于未然，在规划阶段就要予以注意。要全面安排，首先从工业布局上考虑做到合理布局，尽可能减少污染源。要开展污（废）水的综合利用，化害为利，变“废”为宝。要依靠各有关部门共同搞好治理工作，解决污染问题，保护和改善环境，造福人民。

（3）充分发挥排水系统的功能，满足使用要求。城市排水是否畅通，将直接影响生产、生活及环境卫生。规划中应力求城市排水系统完善，技术上先进，设计上合理，使污（废）水、雨水能迅速排出，避免积水为患。应使城市污（废）水得到妥善的处理与排放，保护水体和环境卫生。

（4）要考虑现状，充分发挥原有排水设施的作用。除少数新建城市与地区外，排水工

程规划都是在城市旧排水系统的基础上进行的。规划中要从实际出发，充分掌握原有排水设施的情况，分析研究存在的主要问题及改造利用的可能途径，使新规划系统与原有系统有机结合。

(5) 注意工程建设中经济方面的要求。在排水工程规划中，要考虑尽可能降低工程的总造价与经常性管理费用，节省投资。如规划中尽量使各种排水管网系统简单、直接、埋深浅，减少或避免污水、雨水输送过程的中途提升等。在规划工业废水排放系统时，应充分考虑采用循序使用及循环利用的可能性，以减少排水量、相应节约用水量。规划中要为污水和废水的处理与利用创造有利的条件等。

(6) 处理好近远期关系。规划中应以近期为主，考虑远期发展可能，处理好两者关系，做好分期建设的安排。一方面，如规划中过多地考虑城市远景需要，就可能使工程完成后若干年内不能充分利用，造成国家资金大量积压浪费，设备利用率低；另一方面，如规划年限考虑太短，工程投产不久，就不能满足需要，需扩建或另建平行的系统，也将造成基建投资与运行管理费用不必要的提高。因此，规划中处理好近远期关系是十分重要的。

以上六个方面为排水工程规划中应考虑的一般原则。在实际工程中，针对具体情况，往往还有一些补充规定与要求。在处理问题时，会出现各种各样的矛盾。规划中要分清主次，解决矛盾，使方案合理、经济。

6.1.3 城市排水工程规划方法

在排水工程规划中，要掌握正确的方法，一般按下列步骤进行。

1. 搜集必要的基础资料

进行排水工程规划，首先要明确任务，掌握情况，调查研究，搜集必要的基础资料作为规划的依据，使规划方案建立在可靠的基础上。排水工程规划所需的资料归纳如下：

(1) 有关明确任务的资料

包括城市发展对城市排水的要求；城市其他单项工程规划方案（如道路、交通、其他管线等）对排水工程的影响；上级部门对城市排水工程建设的有关指示；城市范围内各种排水量、水质情况资料，包括生活污水量、工业废水量、雨水径流量；环保、卫生、航运、农业等部门对水体利用及卫生防护方面的要求等。上述资料通常由负责建设的单位（城市建设局、各工厂及其他有关单位）提供，但常需补充与核实。

(2) 有关工程现状方面的资料

包括城市道路、建筑物、构筑物、地下管线分布及现有排水管线情况，绘制排水系统现状图（比例为1/10000～1/5000）。调查分析现有排水设施存在的主要问题，排水系统的薄弱环节。

(3) 有关自然条件方面的资料

包括气象、水文、水文地质、地形、工程地质等。

由于资料多、涉及面广，往往不易在短时间内搜集齐全。搜集中可分主次、缓急，对有些次要资料可在今后逐步补充，不一定等待全部资料都齐全后才开始规划设计。

2. 考虑排水工程规划方案并进行分析比较

在基本掌握资料的基础上，着手考虑排水工程规划方案，绘制方案草图，估算工程造价，分析方案的优缺点。规划中一般要做几个方案，进行技术经济比较，选择最佳方案。

3. 绘制城市排水工程规划图及文字说明

在确定方案的基础上，绘制城市排水工程规划图，图纸比例可采用1：10000～1：5000，图上标明城市排水设施的现状以及规划的排水分区界线，排水管线的走向、位置、长度、管径，泵站、闸门的位置，污水处理厂的位置，厂地范围，出水口位置等。图纸上未能表达的应用文字说明，如有关规划项目的性质、规划年限（近期、远期）、工程建设规模、采用的定额指标、总排水量、各种排水量、排水工程规划原则、城市旧排水设施利用与改造措施、选用某种排水体制的理由、城市污水处理与利用的途径、工业废水的处置、排水工程的总造价及年经营费用、方案技术经济比较情况以及下一步工作等。

6.1.4 城市排水工程规划与城市总体规划的关系

城市总体规划是排水工程规划的前提和依据，城市排水工程规划对城市总体规划也有一定的影响。

1. 根据城市总体规划进行排水工程规划

排水工程的规划年限应与城市总体规划所确定的近期、远期规划年限一致。通常城市规划年限近期为5～10年，远期为10～20年。

根据城市总体规划所确定的城市发展的人口规模、工业项目和规模、对外交通、仓库设施、大型公共建筑等估算城市污水量，了解工业废水的水质情况。在此基础上合理确定城市排水工程的规模，以适应城市建设和工业等发展的需要，避免过大或过小。过大造成设备资金的积压浪费；过小需不断扩建，不合理也不经济。

根据城市用地布局及发展方向，确定排水工程的规划范围，明确排水区界，进行排水系统的布置。同时，根据城市发展计划制定排水工程的分期建设规划。

从城市的具体条件、环境保护要求、拟定污水排放标准，决定城市污水处理程度，选择污水处理与利用的方法，确定污水处理厂及出水口的合适位置。

当排水工程规划与城市总体规划发生矛盾时，一般应服从总体规划的要求。

2. 城市总体规划中应考虑排水工程规划的要求

总体规划中应尽可能为城市污水的排放及处理与利用创造有利的条件，以节省排水工程的投资及有利于环境保护。

（1）在城市工业布局中尽可能将废水量大、水质复杂、污染大的工厂布置在城市下游以利于水体的卫生防护。

（2）对于工业废水处理与利用相互有关的工厂，在规划布置中尽可能相邻或靠近，为工厂之间的废水处理协作、综合利用创造条件。

（3）为了尽量缩短排水管渠的长度，减少工程的投资，城市用地布局应尽量紧凑、集中，避免使用地形复杂、用地分散、坡度过大的地段布置建筑。

（4）城市用地的布局与发展，分期建设的安排，要考虑对城市现有排水设施的结合与利用。

（5）城市郊区规划要为污水灌溉创造有利的条件。

6.2 排水工程建设程序和设计阶段

排水工程的建设和设计必须按照基本建设程序进行。基本建设涉及面广，协作环节多，完成一项基本建设工程要进行多方面的工作，而这些工作必须按照一定的顺序依次进行，才能达到预计的效果。坚持必要的基本建设程序，是保证基本建设工作顺利进行的重要条件。

6.2.1 排水工程建设程序

建设程序是指建设项目从规划、立项、评估、决策、设计、施工到竣工验收、投产使用的全过程。它是在总结工程建设的实践经验基础上制定的，反映了项目建设的客观内在规律，必须共同遵守。它把基本建设过程分为若干个阶段，规定了每个阶段的工作内容、原则、审批程序等，是确保工程项目按设计建设的重要保证。

基本建设程序一般分为以下几个阶段。

1. 项目建议书阶段

项目建议书是要求建设某一工程项目的建议性文件。本阶段是项目能否被国家和地方立项建设的最基础和最重要的工作，是在经过广泛调查研究、弄清项目建设的技术、经济条件后，通过项目建议书的形式向国家和地方推荐的过程。

2. 可行性研究阶段

基本建设中的可行性研究是指在建设项目确定之前，先对拟建项目的一些主要问题进行调查研究，在进行了充分的技术论证和方案比较后，如对项目建成后的市场需求情况、社会经济效益、投资回收期的技术经济论证和方案比较后，提出项目建设究竟是否可行的研究报告。如果可行，则由主管部门组织计划、设计等单位编制计划（设计）任务书。

3. 计划（设计）任务书阶段

计划任务书是确定建设项目、编制设计文件的主要依据。计划任务书经合法程序批准后，即可委托设计单位进行设计工作。

4. 设计阶段

设计单位根据批准的计划任务书文件进行设计工作，并编制概（预）算。

5. 组织施工阶段

建设单位通过招标等形式落实施工工作。

6. 竣工验收及交付使用阶段

建设项目建成后，竣工验收及交付使用是项目完成的最后阶段。未经验收合格的工程，不能交付生产使用。

6.2.2 排水工程设计阶段

建设项目设计任务书和选点报告按规定程序审查批准后，主管部门或建设单位便可委托设计单位依此编制设计文件。排水工程的设计对象是需要新建、改建和扩建排水工程的城市、工业园区和工业企业。排水工程设计的主要任务是规划设计收集、输送、处理和利用各种污水的一整套工程设施和构筑物，即排水管道系统和污水处理厂的规划设计。

设计文件是从技术上和经济上对拟建工程进行全面具体规划的书面材料，是安排建设项目和组织施工的主要依据。经批准后的设计文件不得任意修改，如需要修改时，凡涉及设计任务书的主要内容，必须经原设计任务书审批机关批准。

排水工程设计可分为两阶段设计（初步设计或扩大初步设计和施工图设计）和三阶段设计（初步设计、技术设计和施工图设计）。大中型建设项目，一般采用两阶段设计；重大项目和特殊项目，可增加技术设计阶段。两阶段设计的主要要求如下：

1. 初步设计（扩大初步设计）

应确定拟建设项目的规模、目的、技术可靠性和经济合理性，解决建设对象最主要的技术和经济问题。设计应提出不同方案并认真进行比较，在这个过程中，设计单位应认真听取管理部门、施工单位及有关部门的意见，选择最佳方案。初步设计文件应包括设计说明书、图纸、主要工程数量、主要设备材料数量及工程概预算。初步设计应满足审批、控制工程投资、作为编制施工图设计和组织施工准备的要求。

2. 施工图设计

根据有关部门批准的初步设计文件的内容编制施工图设计。施工图是组织现场施工的依据。施工图设计深度应能满足施工安装、加工及施工编制预算的要求。设计文件包括说明书、设计图纸、材料设备表、施工图预算。在编制施工图过程中，对于主要生产构筑物等，其结构选型、施工方法以及操作标准、运行管理等方面，应进一步征求施工部门和生产运行部门的意见。施工图设计的质量由设计单位负责，一般不再审批。

6.3 排水管网系统布置

6.3.1 排水管网布置原则与形式

1. 排水管渠布置原则

（1）排水管渠系统应根据城镇总体规划和建设情况统一布置，分区建设。

（2）管渠平面位置和高程，应根据地形、土质、地下水位、道路情况、原有的和规划的设施、施工条件以及养护管理方便等因素综合考虑确定。

（3）排水干管应布置在排水区域内地势较低或便于雨污水汇集的地带。排水管宜沿城镇道路敷设，并与道路中心线平行，宜设在快车道以外。截流干管宜沿受纳水体岸边布置。

（4）排水管渠系统的设计，应以重力流为主，不设或少设提升泵站。

（5）协调好与其他管道、电缆和道路等工程的关系，考虑好与企业内部管网的衔接。

2. 排水管网布置形式

排水管网一般布置成树状网，根据地形不同，可采用两种基本形式：平行式和正交式。

平行式：排水干管与等高线平行，而主干管则与等高线基本垂直（图6-1a）。平行式适应于地形坡度很大的城市，可以减少管道的埋深，避免设置过多的跌水井，改善干管的水力条件。

正交式：排水干管与地形等高线垂直相交，而主干管与等高线平行敷设（图6-1b）。正交式适用于地形比较平坦、略向一边倾斜的城市。

由于各城市地形差异很大，大中城市不同区域的地形条件也不相同，排水管网的布置要根据城市地形、竖向规划、污水处理厂的位置、土壤条件、水体情况以及污水的种类和污染程度等因素确定。在一定条件下，地形是影响排水系统布置的主要因素。实际工程往往结合上述两种布置形式，形成多种具体的布置形式（图6-2）。

（1）正交式布置

在地势向水体有一定倾斜的地区，各排水流域的干管可以最短距离沿与水体垂直相交

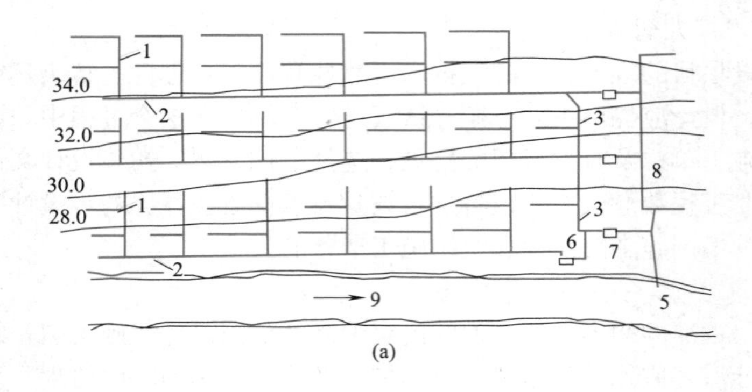

(a)

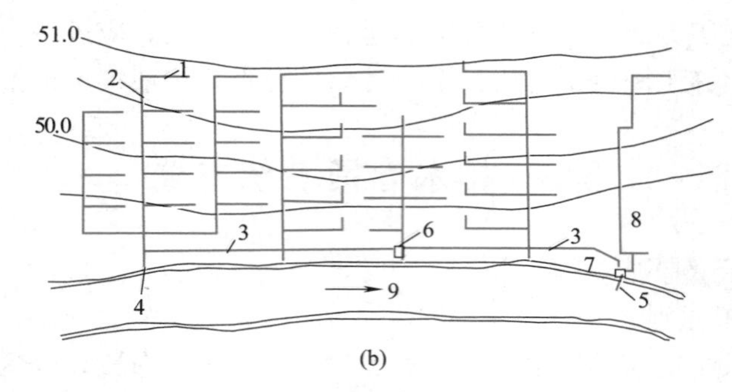

(b)

图 6-1　排水管网布置的基本形式

(a) 平行式；(b) 正交式

1—支管；2—干管；3—主干管；4—溢流口；5—出口渠渠头；

6—泵站；7—污水处理厂；8—污水灌溉管；9—河流

的方向布置，这种布置称为正交式布置（图 6-2a）。正交布置的干管长度短、管径小、造价经济，污水排除迅速。但污水未经处理直接排放会使水体遭受严重污染。因此，在现代城市中，这种布置形式仅用于排除雨水。

(2) 截流式布置

在正交式布置的基础上，沿河岸再敷设主干管将各干管的污水截流送至污水处理厂，这种布置称为截流式布置（图 6-2b）。截留式布置适用于分流制污水排水系统，将生活污水和工业废水经处理后排入水体；也适用于区域排水系统，区域主干管截流各城镇的污水送至区域污水处理厂进行处理。截流式合流制减轻水体污染、改善和保护环境有重大作用，但因雨天有部分混合污水泄入水体，会对受纳水体造成一定程度的污染。

(3) 平行式布置

在地势向河流方向有较大倾斜的地区，为了避免干管坡度及管内流速过大，使管道受到严重冲刷或设置过多的跌水井，可使干管与等高线及河道基本平行、主干管与等高线及河道成一定倾角敷设，这种布置称为平行式布置（图 6-2c）。

(4) 分区式布置

在地势高低相差较大地区，当污水不能靠重力流流至污水处理厂时，可采用分区式布置（图 6-2d），分别在高区和低区敷设独立的管道系统。高区的污水靠重力流直接流入污水处理厂，低区污水用泵抽送至高区干管或污水处理厂。这种布置只能用于个别阶梯地形

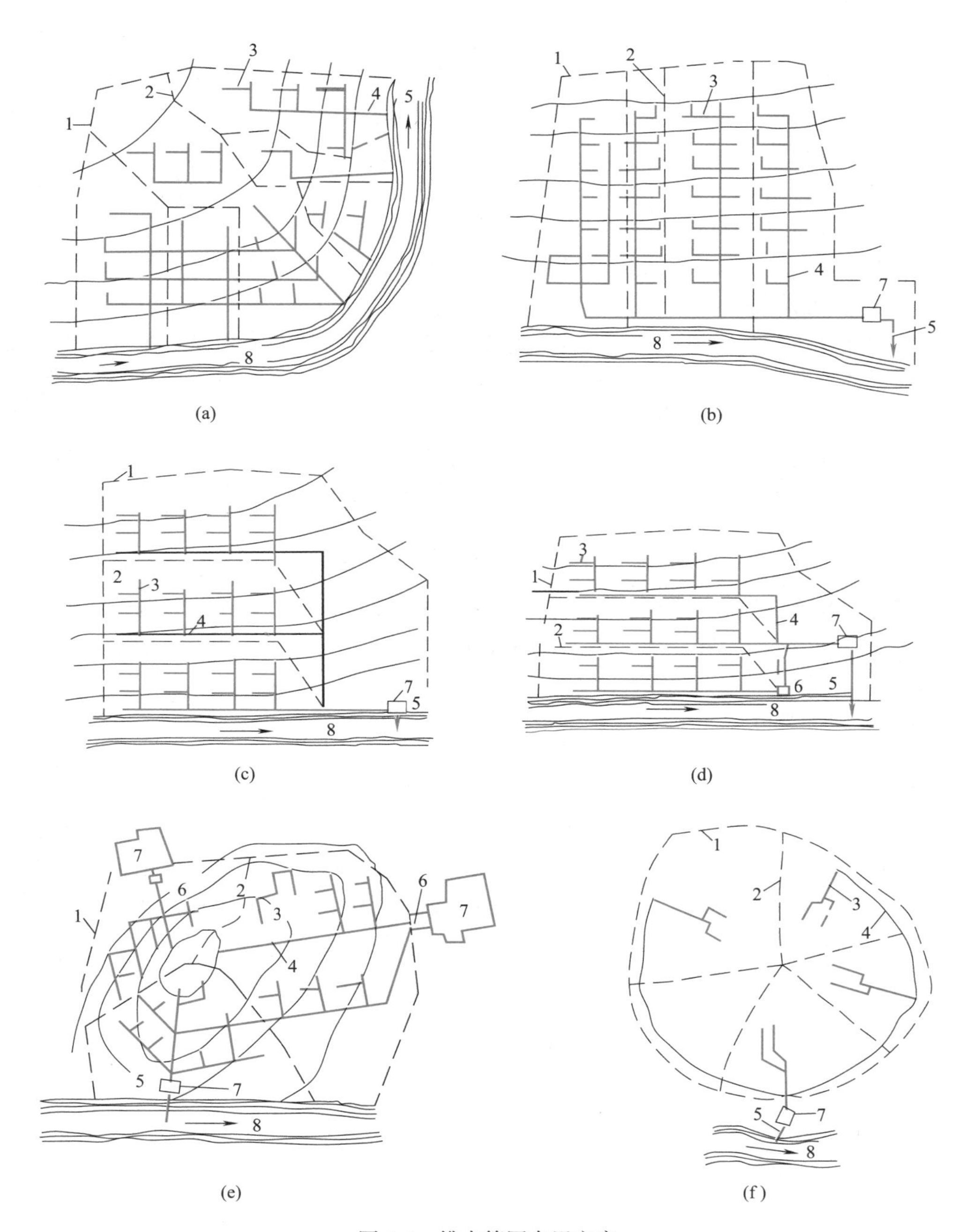

图 6-2　排水管网布置方案

（a）正交式；（b）截流式；（c）平行式（d）分区式；（e）分散式；（f）环绕式

1—城市边界；2—排水流域分界线；3—支管；4—干管、主干管；

5—出水口；6—泵站；7—处理厂；8—河流

或起伏很大的地区，其优点是能充分利用地形排水、节省能耗。

（5）分散式布置

当城市周围有河流，或城市中央部分地势高，地势向四周倾斜的地区，各排水流域的干管常采用分散式布置（图 6-2e），各排水流域具有独立的排水系统。这种布置具有干管长度短、管径小、管道埋深可能浅、便于污水灌溉等优点，但污水处理厂和泵站（如需要设置时）的数量将增多。在地形平坦的大城市，采用此种布置可能是比较有利的。

（6）环绕式布置

在分散式布置的基础上，沿城市四周布置干管，将各干管的污水截流送至污水处理厂，称为环绕式布置（图 6-2f）。在环绕式布置中通过建造大型污水处理厂，避免修建多个小型污水处理厂，可减少占地、节省基建投资和运行管理费用等。

6.3.2 污水管网布置

规划设计城市污水管道系统，首先要在城市总平面图上进行管道系统平面布置，也称为污水管道系统的定线。主要内容有：确定排水区界，划分排水流域；选择污水处理厂和出水口及位置；拟定污水干管及主干管的路线；确定需要提升的排水区域和设置排水泵站的位置等。合理的平面布置，可为设计阶段奠定良好基础，并节省整个排水系统的投资。

在污水管道系统的布置中，要尽量用最短的管线，在顺坡的情况下使埋深较小，把最大面积上的污水送往污水处理厂。

影响污水管道系统平面布置的主要因素有：城市地形和水文地质条件，城市远景规划，竖向规划和修建顺序；排水体制、污水处理厂及出水口位置；排水量大的工业企业和大型公共建筑的分布情况；街道宽度及交通情况；地下管线和其他地下及地面障碍物的分布情况。

6.3.3 雨水管渠布置

城市雨水管渠系统是由雨水口、雨水管渠、检查井、出水口等构筑物组成的成套工程设施。其规划设计的主要内容是：确定雨水排除流域与排水方式，进行雨水管渠的定线；确定雨水泵房、雨水调节池、雨水排放口的位置。

雨水管渠系统的布置应使雨水能够及时顺畅地从城区或厂区排出。在雨水管渠系统规划设计时一般应做到：充分利用地形，雨水就近排入水体；尽可能避免设置雨水泵站；结合街区及道路规划布置。同时，选择适当的河湖水面作为调蓄池以调节洪峰，可以降低管渠设计流量，减少雨水泵站的设置数量。另外，靠近山麓的市区、居住区和工业区，除了应设雨水管渠外，还应考虑在规划地区设置排洪沟。

6.4 区域排水系统

区域是按照地理位置、自然资源和社会经济发展情况划定的，可以在更大范围内统筹安排经济、社会和环境的发展关系。

将两个以上城镇地区的污水统一排放和处理的系统，称为区域排水系统。这种系统是以一个大型区域污水处理厂代替许多分散的小型污水处理厂，不仅能降低污水处理厂的基建和运行管理费用，而且能可靠地防止工业和人口稠密地区的地面水污染，改善和保护环境。实践证明，生活污水和工业废水的混合处理效果以及控制的可靠性，大型区域污水处理厂比分散的小型污水处理厂要高。在工业和人口稠密的地区，将全部对象的排水问题同本地区的国民经济发展、城市建设和工业扩大、水资源综合利用以及控制水体污染的卫生技术措施等各种因素进行综合考虑研究解决是经济合理的，区域排水系统是由局部单项治理发展至区域综合治理，是控制水污染、改善和保护环境的新发展。要解决好区域综合治理，应运用系统工程学的理论和方法以及现代计算技术和控制理论，对复杂的各种因素进行系统分析，建立各种模拟实验和数学模式，寻找污染控制的设计和管理的最优化方案。

某地区的区域排水系统如图 6-3 所示。区域内有 6 座已建和新建的城镇，在已建的城镇中均建了污水处理厂。按区域排水系统的规划，废除了原建的各城镇污水处理厂，用一个区域污水处理厂处理全区域排出的污水，并根据需要设置了泵站。

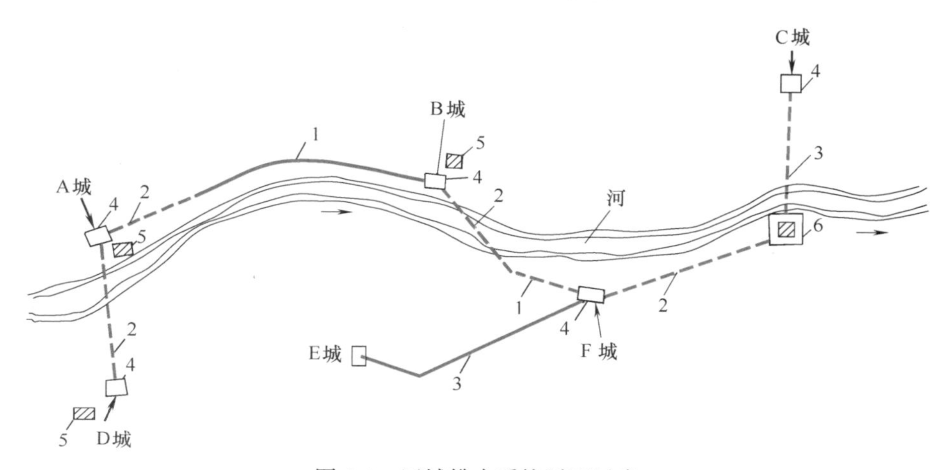

图 6-3　区域排水系统平面示意

1—区域主干管；2—压力管道；3—新建城市污水干管；
4—泵站；5—废除的城镇污水处理厂；6—区域污水处理厂

区域排水系统的优点：污水处理厂数量少，处理设施大型化集中化，每单位水量的基建和运行管理费用低；污水处理厂占地面积小，节省土地；水质、水量变化小，有利于运行管理；河流等水资源利用与污水排放的体系合理化，而且可能形成统一的水资源管理系统体系等。区域排水系统的缺点：当排入大量工业废水时，有可能使污水处理发生困难；工程设施规模大，组织与管理要求高，而且一旦污水处理厂运行管理不当，对整个河流影响较大。

在排水系统规划时，是否选择区域排水系统，应根据环境保护的要求，通过技术经济比较确定。

习题

1. 排水管道系统布置应遵循哪些原则？
2. 以地形为主要考虑因素，城镇排水管道系统有哪些布置形式？
3. 污水管道系统布置的主要内容有哪些？
4. 雨水管渠系统的布置一般要考虑哪些方面的因素？
5. 什么是区域排水系统？采用区域排水系统有哪些优缺点？

第7章 Chapter 07

污水管网设计

污水管道系统由收集和输送城镇或工业企业产生的污水的管道及其附属构筑物组成，应当根据当地城镇和工业企业总体规划及排水工程专业规划进行工程设计，设计的主要内容和深度应当按照基本建设程序及有关的设计规定、规程确定。通常污水管道系统的主要设计内容包括：确定设计方案，在适当比例的总体布置图上划分排水流域，布置管道；根据设计人口数、污水定额等计算污水设计流量；进行污水管道的水力计算，确定管道断面尺寸、设计坡度、埋设深度等设计参数；确定污水管道在道路横断面上的位置；绘制管道平面图和总剖面图；计算工程量，编制工程概、预算文件。

7.1 设计资料及设计方案的确定

7.1.1 设计资料

污水管网系统设计必须以可靠的资料为依据。一般应先了解和研究设计任务书及批准文件的内容，弄清关于本工程的范围和要求，然后赴现场踏勘，分析、核实、收集、补充有关的基础资料。进行污水管道系统设计时，通常需要有以下几方面的资料：

1. 有关明确任务的资料

了解城市和工业企业的总体规划及排水工程专业规划的主要内容。掌握与设计任务有关的资料，如城镇设计人口规模，各类用地的分布，主要公共建筑、车站、港口、立交工程、主要桥梁的位置及道路系统的情况，给水、排水、防洪、电力供应等公共设施的情况，排水系统的设计规模，各集中排水点的位置、高程及排放特点，污水水质，出水口和污水处理厂的位置、高程，河流和其他水体的位置、等级、航运及渔业情况，以及农田灌溉和环境保护要求等。

2. 有关自然因素方面的资料

（1）地形图

初步设计阶段需要设计地区和周围25～30km范围的总地形图，要求比例尺为1∶25000～1∶10000，图上等高线间距1～2m；带地形、地物、河流、风玫瑰的地区规划期的总体布置图，比例尺1∶10000～1∶5000，图上等高线间距1～2m。施工图设计阶段需要设计地区规划期的总平面图，城镇可采用比例尺1∶10000～1∶5000，工厂可采用比例尺1∶2000～1∶500，图上等高线间距0.5～2m。

（2）气象资料

包括气温、湿度、风向、气压、当地暴雨强度公式或当地降雨量记录等。

（3）水文水质资料

包括河流流量、流速、水位、水面比降、洪水情况、水温、含砂量及水质分析与细菌化验资料等。

（4）地质资料

包括设计地区的土壤性质、土壤冰冻深度、土壤承载力、地下水位及地下水有无腐蚀性、地震等级等。

3. 有关工程情况的资料

包括道路的现状和规划，如道路等级、路面宽度及材料；地面建筑物和地铁、人防工程等地下建筑的位置和高程；给水、排水、电力电信电缆、煤气等各种地下管线的位置；

本地区建筑材料、管道制品、机械设备、电力供应、施工力量等方面的情况等。

污水管道系统设计所需的资料范围比较广泛，其中有些资料虽然可由建设单位提供，但往往不够完善，个别资料可能不够准确。为了取得准确可靠充分的设计基础资料，设计人员必须深入实际对原始资料进行详细分析和必要的补充。

7.1.2 设计方案的确定

在掌握了较为完整可靠的实际基础资料后，设计人员根据工程的要求和特点，对工程中一些原则性的、涉及面较广的问题提出各种解决办法，这样就构成了不同的设计方案。这些方案除满足相同的工程要求外，在技术经济上也是互相补充、互相独立的。因此必须对各设计方案深入分析其利弊和产生的各种影响，如城镇的生活污水和工业废水是分开处理还是合并处理的问题、城市污水是分散成若干个污水处理厂还是集中成一个大型污水处理厂进行处理的问题、城市排水管网改造与建设中的体制选择问题、污水处理程度和污水排放标准问题、设计期限的划分与相互结合的问题等。由于这些问题涉及面广，应从社会的总体经济效益、环境效益、社会效益综合考虑。此外，还应从各方案内部与外部的各种自然的、技术的、经济的和社会方面的联系与影响出发，综合考虑它们的利与弊。

进行方案比较与评价的一般步骤如下：

1. 建立方案的技术经济数学模型

建立主要技术经济指标与各种技术经济参数、各种参变量之间的函数关系，也就是通常所说的目标函数及相应的约束条件方程。目前，由于排水工程技术问题的复杂性、基础技术经济资料匮乏等原因，建立技术经济数学模型多数情况下较为困难，同时在实际工作中对已建立的数学模型也存在应用上的局限性与适用性。这样，在缺少合适的数学模型的情况下，可以凭经验选择合适的参数。

2. 求解技术经济数学模型

求解技术经济数学模型这一过程为优化计算的过程。从技术经济角度讲，首先，必须选择有代表意义的主要技术经济指标为评价指标；其次，正确选择适宜的技术经济参数，以便在最好的技术经济条件下进行优选。由于实际工程的复杂性，有时解技术经济数学模型并不一定完全依靠数学优化方法，而是采用各种近似计算方法，如图解法、列表法等。

3. 方案的技术经济评价

根据技术经济评价原则和方法，在同等深度下计算出各方案的工程量、投资以及其他技术经济指标，然后进行各方案的技术经济评价。

4. 综合评价与决策

在上述分析评价的基础上，对各设计方案的技术经济、方针政策、社会效益、环境效益等做出总的评价与决策，以确定最佳方案。综合评价的项目或指标，应根据项目的具体情况确定。

以上所述进行方案比较与评价的步骤只反映了技术经济分析的一般过程。实际上各步骤之间有时是相互联系的，有时根据问题的性质或者受条件限制时，不一定非要依次逐步进行，而是可以适当省略或者是采取其他方法。比如，可省略建立数学模型与优化计算步骤，根据经验选择适宜的参数。经过评价与比较后所确定的最佳方案即为最终设计方案。

7.2　污水管道系统的布置

污水管道平面布置，一般按主干管、干管、支管的顺序进行。在总体规划中，只决定污水主干管、干管的走向与平面位置。在详细规划中，还要决定污水支管的走向及位置。

污水管网布置一般按以下步骤进行：

7.2.1　确定排水区界、划分排水流域

排水区界是排水系统规划的界限，在排水区界内应根据地形和城市的竖向规划，划分排水流域。凡是卫生设备设置完善的建筑区都应布置污水管道。

在排水区界内，根据地形及城镇的竖向规划，划分排水流域。流域边界应与分水线相符合。在地形起伏及丘陵地区，流域分界线与分水线基本一致。在地形平坦无显著分水线的地区，可依据面积的大小划分，使各相邻流域的管道系统能合理分担排水面积，应使干管在最大埋深以内，让流域内绝大部分污水自流排出。如有河流和铁路等障碍物贯穿，应根据地形情况，周围水体情况及倒虹管的设置情况等，通过方案比较，决定是否分为几个排水流域。

每一个排水流域应有一根或一根以上的干管，根据流域高程情况，可以确定干管水流方向和需要污水提升的地区。

某市排水流域划分情况如图 7-1 所示。该市被河流分隔为 4 个区域，根据自然地形，可划分为 4 个独立的排水流域。每个排水流域内有 1 条或 1 条以上的污水干管，Ⅰ、Ⅲ两个区形成河北排水区，Ⅱ、Ⅳ两个区为河南排水区，南北两区污水进入各区污水处理厂，经处理后排入河流。

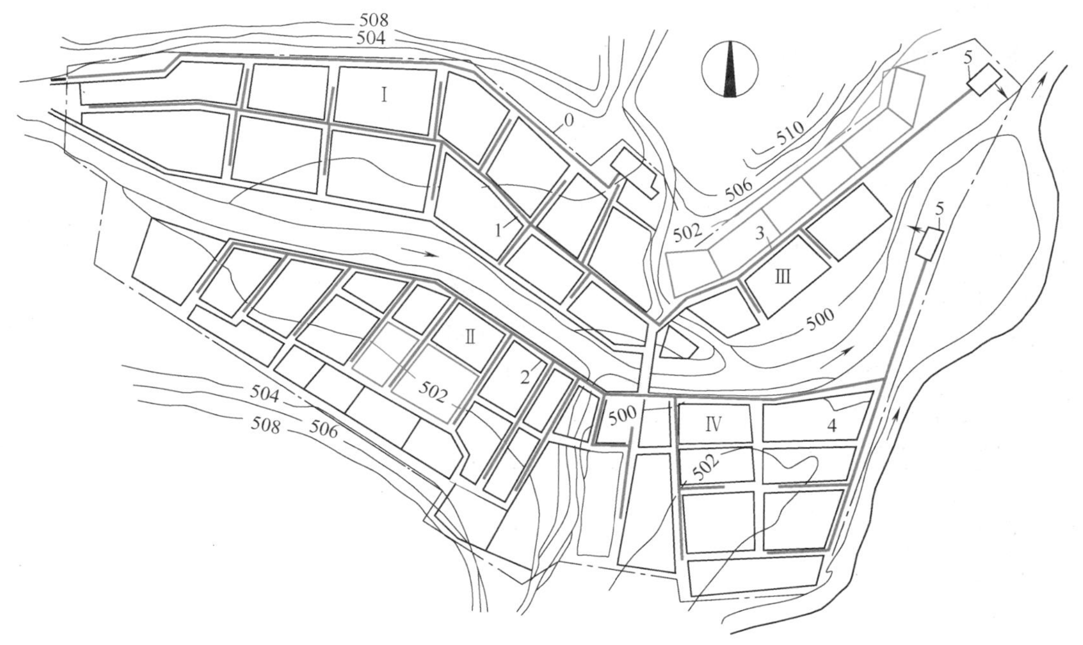

图 7-1　某城市污水管网布置平面图

0—排水区界；Ⅰ、Ⅱ、Ⅲ、Ⅳ—排水流域编号；1、2、3、4—各排水流域干管；5—污水处理厂

7.2.2 污水管道的定线

在进行定线时，要在充分掌握资料的前提下综合考虑各种因素，使拟定的路线能因地制宜地利用有利条件而避免不利条件。通常影响污水管平面布置的主要因素有：地形和水文地质条件，城市总体规划、竖向规划和分期建设情况，排水体制、线路数目，污水处理利用情况、处理厂和排放口位置，排水量大的工业企业和公建情况，道路和交通情况，地下管线和构筑物的分布情况。

地形一般是影响管道定线的主要因素。定线时应充分利用地形，使管道的走向符合地形趋势，一般宜顺坡排水。在整个排水区域较低的地方敷设主干管及干管，便于支管的污水自流接入。地形较复杂时，宜布置成几个独立的排水系统。若地势起伏较大，宜布置成高低区排水系统，高区不宜随便跌水，利用重力排入污水处理厂，并减少管道埋深；个别低洼地区应局部提升。

污水主干管的走向与数目取决于污水处理厂和出水口的位置及数目。如大城市或地形平坦的城市，可能要建几个污水处理厂分别处理与利用污水，就需设几条主干管。小城市或地形倾向一方的城市，通常只设一个污水处理厂，则只需敷设一条主干管。若几个城镇合建污水处理厂，则需建造相应的区域污水管道系统。

污水干管一般沿城市道路布置。不宜设在交通繁忙的快车道下和狭窄的街道下，也不宜设在无道路的空地上，而通常设在污水量较大或地下管线较少一侧的人行道、绿化带或慢车道下。道路红线宽度超过 40m 的城镇干道，宜在道路两侧布置排水管道，以减少连接支管的数目及与其他管道的交叉，并便于施工、检修和维护管理。污水干管最好以排放大量工业废水的工厂（或污水量大的公共建筑）为起端，除了能较快发挥效用外，还能保证良好的水力条件。某城市污水管网布置如图 7-2 所示。

污水支管的平面布置取决于地形及街区建筑特征，并应便于用户接管排水。当街区面积不太大，街区污水管网可采用集中出水方式时，街道支管敷设在服务街区较低侧的街道下（图 7-2a），称低边式布置；当街区面积较大且地形平坦时，宜在街区四周的街道敷设污水支管（图 7-2b），建筑物的污水排出管可与街道支管连接，称围坊式布置；街区已按规定确定，街区内污水管网按各建筑的需要设计，组成一个系统，再穿过其他街区并与所穿过街区的污水管网相连（图 7-2c），称为穿坊式布置。

7.2.3 控制点和泵站的设置

在污水排水区域内，对管道系统的埋深起控制作用的地点称为控制点。各条管道的起点大多是这条管道的控制点。这些控制点中离出水口最远的一点，通常就是整个系统的控制点。具有相当深度的工厂排出口或某些低洼地区的管道起点，也可能成为整个管道系统的控制点，这些控制点的管道埋深，影响整个污水管道系统的埋深。

确定控制点的埋深，一方面应根据城市的竖向规划，保证排水区域内各点的污水都能够排出，并考虑发展，在埋深上适当留有余地；另一方面，不能因照顾个别控制点而增加整个管道系统管道埋深。对此通常采取诸如加强管材强度，填土提高地面高程以保证最小覆土厚度，设置泵站提高管位等措施，以减小控制点埋深，从而减小整个管道系统的埋深，降低工程造价。

在排水管道系统中，由于地形条件等因素的影响，通常可能需设置中途泵站、局部泵站和终点泵站。当管道埋深接近最大埋深时，为提高下游管道的管底高程而设置的泵站，

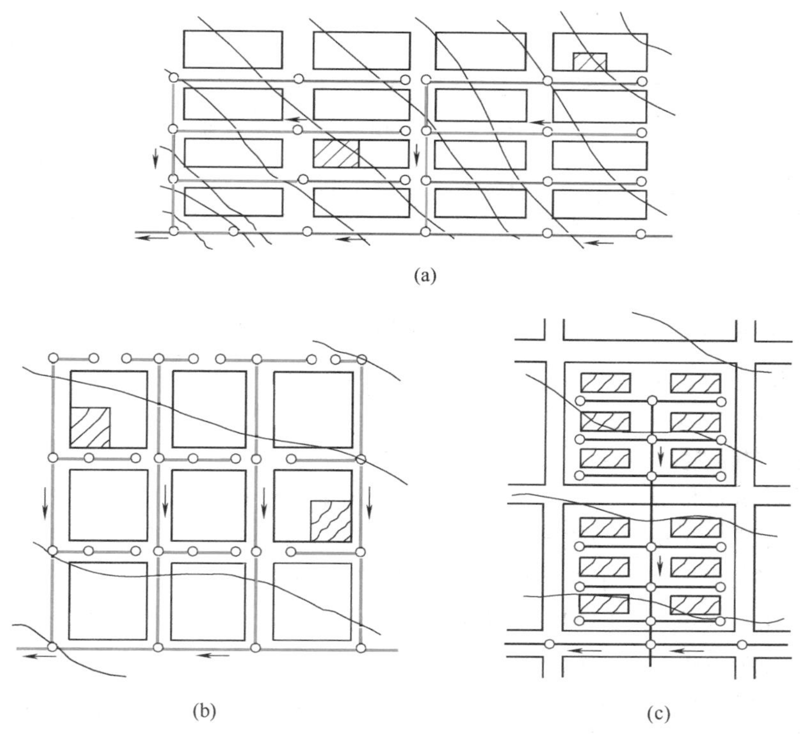

图 7-2　污水支管布置形式
(a) 低边式；(b) 围坊式；(c) 穿坊式

称为中途泵站。将低洼地区的污水抽升到地势较高地区管道中，这种抽升局部污水的泵站称为局部泵站。污水管道系统终点的埋深通常较大，而污水处理厂的处理后出水因受纳水体水位的限制，处理构筑物一般埋深很浅或设置在地面上，因此，需要设置泵站将污水抽升至污水处理厂第一处理构筑物中，这种泵站称为终点泵站或总泵站。泵站设置的具体位置应考虑环境卫生、地质、电源和施工等条件，并征询规划、环保、城建等部门的意见确定。

7.3　污水设计流量计算

7.3.1　设计污水量定额

污水量定额是计算污水量的单位指标，单位：L/(人·d)。城市生活污水量定额分为居民生活污水定额和综合生活污水定额两种，前者指居民日常生活（包括洗涤、淋浴、冲厕等）产生的污水量；后者代表居民生活污水和公共建筑及设施（包括学校、宾馆、浴室、商业网点和办公楼等）排出污水两部分的总和。

我国现行《室外排水设计标准》GB 50014—2021 规定，污水量定额应根据当地采用的用水定额并结合建筑内部给水排水设施配置水平确定。一般情况下，生活污水和工业废水的污水量约为用水量的 60%～80%，在天热干旱季节甚至低达 50%。在工程设计中，当缺乏实际资料时，污水量定额可按当地实际用水定额的 80%～90%计算。

工业企业的污水量包括工业生产过程中排放的污水和工作人员产生的生活污水，前者包括产品制造、设备冷却、空气调节和洗涤净化等产生的污水量，后者主要包括工作人员淋浴、盥洗、冲厕等产生的污水量。工业企业内生活污水量和淋浴污水量的计算，应符合我国《室外给水设计标准》GB 50013—2018 和《建筑给水排水设计标准》GB 50015—2019 的相关规定。

在计算城镇污水量时，工业污水所占的比例较大。工业污水量定额一般以单位产值、单位数量产品或单位设备排出的污水量表示。由于工业企业种类繁多，生产工艺和设备配置情况各不相同，通常需要长期的调查才能确定可靠的污水排放定额。因此，工业企业的污水量定额应根据工艺特征确定，并符合国家现行的工业用水量相关规定。对于具有标准生产工艺的工矿企业，其污水量定额可参照同行业单位产值或单位数量产品的污水量标准。

7.3.2 污水量的变化

与给水设计流量计算不同，污水管网是按照最高日最高时的污水流量进行设计的，在计算污水设计流量时，选取的污水量定额是平均日污水量定额，因此，根据设计人口和生活污水定额或综合生活污水定额计算得出的污水量是平均流量。实际上，流入污水管道的污水量时刻都在变化，一年中的不同季节、一日中不同时刻的污水量均存在一定差异，甚至在一小时内污水量也是有变化的。

污水量的变化程度通常用变化系数表示，变化系数又分为时变化系数 K_h、日变化系数 K_d 和总变化系数 K_z，其中：

K_d 表示一年中最高日污水量与平均日污水量的比值；

K_h 表示最高日中最高时污水量与该日平均时污水量的比值；

K_z 表示最高日最高时污水量与平均日平均时污水量的比值。

根据以上定义可知：

$$K_z = K_d \times K_h \tag{7-1}$$

1. 生活污水量变化系数

综合生活污水量变化系数可根据当地实际综合生活污水量变化资料确定。无测定资料时，新建项目可按表 7-1 的规定取值；改扩建项目可根据实际条件，经实际流量分析后确定，也可按表 7-1 的规定，分期扩建。

综合生活污水总变化系数 **表 7-1**

平均日流量 Q_d(L/s)	≤5	15	40	70	100	200	500	≥1000
总变化系数 K_z	2.7	2.4	2.1	2.0	1.9	1.8	1.6	1.5

注：当污水平均日流量为中间数值时，变化系数可用内插法求得。

2. 工业废水量变化系数

工业废水量变化规律与生产工艺性质和产品种类密切相关，不同生产行业的废水排放情况存在较大差异，通常需要实地调研获得相应工业行业的变化系数。一般情况下，工业生产工艺本身与地理环境和气候条件关系不大，工业废水排放较为均匀，日变化系数近似等于 1。时变化系数可实测，表 7-2 列出了部分工业生产废水的时变化系数。

部分工业生产废水的时变化系数 表7-2

工业种类	冶金	化工	纺织	食品	皮革	造纸
时变化系数 K_h	1.0～1.1	1.3～1.5	1.5～2.0	1.5～2.0	1.5～2.0	1.3～1.8

3. 工业企业生活污水量变化系数

工业企业生活污水量的变化系数按班内污水量变化给出，且与工业企业生活用水量变化系数基本一致，即普通车间生活污水量时变化系数取3.0，高温车间取2.5。

此外，工业企业淋浴产生的污水主要集中在较短时间内（不超过1h）排放，由于污水流量计算一般不考虑1h之内的流量变化，因此，淋浴排放污水的时变化系数可近似取值为1。

7.3.3 污水设计流量计算

1. 居民生活污水设计流量

影响居民生活污水设计流量的主要因素有设计人口、排水定额、排水设施条件和变化系数等，其中，设计人口是计算污水设计流量的基本数据，是指污水排水系统服务区内设计年限内的规划人口数。如果排水系统是分期建设的，则应明确各个分期时段内的设计人口数，以便计算相应的污水设计流量。

居民生活污水设计流量 Q_1 用式（7-2）计算：

$$Q_1=K_{z1}Q_d=K_{z1}\sum\frac{q_{1i}N_{1i}}{24\times3600}\ (\mathrm{L/s}) \tag{7-2}$$

式中 Q_d——平均日流量，L/s；

K_{z1}——生活污水量总变化系数；

q_{1i}——污水管网服务区内居民生活污水定额，L/(人·d)，通常取当地平均日人均用水定额的80%～90%；

N_{1i}——污水管网服务区内设计年限内的设计人口数。

2. 公共建筑污水设计流量

公共建筑的污水流量可单独计算，也可与居民生活污水量合并计算，即将式（7-3）中 q_{1i} 用综合生活污水定额替代。公共建筑污水排放时间较为集中，在有条件获得完整的调查资料时，应分别计算对应公共建筑的污水设计流量，其中，公共建筑的污水量定额可参照《建筑给水排水设计标准》GB 50015—2019选取。

公共建筑污水设计流量 Q_2 用式（7-3）计算：

$$Q_2=\sum\frac{q_{2i}N_{2i}K_{h2i}}{3600T_{2i}}\ (\mathrm{L/s}) \tag{7-3}$$

式中 q_{2i}——公共建筑最高日污水量定额，L/(用水单位·d)；

N_{2i}——公共建筑在设计年限内所服务的用水单位数；

K_{h2i}——公共建筑污水流量时变化系数；

T_{2i}——公共建筑最高日排水小时数，h。

3. 工业废水设计流量

工业废水设计流量主要包括生产废水设计流量和工业企业生活污水设计流量。

生产废水设计流量 Q_3 按式（7-4）计算：

$$Q_3=\sum\frac{K_{3i}q_{3i}N_{3i}(1-f_{3i})}{3.6T_{3i}}\ (\text{L/s}) \tag{7-4}$$

式中 q_{3i}——工业企业污水排放定额，m^3/单位产值、m^3/单位数量产品或 m^3/单位生产设备；

N_{3i}——工业企业最高日生产产值，万元、设备或产品产量（件、t、台等）；

T_{3i}——工业企业最高日生产小时数，h；

f_{3i}——工业企业生产用水重复利用率，%；

K_{3i}——生产废水流量的时变化系数。

工业企业生活污水设计流量（包括淋浴排水量）Q_4 按式（7-5）计算：

$$Q_4=\sum\left(\frac{A_1B_1K_1+A_2B_2K_2}{3600T}+\frac{C_1D_1+C_2D_2}{3600}\right)\ (\text{L/s}) \tag{7-5}$$

式中 A_1——普通车间最大班职工人数；

A_2——热车间最大班职工人数；

B_1——普通车间职工生活污水定额，一般取 25L/(人·d)；

B_2——热车间职工生活污水定额，一般取 35L/(人·d)；

K_1——普通车间生活污水量时变化系数，一般取 3.0；

K_2——热车间生活污水量时变化系数，一般取 2.5；

T——工业企业车间最高日每班工作小时数，h；

C_1——普通车间最大班使用淋浴的职工人数；

C_2——热车间最大班使用淋浴的职工人数；

D_1——普通车间职工淋浴污水定额，以 40L/(人·班）计；

D_2——热车间或污染严重车间的职工淋浴污水定额，以 60L/(人·班）计。

4. 城镇污水设计总流量

城镇污水设计总流量主要包括居住区生活污水、公共建筑污水、工业废水和工业企业生活污水四个部分。在地下水位较高的地区，受当地土质、地下水位、管道及接口材料等因素的影响，当地下水水位高于排水管渠时，还应加入地下水入渗量 Q_u。因此，城镇污水设计总流量

$$Q=Q_1+Q_2+Q_3+Q_4+Q_u\ (\text{L/s}) \tag{7-6}$$

其中，地下水入渗量宜根据实测资料确定，一般以单位管长和管径计或以每天每单位服务面积入渗的地下水量计；当缺乏实测资料时，也可按平均日综合生活污水和工业废水总量的 10%～15%计。

【例 7-1】 某肉类联合加工厂每天宰杀活牲畜 258t，废水量定额 8.2m^3/t 活畜，总变化系数 1.8，三班制生产，每班 8h。最大班职工人数 560 人，其中在高温及污染严重车间工作的职工占总数的 50%，使用淋浴人数按 85%计，其余 50%的职工在一般车间工作，使用淋浴人数按 40%计。工厂居住区面积 9.5hm^2，人口密度 580 人/hm^2，生活污水定额 160L/(人·d)，各种污水由管道汇集送至污水处理站，试计算该厂的最大时污水设计流量。

【解】 $Q_d=\sum\frac{q_{1i}N_{1i}}{24\times3600}=\frac{160\times580\times9.5}{86400}=10.20\ (\text{L/s})$

根据插值法求得 $K_z=2.544$。

$$Q_1=K_zQ_d=2.544\times10.20=25.95\ (\text{L/s})$$

$$Q_3=\sum\frac{K_{3i}q_{3i}N_{3i}(1-f_{3i})}{3.6T_{3i}}=\frac{1.8\times8.2\times258\times(1-0)}{3.6\times24}=44.08\ (\text{L/s})$$

$$Q_4=\sum\left(\frac{A_1B_1K_1+A_2B_2K_2}{3600T}+\frac{C_1D_1+C_2D_2}{3600}\right)$$

$$=\frac{560\times0.5\times25\times3.0+560\times0.5\times35\times2.5}{3600\times8}+\frac{560\times0.5\times0.4\times40+560\times0.5\times0.85\times60}{3600}$$

$$=6.79(\text{L/s})$$

$$Q=Q_1+Q_3+Q_4=76.82\ (\text{L/s})$$

7.4 污水管道设计参数

7.4.1 设计充满度

在设计流量下，污水管道中的水深 h 和管道直径 D 的比值称为设计充满度（或水深比）。当 $h/D=1$ 时，称为满流；当 $h/D<1$ 时，称为非满流。由于排水管渠内水流大多为重力流，我国污水管道（渠）均按非满流设计，主要原因是：

（1）污水流量时刻在变化，很难精确计算，而且雨水或地下水也可能通过管道接口或检查井盖进入污水管网。因此，有必要保留一部分管道断面，为未预见水量的增加留有余地，避免污水外溢影响周边环境。

（2）污水管道内的沉积物通常含有部分有机成分，可能分解析出一些有毒有害气体；此外，污水中若含有汽油、苯、石油等易燃物质时，可能形成爆炸气体。故需在管道内留出适当空间，以利于管道通风换气，排出有害气体，防止污水管道爆炸事故发生。

（3）便于污水管道的疏通和维护管理。

我国规定了不同规格污水管道的最大设计充满度（表 7-3）。明渠设计超高不得小于 0.2m。

最大设计充满度 表 7-3

管径或渠高(mm)	200～300	350～450	500～900	≥1000
最大设计充满度	0.55	0.65	0.70	0.75

注：在计算污水管道充满度时，不包括短时突然增加的污水量，但当管径小于或等于 300mm 时，应按满流复核。

7.4.2 设计流速

与污水设计流量和设计充满度对应的水流平均速度称为设计流速。若污水在管道内流动过于缓慢，污水挟带的杂质可能下沉，产生淤积；若污水流速过高，可能产生冲刷，加剧对管道的磨损甚至损坏管道。为了防止管道中产生淤积或冲刷，设计流速应限制在最小和最大设计流速范围内。

《室外排水设计标准》GB 50014—2021 规定污水管道在设计充满度下的最小设计流速

为0.6m/s，明渠的最小设计流速为0.4m/s。对于含有金属、矿物固体或重油杂质的工业污水管道，其最小设计流速宜适当增大，通常根据试验或运行经验确定。

最大设计流速与管道材质有关，一般情况下，金属管道为10m/s，非金属管道为5m/s。非金属管道最大设计流速经过试验性验证可适当提高。

排水管道采用压力流时，压力管道的设计流速宜采用0.7～2.0m/s。

7.4.3 最小管径

在污水管道系统的上游端，管道设计流量一般很低，若根据设计流量计算管径，则管径会很小，极易堵塞。养护经验证明，管径150mm的污水支管的堵塞次数可能达到200mm支管堵塞次数的2倍，导致管道养护费用增加。然而在相同的埋深下，200mm和150mm管道的施工费用差别不大。此外，采用较大的管径，可以选择较小的管道坡度，这有利于减小管道埋深。因此，为了养护工作方便，常规定一个允许的最小管径。

在街区和厂区内，污水支管的最小管径为200mm，干管的最小管径为300mm；在城镇道路下的污水管道最小管径为300mm。需要说明的是，在进行污水管道水力计算时，上游管道由于服务面积或人口较少，设计流量小，按此流量计算出的管径可能小于最小允许管径，此时应采用最小管径进行设计。为减少计算工作量，通常根据最小管径在最小设计流速和最大充满度条件下能通过的最大流量估算出设计管段服务的排水面积，若设计管段服务的排水面积低于该值，即可直接采用最小管径和相应的最小坡度而不再进行水力计算。这种管段称为不计算管段，当有适当的冲洗水源时，可考虑为其设置冲洗井。

7.4.4 最小设计坡度

在污水管网设计过程中，通常采用直管段埋设坡度与服务区内地面坡度保持一致的做法以减小管道埋设深度。在地势平坦或管道走向与地面坡度相反时，尽可能控制管道坡度和埋深对降低管道工程造价显得尤为重要。但是，与管道坡度对应的污水流速应大于或等于最小设计流速，防止管道内产生淤积。因此，将相应于管道最小设计流速时的管道坡度称为最小设计坡度。

从水力学计算公式可知，设计坡度与设计流速的平方成正比，与水力半径的4/3次方成反比。由于水力半径是过水断面面积与湿周的比值，因此不同管径的污水管道对应不同的最小设计坡度。在给定设计充满度条件下，管径越大，需要的最小设计坡度值越小，因此只需规定最小管径的最小设计坡度值即可满足设计要求。最小管径和相应的最小设计坡度见表7-4所列。钢筋混凝土管非满流的最小设计坡度见表7-5所列。

管道在坡度变陡处，其管径可根据水力计算结果确定由大改小，但不得超过2级，且不得小于相应条件下的最小管径。

最小管径和相应的最小设计坡度　　表7-4

管道类别	污水管、合流管	雨水管	雨水口连接管	压力输泥管	重力输泥管
最小管径(mm)	300	300	200	150	200
最小设计坡度	0.003	塑料管0.002， 其他管0.003	0.010	—	0.010

常用管径的最小设计坡度（钢筋混凝土管非满流） 表7-5

管径(mm)	400	500	600	800	1000	1200	1400	1500
最小设计坡度	0.0015	0.0012	0.0010	0.0008	0.0006	0.0006	0.0005	0.0005

7.4.5 污水管道埋设深度

管道埋深是指管道的内壁底部到地面的垂直距离。管道的顶部到地面的垂直距离称为覆土深度（图7-3）。在实际工程中，污水管道的造价由选用的管道材料、管道直径、施工现场地质条件和管道埋设深度四个因素决定，合理地确定管道埋深可以有效地降低管道建设投资。

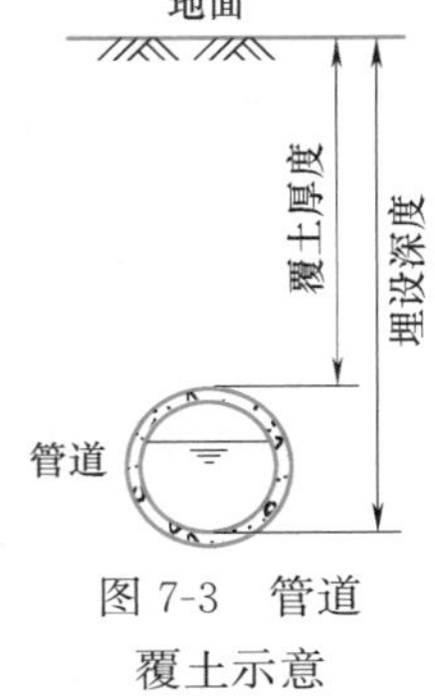

图7-3 管道覆土示意

为保证污水管道不受外界压力和冰冻的影响及破坏，管道覆土深度应有一个最小的限值，该限值称为最小覆土深度。

污水管道的最小覆土深度，一般应满足以下三个因素的要求。

1. 必须防止管道内污水冰冻和因土壤冻胀而损坏管道

我国北方的部分地区气候比较寒冷，属于季节性冻土区。土壤冰冻深度主要受气温和冻结期长短的影响，如呼伦贝尔市最低气温为−28.5℃，土壤冰冻深度达3.2m。当然，同一地区又会因为地面覆盖的土壤种类、阳光照射时间、阳面或阴面以及市区与郊区等因素的影响，冰冻深度有所差别。

土壤冰冻层内污水管道的埋深或覆土深度，应根据流量、水温、水力条件和敷设位置等因素确定。一般情况下，冬季的污水温度不会低于4℃。此外，污水在管道内具有一定流速，较难冰冻，同时，管道周围的土壤受污水水温的辐射作用也不易冰冻。因此，没有必要把整个污水管道都埋在土壤冰冻线以下；但如果将管道全部埋在冰冻线以上，土壤冻胀可能损坏管道基础，进而损坏管道。《室外排水设计标准》GB 50014—2021 规定：一般情况下，污水管道宜埋设在冰冻线以下。当该地区或条件相似地区有浅埋经验或采取相应措施时，也可埋设在冰冻线以上，其浅埋数值应根据该地区经验确定，但应保证污水管道安全运行。

2. 必须防止管壁因地面荷载而受到破坏

埋设在地面下的污水管道承受着管顶覆土的静荷载和地面上车辆行驶产生的动荷载。为了防止管道因外部荷载影响而损坏，首先要注意管材质量，其次必须保证管道具有一定的覆土深度。因此，管顶最小覆土深度，应根据管材强度、外部荷载、土壤冰冻线和土壤性质等条件，结合当地埋管经验确定。管顶最小覆土深度宜为：人行道下0.6m，车行道下0.7m。

3. 必须满足街区污水连接管的衔接要求

为了使住宅和公共建筑内产生的污水顺畅地排入污水管网，就必须保证污水干管的埋深大于或等于街区内污水支管终点的埋深，而污水支管起点的埋深又必须大于或等于建筑物污水出户连接管的埋深。从施工安装方面考虑，要使建筑物首层卫生设备的污水能顺利排出，污水出户连接管的最小埋深一般采用0.5～0.7m，故污水支管起点的最小埋深也应有0.6～0.7m。

对于每一个具体的管段，从上述三个因素出发，可以得到三个不同的管道埋深或管顶覆土深度，应采用这三个数值中的最大值作为设计管段的最小覆土深度或管道埋深。

除考虑管道的最小埋深外，还应考虑管道最大埋深问题。由于污水管道大多采用重力流，当管道坡度大于地面坡度时，下游管段的埋深将越来越大，导致挖方填方工程量增大，工程造价升高，因此，污水管道应规定一个最大允许埋深。该值应根据技术经济指标及施工方法确定，一般情况下，在干燥土壤中，管道最大埋深不超过7～8m，在多水、流砂、石灰岩地层中，不超过5m。

7.4.6 污水管道的衔接

污水管道在检查井中衔接，设计时必须考虑检查井内上游和下游管道衔接时的高程关系。管道衔接应遵循两个原则：一是避免上游管段产生回水，造成淤积；二是在平坦地区应尽可能提高下游管道高程，以减少管道埋深。

污水管道衔接通常有水面平接、管顶平接、管底平接、跌水连接和泵站衔接五种。

水面平接是指在水力计算中，使上游管段终端和下游管段起端在设计充满度下水面相平（图7-4a）。由于上游管段的设计流量通常小于下游管段，且流量变化幅度较大，可能在短期内出现上游管段内水面的实际标高低于下游管道水面的实际标高，形成回水。因此，水面平接主要用于上游和下游管道直径相同的情况，特别在地形平坦地区，采用水面平接有利于减小下游管段埋深，降低造价。

管顶平接是指上游管段终端和下游管段起端的管顶标高相同（图7-4b）。该法一般会使上、下游管道内水面产生一定落差，因而不易形成回水。但下游管段埋深可能增加，这对于平坦地区或埋深较大的管道，有时是不适宜的。管顶平接适用于地面坡度较大或下游管道直径大于上游管道直径的情况，在实际工程中应用较广泛。

管底平接是指保持上、下游管段在衔接处管底标高相等（图7-4c）。当下游管道地面坡度急增时，下游管道的管径可能小于上游管道的管径时采用。

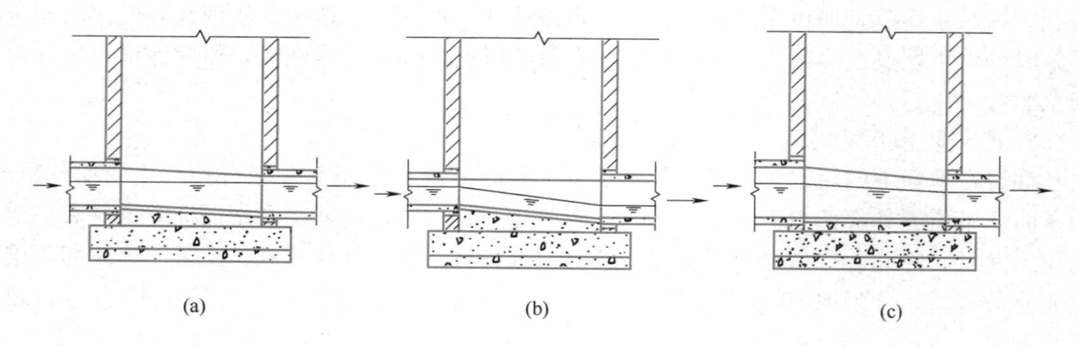

图7-4 污水管道衔接示意图

（a）水面平接；（b）管顶平接；（c）管底平接

在山地城镇，如果下游管道的地面坡度远远大于上游管道的地面坡度，为控制管道内污水流速，防止冲刷，保证下游管段的最小覆土深度，可以采用跌水衔接（图7-5a）。

当管道埋深达到最大允许埋深时，上、下游管道可以采用泵站衔接（图7-5b）。

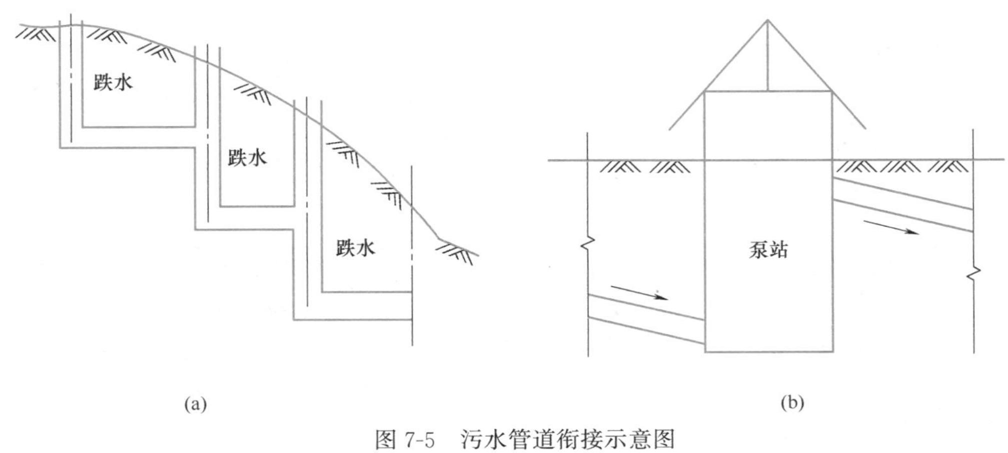

图 7-5 污水管道衔接示意图

（a）跌水衔接；（b）泵站衔接

7.5 污水管网水力计算

7.5.1 污水管道中的水流分析

污水管道必须与其服务的所有用户连接，将用户排放的污水汇集后送到污水处理厂。在污水的收集和输送过程中，污水由支管流入干管，由干管流入主干管，由主干管流入污水处理厂。污水管道的流量从管网的起始端到末端不断地增加，管道的直径也随之不断加大。管道的分布类似河流，呈树枝状，与给水管网的环流贯通情况完全不同。污水在管道中一般是靠管道两端的水面高差从高向低处流动。在大多数情况下，管道内部是不承受压力的，即靠重力流动。因此需要逐渐增加污水管道的埋设深度，形成满足污水流动的水力坡度。当管道埋设深度太大时，需要增加提升泵站。

流入污水管道的污水中含有一定数量的有机物和无机物，其中，相对密实度小的漂浮在水面上随污水漂流，相对密实度较大的分布在水流断面上呈悬浮状态流动，相对密实度最大的沿着管底移动或淤积在管壁上。这种情况与清水的流动略有不同。但总的说来，污水中水分一般在99%以上，所含悬浮物质的比例极小，因此可假定污水的流动符合一般液体的流动规律。

污水在管道中流动，流量是变化的，又由于水流流经转弯、交叉、变径、跌水等地点时水流状态发生改变，流速也在不断变化，因此污水管道内水流实际不是均匀流。但在直线管段上，当流量没有很大变化且无沉淀物时，管内污水的流动状态可接近均匀流。因此，在污水管段的设计计算时采用均匀流，使计算工作大为简化。

7.5.2 水力计算基本公式

污水管道系统的水力计算依据的是水力学规律，所以称为管道的水力计算。目前，污水管道系统的计算均采用均匀流公式。

流量公式
$$Q=Av \tag{7-7}$$

流速公式
$$v=\frac{1}{n}R^{\frac{2}{3}}I^{\frac{1}{2}} \tag{7-8}$$

式中 Q——设计流量，m^3/s；

A——水流有效断面面积，m^2；

v——流速，m/s；

R——水力半径（过水断面面积与湿周的比值），m；

n——管壁粗糙系数，根据管渠材料而定（表 7-6）。

排水管渠粗糙系数表 表 7-6

管渠类别	粗糙系数 n	管渠类别	粗糙系数 n
混凝土管、钢筋混凝土管、水泥砂浆抹面渠道	0.013～0.014	土明渠(包括带草皮)	0.025～0.030
水泥砂浆球墨铸铁管	0.011～0.012	干砌块石渠道	0.020～0.025
石棉水泥管、钢管	0.012	浆砌块石渠道	0.017
PVC-U 管、PE 管、玻璃钢管	0.009～0.010	浆砌砖渠道	0.015

7.5.3 设计管段的划分和管段设计流量的确定

在污水的收集和输送过程中，污水管道的流量从管网的起始端到末端不断地增加，管道的直径也随之不断加大。在设计计算时一般将管道系统中流量和管道敷设坡度不变的一段管道作为一个设计管段，将该管段上游端汇入的污水流量和该管段收集的污水量作为管段的输水流量，称为管段设计流量。每个设计管段的上游端和下游端称为污水管网的节点。污水管网节点处一般设有检查井，但并不是所有检查井处均为节点。如果检查井未发生跌水，且连接的管道流量和坡度均保持不变，则该检查井可不作为节点，即管段上可以包括多个检查井。

估计可以采用同样管径和坡度的连续管段，就可以划为一个设计管段。根据管道系统布置图，凡是预计有集中流量或旁支管流量接入及坡度改变的检查井均为设计管段的起讫点。设计管段的起讫点应编上号码，以方便计算。

在进行污水管道系统设计时，采用最高日最高时的污水流量作为设计流量。每一设计管段的污水设计流量可能包括以下几种流量（图 7-6）：

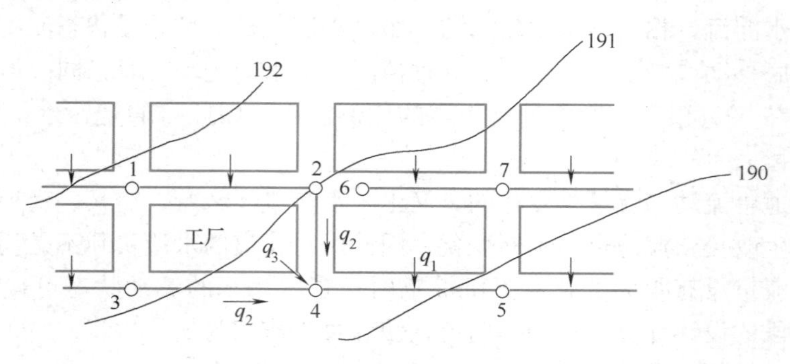

图 7-6 设计管段的设计流量

（1）本段流量 q_1——本管段沿线街坊流来的居民生活污水量。

（2）转输流量 q_2——从上游管段和旁侧管段流来的居民生活污水量。

（3）集中流量 q_3——工业企业或其他大型公共建筑物流来的污水量（包括上游管段转输的集中流量、旁支管转输的集中流量和本段接纳的集中流量）。

对于某一设计管段而言，本段流量 q_1 是沿线变化的，即从管段起点的零增加到终点的全部流量，但为了计算方便，通常假定本段流量集中在起点进入设计管段。

工矿企业和公共建筑的污水排放一般采用集中的方式，所以工业企业的工业废水、生活污水和淋浴污水量往往作为集中流量，公共建筑污水流量也作为集中流量。这些集中流量的值一般较大，所以它们的接纳点一般必须作为节点，以免造成较大的计算误差。

只有本段流量的设计管段，流量可用下式计算：

$$q_1 = A_1 q_0 K_z \tag{7-9}$$

$$q_0 = nN/86400 \tag{7-10}$$

式中　q_1——设计管段的本段设计流量，L/s；

A_1——设计管段的本段街坊服务面积，hm^2；

K_z——本段生活污水量总变化系数；

q_0——比流量（单位面积的平均流量），$L/(s \cdot hm^2)$；

n——居民生活污水定额，L/(人·d)；

N——人口密度，人/hm^2。

图7-6中具有本段街坊污水流量 q_1（汇水面积 A_1）、转输居民生活污水流量 q_2（汇水面积 A_2）和集中流量 q_3 的设计管段4—5的总流量 Q 可用下式计算。

$$Q = A q_0 K_z + q_3 \tag{7-11}$$

式中，$A = A_1 + A_2$；K_z 为本段加转输居民生活污水量的总变化系数。

上述计算在初步设计时，只计算干管和主干管的设计管段。在施工图设计时，应计算规划区域内全部设计管段。

7.5.4　污水管道水力计算方法

在非满流管渠水力计算的基本公式中，共有 q、d、h、I 和 v 五个变量，但只有式（7-8）和式（7-9）两个方程，因此必须已知其中任意三个变量，才可以求出另外两个变量。为简化计算，常采用水力计算图进行，将水力计算过程简化为查图表的过程。

水力计算图适用于混凝土及钢筋混凝土管道，其粗糙系数 $n=0.014$。每张图适用于一个指定的管径。图上的纵坐标表示坡度 I，即设计管道的管底坡度，横坐标表示流量 Q，图中的曲线分别表示流量、坡度、流速和充满度间的关系。当选定管材与管径后，在流量 Q、坡度 I、流速 v、充满度 h/d 四个因素中，只要已知其中任意两个，就可由图查出另外两个。

【例7-2】 已知 $n=0.014$，$D=300$mm，$I=0.004$，$Q=30$L/s，求 v 和 h/D。

【解】 采用附图3 $D=300$mm 的水力计算图。先找出 $I=0.004$ 的横线，再找出 $Q=30$L/s 的竖线，两条线的交点落在流速 $v=0.8$m/s 与 $v=0.85$m/s 两条斜线之间，估计 $v=0.82$m/s；交点也落在 $h/D=0.5$ 与 $h/D=0.55$ 两条斜线之间，估计 $h/D=0.52$。

【例7-3】 已知 $n=0.014$，$D=400$mm，$Q=41$L/s，$v=0.9$m/s，求 I 和 h/D。

【解】 采用附图3 $D=400$mm 的水力计算图。先找出 $Q=41$L/s 的竖线，再找出 $v=0.9$m/s 的斜线，两条线的交点落在坡度 $I=0.0043$ 的横线上，则 $I=0.0043$；交点也落在 $h/D=0.35$ 与 $h/D=0.40$ 两条斜线之间，估计 $h/D=0.39$。

【例 7-4】 已知 $n=0.014$，$D=300\text{mm}$，$Q=32\text{L/s}$，$h/D=0.55$，求 v 和 I。

【解】 采用附图 3 $D=300\text{mm}$ 的水力计算图。先找出 $Q=32\text{L/s}$ 的竖线，再找出 $h/D=0.55$ 的斜线，两条线的交点落在坡度 $I=0.0038$ 的横线上，则 $I=0.0038$；交点也落在 $v=0.8\text{m/s}$ 与 $v=0.85\text{m/s}$ 两条斜线之间，估计 $v=0.81\text{m/s}$。

7.5.5 污水管道系统水力计算实例

【例 7-5】 某城镇居住小区街区总面积为 50.20hm²，其平面图如图 7-7 所示，人口密度为 350 人/hm²，居民生活污水定额为 120L/(人·d)，有两座公共建筑：火车站的设计污水量 3.0L/s、公共浴室的设计污水量为 4.0L/s；工厂甲和工厂乙的设计污水量（包括工业废水、厂区生活污水和淋浴污水）分别为 25.0L/s 和 6.0L/s，工厂甲废水排出口的管底埋深为 2.0m。小区内全部污水统一送至污水处理厂处理，试进行该小区污水管道设计计算。

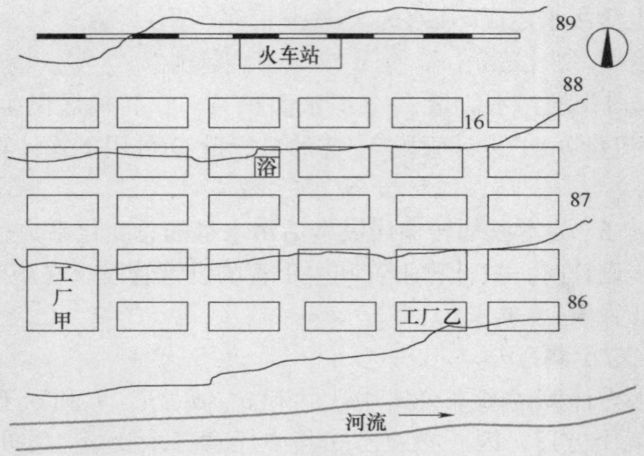

图 7-7 某城镇小区平面图

【解】 1）在小区平面图上布置污水管道

该小区地势自北向南倾斜，坡度较小，无明显分水线，可划分为一个排水流域。污水干管垂直于等高线布置，污水支管布置在街区地势较低一侧的道路下，主干管则沿小区南侧河岸布置，基本与等高线平行。整个管道系统平面呈截流式形式布置（图 7-8）。

2）街区编号并计算其面积

整个小区可划分为 27 个街区，按从左至右方向进行编号，并按各街区平面范围计算其排水面积，列入表 7-7 中。

街区面积　　表 7-7

街区编号	1	2	3	4	5	6	7	8	9
面积 A_i	1.21	1.70	2.08	1.98	2.20	2.20	1.43	2.21	1.96
街区编号	10	11	12	13	14	15	16	17	18
面积 A_i	2.04	2.40	2.40	1.21	2.28	1.45	1.70	2.00	1.80
街区编号	19	20	21	22	23	24	25	26	27
面积 A_i	1.66	1.23	1.53	1.71	1.80	2.20	1.38	2.04	2.40

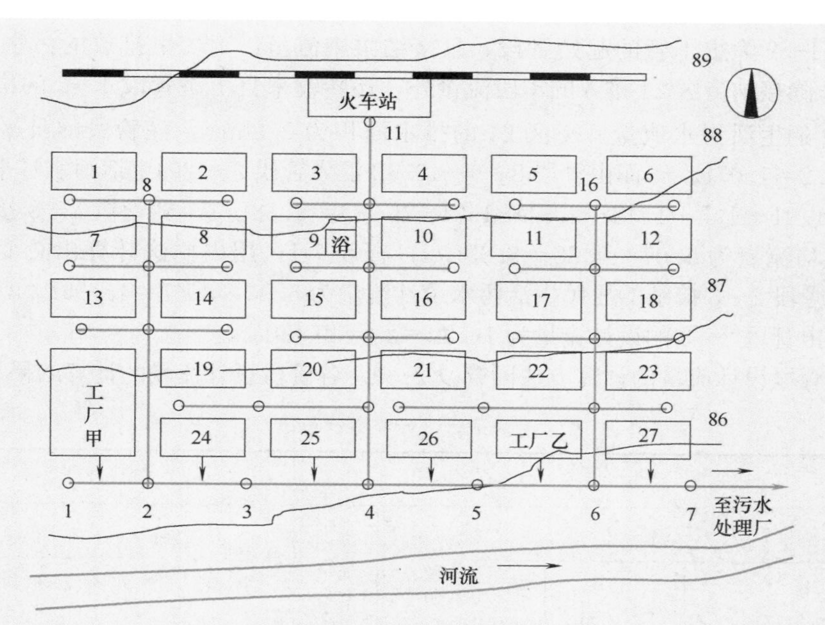

图 7-8 某城镇小区污水管道平面布置

3）划分设计管段并计算设计流量

根据设计管段的定义和划分方法，将各干管和主干管中有本段流量进入的点（一般为街区两端）、集中流量以及旁侧支管流入的点，作为设计管段起讫点的检查井，然后编号。本例中主干管为1—7，管长1200余米，根据设计流量变化情况划分为6个设计管段，如图7-8所示。

小区总面积为 50.2hm²，人口密度为 350 人/hm²，则污水管道系统服务人口为 17570 人；小区生活污水定额为 120L/(人·d)，根据式（7-3）计算居民平均日污水量

$$Q_d=\sum\frac{q_{1i}N_{1i}}{24\times3600}=\frac{120\times17570}{24\times3600}=24.40\text{L/s}$$

根据表 7-1，用内插法计算出生活污水量的总变化系数为 1.90，得出居民生活污水设计流量

$$Q_1=Q_d\times K_z=24.40\times2.29=55.88\text{L/s}$$

公共建筑污水和工业废水量为已知，忽略地下水入渗量，根据式（7-7）计算小区设计总流量

$$Q=Q_1+Q_2+Q_3+Q_4=55.88+(3.0+4.0)+(25.0+6.0)+0=93.88\text{L/s}$$

然后利用污水管道水力计算基本公式对各设计管段进行列表计算，在初步设计中只计算干管和主干管的设计流量。其中，管道 6—7 接纳的污水量等于整个小区的污水流量，这与用式（7-7）计算出的设计总流量相等，均为 93.88L/s。

居民生活污水平均日流量按街区面积平均分配，得出比流量为

$$q_0=\frac{Q_d}{\sum A_i}=\frac{24.40}{50.20}=0.486[(\text{L/s})/\text{hm}^2]$$

管段1—2为主干管的起始管段，只接纳集中流量：工厂甲排放的污水量25L/s。管段2—3除接纳街区24排入的本段流量外，还转输来自上游管段1—2的集中流量和管段8—2的生活污水流量。街区24的排水面积为2.2hm^2，该管段的日平均流量为0.486×2.2=1.07L/s，而由管段8—9—10—2汇入管段2—3的生活污水日平均流量为0.486×(1.21+1.7+1.43+2.21+1.21+2.28)=4.88L/s，则管段2—3接纳的生活污水日平均流量为1.07+4.88=5.95L/s，查表7-1，用内插法计算出总变化系数为2.67，则管段2—3接纳的居民生活污水设计流量为5.95×2.67=15.89L/s，根据以上计算，得出管段2—3的设计流量为15.89+25=40.89L/s。

其余管段设计流量的计算方法同管段2—3。各管段设计流量的计算结果见表7-8。

污水干管设计流量计算表　　表7-8

管段编号	居民生活污水日平均流量分配						管段设计流量				
	本段				转输流量(L/s)	合计流量(L/s)	总变化系数	沿线流量(L/s)	集中流量		设计流量(L/s)
	街区编号	面积(hm^2)	比流量[(L/s)/hm^2]	流量(L/s)					本段(L/s)	转输(L/s)	
1	2	3	4	5	6	7	8	9	10	11	12
1—2									25.00		25.00
8—9					1.41	1.41	2.7	3.81			3.81
9—10					3.18	3.18	2.7	8.59			8.59
10—2					4.88	4.88	2.7	13.18			13.18
2—3	24	2.20	0.486	1.07	4.88	5.95	2.67	15.89		25	40.89
3—4	25	1.38	0.486	0.67	5.95	6.62	2.65	17.54		25	42.54
11—12									3.00		3.00
12—13					1.97	1.97	2.7	5.32		3	8.32
13—14					3.91	3.91	2.7	10.56	4.00	3	17.56
14—15					5.44	5.44	2.69	14.63		7.00	21.63
15—4					6.85	6.85	2.64	18.08		7.00	25.08
4—5	26	2.04	0.486	0.99	13.47	14.46	2.42	34.99		32	66.99
5—6					14.46	14.46	2.42	34.99	6.00	32	72.99
16—17					2.14	2.14	2.7	5.78			5.78
17—18					4.47	4.47	2.7	12.07			12.07
18—19					6.32	6.32	2.66	16.81			16.81
19—6					8.77	8.77	2.59	22.71			22.71
6—7	27	2.40	0.486	1.17	23.23	24.4	2.29	55.86		38	93.86

4）水力计算

确定各管段设计流量后，便可以从上游管段开始依次进行主干管上各设计管段的水力计算。

设计采用混凝土圆管，粗糙系数 $n=0.014$。

以管段1—2和2—3的水力计算为例，节点1为主干管的起点且有集中流量进入，节点1的埋深受工厂甲排出管埋深的控制，因此，以节点1作为小区污水管道系统的控制点，控制整个管网埋深。管网其他起点的最小埋深要求低于1.0m。

（1）管段1—2水力计算

从小区平面图可知，节点1的地面标高为86.2m，而节点1的埋深为2.0m，则该点污水管道管内底标高为86.20－2.00＝84.20m。管段1—2的地面坡度＝(86.20－86.10)/110＝0.91‰，由于地面坡度很小，为减小管道的埋深根据该段设计流量25.0L/s查阅水力计算表，确定管段1—2管径 $D=350$mm、敷设坡度 $i=0.00201$，充满度 $h/D=44.7\%$、流速 $v=0.60$m/s。

（2）管段1—2衔接设计

管段1—2内的污水水深为：充满度×管径＝0.46×0.35＝0.16m，则节点1处水面标高为84.20＋0.16＝84.36m，该管段的降落量 $i\times L=0.0020\times110=0.22$m；则节点2处水面标高为84.36－0.22＝84.14m，节点2处管内底标高为84.20－0.22＝83.98m，根据节点2处地面标高计算该点管段埋深为86.10－83.98＝2.12m。

管段2—3的地面坡度＝(86.1－86.05)/250＝0.2‰，由于地面坡度很小，为减小管径的埋深，管段1—2与管段2—3采用水面平接，则管段2—3的起点水面标高与管段1—2的终点水面标高相等，为84.14m。

（3）管段2—3水力计算

根据设计流量40.89L/s查阅附录2水力计算图，结合管段2—3的地面坡度0.2‰，确定该段管径 $D=400$mm，敷设坡度 $I=0.0015$、充满度 $h/D=52.0\%$、流速 $v=0.62$m/s。

（4）管段2—3衔接设计

管段2—3内的污水水深为：$h/D\times D=0.52\times0.40=0.21$m，则该管段起点处管内底标高为84.14－0.21＝83.93m，该管段的降落量 $I\times L=0.0015\times250=0.38$m；则节点3处水面标高为84.14－0.38＝83.76m，节点3处管内底标高为83.93－0.38＝83.55m；则管段2—3起点埋深86.10－83.93＝2.17m，终点埋深86.05－83.55＝2.50m。

同理，设计管段2—3与3—4也采用水面平接，则管段3—4的起点水面标高与管段2—3的终点水面标高相等，为83.75m。

按此方法对主干管1—7进行逐段计算，最终得出污水管网终点即节点7处管道埋深为3.29m。主干管的水力计算结果见表7-9。

5）绘制管道平面图和纵剖面图

在水力计算结束后，应将各管段管径、坡度及埋深等数据标注在纵剖面图上，检查管网系统的埋深是否合理，详见本章7.6节。

污水主干管水力计算表　　表 7-9

管段编号	管长 L (m)	设计流量 (L/s)	管径 D (mm)	坡度 i (‰)	流速 v (m/s)	充满度		降落量 $i \times L$ (m)	标高(m)						埋深 (m)	
						h/D (%)	h (m)		地面		水面		管内底			
									起点	终点	起点	终点	起点	终点	起点	终点
1	2	3	4	5	6	7	8	9	10	11	12	13	14	15	16	17
1—2	110	25.00	350	2.00	0.60	46.0	0.16	0.22	86.20	86.10	84.36	84.14	84.2	83.98	2.00	2.12
2—3	250	40.89	400	1.50	0.62	52.0	0.21	0.38	86.10	86.05	84.14	83.76	83.93	83.55	2.17	2.50
3—4	170	42.54	400	1.50	0.62	53.0	0.21	0.26	86.05	86.00	83.76	83.50	83.55	83.29	2.50	2.71
4—5	220	66.99	500	1.20	0.63	53.0	0.27	0.26	86.00	85.90	83.50	83.24	83.23	82.97	2.77	2.93
5—6	240	72.99	500	1.20	0.64	51.0	0.26	0.29	85.90	85.80	83.24	82.95	82.98	82.69	2.92	3.11
6—7	240	93.86	550	1.10	0.66	50.0	0.28	0.26	85.80	85.70	82.95	82.69	82.67	82.41	3.13	3.29

7.6 污水管道平面图和纵剖面图绘制

污水管道的平面图和纵剖面图，是污水管道设计的主要图纸。根据设计阶段不同，图纸表现的深度亦有所不同。

初步设计阶段的管道平面图就是管道总体布置图。通常采用的比例尺 1∶10000～1∶5000，图上有地形、地物、河流、风玫瑰和指北针等。已有污水管道和设计污水管道用粗线条表示，在管线上画出设计管段起讫点的检查井并编上号码，标出各设计管段的服务面积、可能设置的中途泵站和局部泵站、倒虹管或其他特殊构筑物等。初步设计的管道平面图上还应将主干管各设计管段的长度、管径和坡度在图上注明。此外，图上应有管道的主要工程项目表和说明。

施工图阶段的管道平面图比例尺常用 1∶5000～1∶1000，图上内容与初步设计基本相同，但要求更为详细确切。要求标明检查井的准确位置及污水管道与其他地下管线或构筑物交叉点的具体位置、高程，居住区街坊连接管或工厂废水排出管接入污水干管或主干管的准确位置和高程，地面设施包括人行道、房屋界线、电杆、街边树木等。图上还应有图例、主要工程项目表和施工说明。

污水管道的纵剖面图反映管道沿线的高程位置，它和平面图是相对应的，图上用单线条表示原地面高程线和设计地面高程线，用双线条表示管道高程线，用双竖线表示检查井。图中还应标出沿线支管接入处的位置、管径、高程，与其他地下管线、构筑物或障碍物交叉点的位置和高程，沿线地质钻孔位置和地质情况等。在剖面图的下方设置一表格，表中列有检查井号、管道长度、管径、坡度、地面高程、管内底高程、埋深、管道材料、接口形式和基础类型。有时也将流量、流速、充满度等数据注明。采用比例尺：一般横向 1∶500～1∶2000，纵向 1∶50～1∶200。图 7-9 为【例 7-5】设计计算结果的管道纵剖面图，其横向比例为 1∶1000、竖向比例为 1∶200。对工程量较小且地形、地物较简单的污水管道工程，亦可不绘制剖面图，只需将管道的管径、坡度、管长、检查井的高程以及交叉点等注明在平面图上即可。

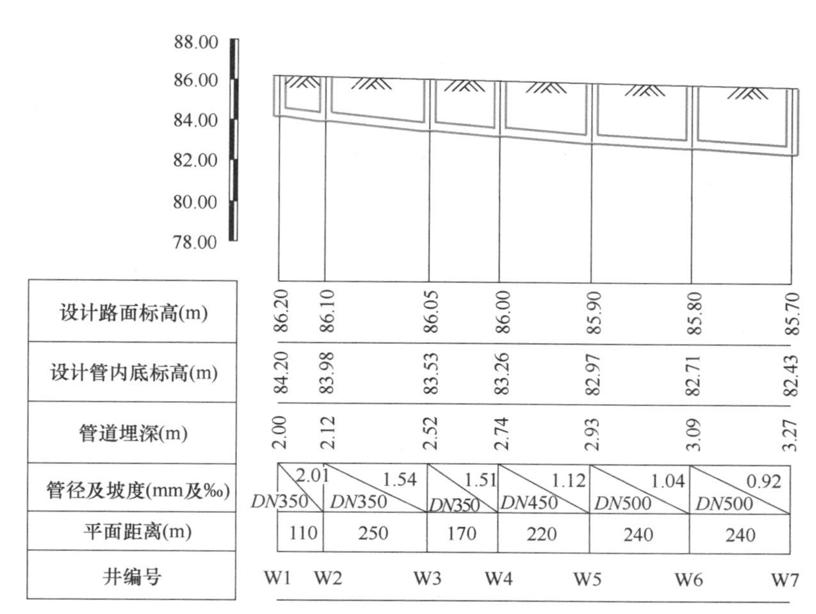

图 7-9　某城镇小区污水管道平面布置

习题

1. 何谓排水系统的控制点？它常出现在管道系统的什么位置？

2. 通常情况下应如何确定其控制点的高程？遇到特殊情况如何处理？

3. 试述污水量的总变化系数 K_z 的意义及其与 K_d，K_h 的关系。

4. 为什么污水管道按不满流进行设计？

5. 污水管道的最小覆土厚度应满足哪几方面的要求？

6. 在污水管道进行水力计算时，为什么要对设计充满度、设计流速、最小管径和最小设计坡度做出规定？是如何规定的？

7. 污水设计管段之间有哪些衔接方法？衔接时应注意些什么问题？

8. 什么叫设计管段？如何划分设计管段？每一设计管段的设计流量可能包括哪几个组成部分？

9. 已知某居住区生活污水定额为 150L/(人 · d)，人口密度为 400 人/hm^2，则比流量是多少？[单位：L/(s · hm^2)]

10. 已知某居住区生活污水给水定额 200L/(人 · d)，设计人口数 N＝10000，则居住区生活污水设计流量为多少？(单位：L/s)

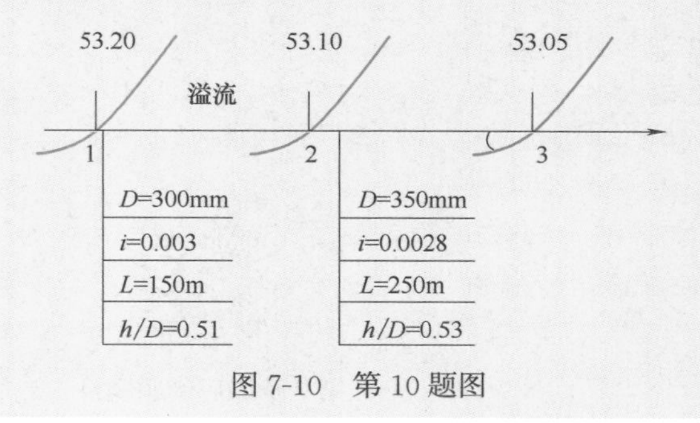

图 7-10　第 10 题图

11. 某小区污水管线各管段的水力条件如图所示，若1点埋深为1.5m，则3点的埋深为多少？

12. 某管段$L=50$m，$Q=35$L/s，其上下端地面标高分别为76.000m和66.000m，已知$D=300$mm，$v=5.0$m/s，$h/D=0.5$，$I=0.13$，若上游管线$D=250$mm，$h/D=0.5$，上游下端管底高程为75.050m，则该管段上端水面的高程为多少米？（覆土厚度采用0.7m）

13. 某污水管网采用$D=500$mm钢筋混凝土管（$n=0.014$），管底坡度为0.002，水力半径为0.12m，则该污水管内污水流速是多少？

14. 某车行道下的排水管道，采用$D=600$mm的钢筋混凝土管（壁厚为60mm）。设计管道首、末端地面标高均为46.05m；设计充满度为0.5，首端水面标高为45.15m，末端水面标高为44.75m。计算管道首、末端的覆土厚度并判定是否需要进行加固处理。

第7章课后例题题目

微课　第7章课后例题精讲

第 8 章 Chapter 08

雨水管渠设计

8.1 降雨和径流

降雨是一种自然现象，它在时间和空间上的分布并不均匀，降雨强度随着时间和空间的变化而变化。我国地域辽阔，气候差异大，年降雨量分布很不均匀，大体上从东南沿海的年平均 1600mm 向西北内陆递减至 200mm 以下。长江以南地区，雨量充沛，年降雨量均在 1000mm 以上。全年雨水的绝大部分多集中在夏季，且常为大雨或暴雨，在极短的时间内，暴雨能形成大量的地面径流，如不及时排除，势必造成巨大危害。为保障城镇居民生产和生活的安全、方便，必须合理地进行城镇雨水排水系统的规划、设计和管理。

8.1.1 水文循环

地球上的水在太阳辐射和重力作用下，以蒸发、降水、入渗和径流等方式周而复始地循环着，形成了水文循环（图 8-1）。降水和蒸发是水文循环中最活跃的因子，是径流形成的主要因素。

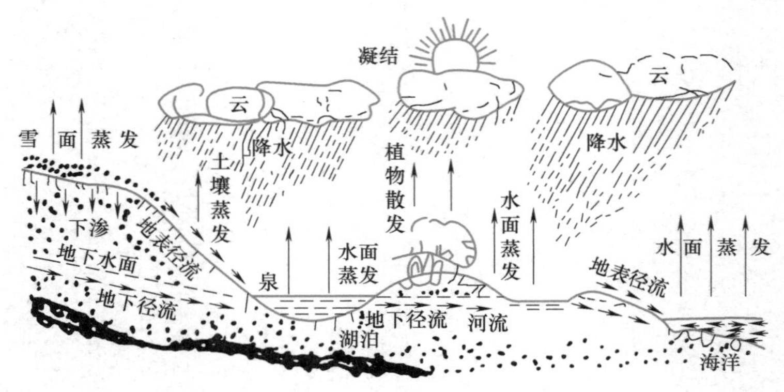

图 8-1 水文循环

风把来自海洋、河流、湖泊、水库、土壤中水分蒸发和植物体内水分散发的水汽带走，当空气中的水汽含量达到过饱和状态，多余的水汽凝结成水，在地表上形成露和霜，在地表附近形成雾。接近洋面或地面的温热空气受外力作用上升而发生动力冷却，当温度降低到露点以下时，气团中的水汽开始凝结形成云，继而吸附水汽凝结于其表面，或相互碰撞结合成大水滴或冰粒，形成降雨或降雪。降雨在时间和空间上的分布并不均匀。降雨强度、降雨历时随气流上升运动方式不同而不同，形成的相应的地面径流量亦不同。同时，雪、霰和冰雹也能产生径流。

影响太阳辐射和大气运动的因素很多，降水量的大小可从雷达和卫星云图上推算出来。以雨、雪、霰和冰雹形成的降水并不是全部形成地面径流，更不会全部流入雨水管渠中。降雨的相当部分不是蒸发就是渗入地下或是被植物茎叶截留或滞留在降雨区地表。因此，地面径流产流率不仅取决于降雨强度，还与流域的地理因素等有关。

8.1.2 雨量要素

1. 降雨量

降雨量是指降雨的绝对量，即降雨深度。另外，降雨量也可用单位面积上的降雨体积表示。在研究降雨量时，很少以一场降雨为对象，而常以单位时间的降雨量来表示。常用的降雨量统计数据计量单位主要有年平均降雨量、月平均降雨量和最大日降雨量。

年平均降雨量：指多年观测的各年降雨量的平均值，mm/年。

月平均降雨量：指多年观测的各月降雨量的平均值，mm/月。

最大日降雨量：指多年观测的各年中降雨量最大的一日的降雨量，mm/d。

2. 降雨历时

降雨历时是指降雨过程中的某一连续降雨时段，可以指全部降雨时间，也可以指其中个别的连续时段。

3. 暴雨强度

暴雨强度是指某一降雨历时内的平均降雨量，即单位时间内的降雨深度。其表达式为：

$$i=\frac{H}{t} \tag{8-1}$$

式中　i——暴雨强度，mm/min；

H——降雨深度，mm；

t——时间，min。

在工程上，暴雨强度常用单位时间内单位面积上的降雨体积表示。

由于 $1\text{mm/min}=1\text{L}/(\text{min}\cdot\text{m}^2)=10000\text{L}/(\text{min}\cdot\text{hm}^2)$，所以暴雨强度

$$q=\frac{10000}{60}i=167i \tag{8-2}$$

由式（8-1）和式（8-2）可知，暴雨强度的数值与所取的连续时间段 t 的跨度和位置有关。在城市暴雨强度公式推求中，经常采用的降雨历时为 5min、10min、15min、20min、30min、45min、60min、90min、120min 共 9 个历时数值，特大城市可以用到 180min。

4. 暴雨强度频率

某一特定值暴雨强度出现的可能性一般是不可预知的。因此，需要对以往大量观测资料进行统计分析，计算出该暴雨强度发生的频率，由此去推论今后发生的可能性大小。

某特定值暴雨强度频率是指等于或大于该值的暴雨强度出现的次数与观测资料总项数之比。该定义的基础是假定降雨观测资料年限非常长，可代表降雨的整个历史过程。但实际上只能取得一定年限内有限的暴雨强度值。因此，在水文统计中，计算得到的暴雨强度频率又称作经验频率。一般观测资料的年限越长，则经验频率出现的误差就越小。

假定等于或大于某特定值暴雨强度的次数为 m，观测资料总项数为 n（为降雨观测资料的年数 N 与每年选入的平均雨样数 M 的乘积），则该特定值暴雨强度频率

$$P_n=\frac{m}{n+1}\times 100\% \tag{8-3}$$

式中　P_n——暴雨强度频率。

当每年只选取一个代表性数据组成统计序列时（年最大值法选样），则 $n=N$ 为资料年数，求出的频率值称为“年频率”；而当每年取多个数据组成统计序列时，则 $n=NM$ 为数据总个数，求出的频率值为“次（数）频率”。

5. 暴雨强度重现期

暴雨强度重现期是指在一定长的统计期间内，等于或大于某暴雨强度的降雨出现一次的平均间隔时间，单位：年。

重现期 P 与频率 P_n 的关系可直接按定义表示

$$P=\frac{1}{P_n}=\frac{n+1}{m} \tag{8-4}$$

需要注意的是，某一暴雨强度的重现期等于 P，并不是说大于等于某暴雨强度的降雨每隔 P 年就会发生一次。P 年重现期是指在相当长的一个时间序列（远远大于 P 年）中，大于等于该指标的数据平均出现的可能性为 $1/P$。对于一个具体的 P 年时间段而言，大于等于该强度的暴雨可能出现一次，也可能出现数次或根本不出现。

8.1.3 径流

径流的形成可概括为产流过程和汇流过程。降雨开始时，有些雨水被植物茎叶所截留；落到地面、屋面的雨水，有一部分汇集到低洼地带形成积水；有一些雨量渗入土壤，当降雨强度小于下渗能力时，降落到地面的雨水将全部渗入土壤；当降雨强度大于下渗能力时，雨水除按下渗能力入渗以外，超出下渗能力的部分（称为余水）在地面开始积水形成地面径流（称为产流）。当降雨强度增至最大时，相应产生的地面径流量也最大。此后，地面径流量随着降雨强度的逐渐减小而减小，当降雨强度降至与入渗率相等时，余水现象停止。但这时还有地面积水存在，故仍有地面径流，直到地面积水消失，径流才终止。

在城市、厂矿中，雨水径流沿坡面汇流至雨水口，流入雨水管渠，再经雨水管渠最后汇入江河。

8.2 雨水管渠设计流量计算

8.2.1 雨水管渠设计流量计算

当采用推理公式法时，排水管渠的雨水设计流量应按式（8-5）计算。当汇水面积大于 2km^2 时，应考虑区域降雨和地面渗透性能的时空分布不均匀性和管网汇流过程等因素，采用数学模型法确定雨水设计流量。

$$Q=\psi qF \tag{8-5}$$

式中 Q——雨水设计流量，L/s；

q——设计暴雨强度，$\text{L/(s}\cdot\text{hm}^2)$；

ψ——径流系数；

F——汇水面积，hm^2。

当有允许排入雨水管道的生产废水排入雨水管道时，应将其水量计算在内。

随着排水管渠计算断面位置的不同，管渠的计算汇水面积也不一样，从汇水面积最远端到不同的计算断面处的集流时间 τ_0（包括管道内的输送时间）也是不一样的，在计算设计暴雨强度时，应采用不同的降雨历时 $t(t=\tau_0)$。

8.2.2 地面径流与径流系数

降落在地面上的雨水在沿地面流动的过程中，一部分雨水被地面上的植物、洼地、土壤或地面缝隙截留，剩余的雨水在地面上沿地面坡度流动，称为地面径流。地面径流的流量称为雨水地面径流量。雨水管渠系统的功能就是排除雨水地面径流。一定汇水面积内地面径流量与降雨量的比值称为径流系数 ψ（$\psi<1$）。

地面径流系数的值与汇水面积上的地面材料性质、地形地貌、植被分布、建筑密度、降雨历时、暴雨强度及暴雨雨型有关。当地面材料透水率较小、植被较少、地形坡度较大、雨水流速较快时，径流系数较大。径流系数的取值见表8-1。

径流系数　　表8-1

地面种类	径流系数 ψ_{av}	地面种类	径流系数 ψ_{av}
各种屋面、混凝土或沥青路面	0.85～0.95	干砌砖石或碎石路面	0.35～0.40
大块石铺砌路面或沥青表面各种的碎石路面	0.55～0.65	非铺砌土路面	0.25～0.35
级配碎石路面	0.40～0.50	公园或绿地	0.10～0.20

如果汇水面积是由不同性质的地面覆盖所组成的，通常根据各类地面的面积数或所占的比例，采用加权平均法，计算整个汇水面积上的平均径流系数 ψ_{av}。

$$\psi_{av}=\frac{\sum F_i\psi_i}{F} \tag{8-6}$$

式中　ψ_{av}——平均径流系数；

F_i——汇水面积上各类地面的面积；

ψ_i——相应于各类地面的径流系数；

F——总汇水面积。

由于平均径流系数 ψ_{av} 的计算要分别确定总汇水面积上的地面种类及其相应面积，工作量较大且有时还得不到所需的准确数据。因此，在工程设计中经常采用综合径流系数（表8-2）。

综合径流系数表　　表8-2

区域情况	城镇建筑密集区	城镇建筑较密集区	城镇建筑稀疏区
区域综合径流系数 ψ	0.60～0.70	0.45～0.60	0.20～0.45

综合径流系数高于0.7的地区应采用渗透、调蓄等措施。采用推理公式法进行内涝防治设计校核时，宜提高表8-1中规定的径流系数。当设计重现期为20～30年时，宜将径流系数提高10%～15%；当设计重现期为30～50年时，宜将径流系数提高20%～25%；当设计重现期为50～100年时，宜将径流系数提高30%～50%；当计算的径流系数大于1时，应按1取值。

8.2.3　暴雨强度公式

在实际应用中，根据数理统计理论，暴雨强度、降雨历时和重现期之间的关系可用一个数学表达式来表示，该数学表达式称为暴雨强度公式。

不同的国家和地区，因气候条件不同，降雨的分布规律有很大差异，因此，如何选用暴雨强度公式的数学形式是一个比较关键的问题。

根据《室外排水设计标准》GB 50014—2021的规定，我国的暴雨强度公式为：

$$q=\frac{167A_1(1+C\lg P)}{(t+b)^n} \tag{8-7}$$

式中　q——设计暴雨强度，L/(s·hm²)；

t——降雨历时，min；

P——设计重现期，年；

A_1，C，b——待定参数。

8.2.4 设计重现期的确定

从暴雨强度公式可知，暴雨强度随重现期的不同而不同。在雨水排水系统设计中，如采用较高的设计重现期，则计算所得设计暴雨强度及设计排水量较大，管渠的断面及排水管网系统设计规模相应增大，但排水系统的建设投资较高；反之，如采用较低的设计重现期，则管渠断面可相应减小，排水系统的建设投资降低，但可能发生排水不畅、安全性降低、地面积水，严重时将会给生产生活带来危害。因此，设计重现期的采用必须结合我国国情，从技术和经济两方面综合考虑。

雨水管渠设计重现期应根据汇水地区性质、城镇类型、地形特点和气候特征等因素，经技术经济比较后确定（表 8-3），并明确相应的设计降雨强度。

雨水管渠设计重现期（单位：a） 表 8-3

城镇类型		超大城市和特大城市	大城市	中等城市和小城市
城区类型	中心城区	3～5	2～5	2～3
	非中心城区	2～3	2～3	2～3
	中心城区的重要地区	5～10	5～10	3～5
	中心城区地下通道和下沉式广场等	30～50	20～30	10～20

注：1. 表中所列设计重现期适用于采用年最大值法确定的暴雨强度公式。
2. 雨水管渠按重力流、满管流计算。
3. 超大城市指城区常住人口在 1000 万人以上的城市，特大城市指城区常住人口在 500 万人以上 1000 万人以下的城市，大城市指城区常住人口在 100 万人以上 500 万人以下的城市，中等城市指城区常住人口在 50 万人以上 100 万人以下的城市，小城市指城区常住人口在 50 万人以下的城市（以上包括本数，以下不包括本数）。

人口密集、内涝易发且经济条件较好的城镇，应采用规定的设计重现期上限；新建地区应按规定的设计重现期执行，既有地区应结合海绵城市建设、地区改建、道路建设等校核并更新雨水系统，并按规定设计重现期执行；同一雨水系统可采用不同的设计重现期；中心城区下穿立交道路的雨水管渠设计重现期应按表 8-3 中“中心城区地下通道和下沉式广场等”的规定执行，非中心城区下穿立交道路的雨水管渠设计重现期不应小于 10 年，高架道路雨水管渠设计重现期不应小于 5 年。

8.2.5 断面集水时间

断面集水时间是指雨水从相应汇水面积上的最远点流到设计的管渠断面所需要的时间。

对于雨水管渠的任一设计断面，断面集水时间为

$$t=t_1+t_2 \tag{8-8}$$

$$t_2=\sum\frac{L_i}{60v_i} \tag{8-9}$$

式中 t_1——地面集水时间，min，视距离长短、地形坡度铺盖情况而定，一般采用 5～15min；

t_2——管渠内雨水流行时间，min；

L_i——设计断面上游各管道的长度，m；

v_i——上游各管道中的设计流速，m/s。

8.2.6　汇水面积

汇水面积是指雨水管渠汇集降雨的地面面积。一般的大雷雨能覆盖 $1\sim5\text{km}^2$ 的地区，有时可高达数千平方千米。一场暴雨在其整个降雨的面积上雨量分布并不均匀。但是，对于城市排水系统，汇水面积一般较小，一般小于 100km^2，其最远点的集水时间往往不超过 5h，大多数情况下，集水时间不超过 120min。因此，可以假定降雨量在城市排水小区域面积上是均匀分布的。

8.2.7　特殊情况下雨水设计流量的确定

在特殊情况下，当汇水面积的轮廓形状很不规则，即汇水面积呈畸形增长时（包括几个相距较远的独立区域雨水的汇集）、汇水面积地形坡度变化较大或汇水面积各部分径流系数有显著差异时，就可能发生管渠的最大流量不是发生在全部面积参与径流时，而是发生在部分面积参与径流时。

【例 8-1】 有一条雨水干管接受两个独立排水流域的雨水径流，如图 8-2 所示。图中 F_A 为中心区汇水面积，F_B 为城市近郊工业区汇水面积，试求 B 点的设计流量 Q 是多少？已知：（1）$P=1$ 时的暴雨强度公式为 $q=\dfrac{1625}{(t+4)^{0.57}}$ $[\text{L}/(\text{s}\cdot\text{hm}^2)]$；（2）径流系数 $\psi=0.5$；（3）$F_A=30\text{hm}^2$，$t_A=25\text{min}$；$F_B=30\text{hm}^2$，$t_B=25\text{min}$；雨水管道 A—B 的 $t_{A-B}=10\text{min}$。

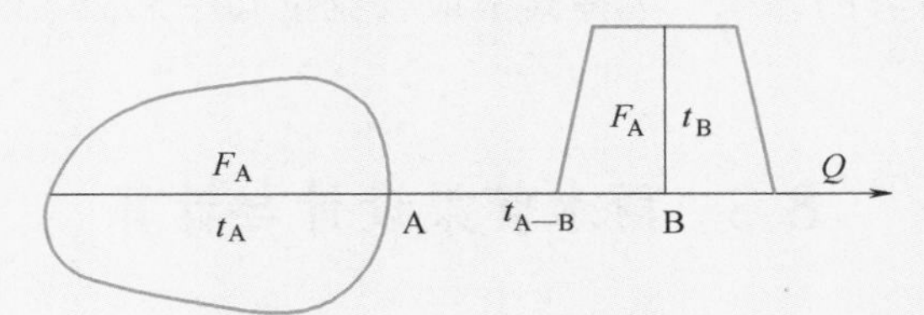

图 8-2　两个独立排水面积雨水汇流示意

【解】 根据已知条件，F_A 面积上产生的最大流量：$Q_A=\varphi qF=0.5\times\dfrac{1625}{(t_A+4)^{0.57}}\times F_A=\dfrac{812.5}{(t_A+4)^{0.57}}\times F_A$。$F_B$ 面积上产生的最大流量：$Q_B=\dfrac{812.5}{(t_B+4)^{0.57}}\times F_B$。$F_A$ 面积上的最大流量流到 B 点的集水时间为 t_A+t_{A-B}，F_B 面积上的最大流量流到 B 点的集水时间为 t_B。如果 $t_A+t_{A-B}=t_B$，则 B 点的最大流量 $Q=Q_A+Q_B$。但 $t_A+t_{A-B}\neq t_B$，故 B 点的最大流量可能发生在 F_A 面积或 F_B 面积单独出现最大流量时。根据已知条件 $t_A+t_{A-B}>t_B$，B 点的最大流量按下面两种情况分别计算：

（1）最大流量可能发生在全部 F_B 面积参与径流时。这时 F_A 中仅部分面积的雨水流到 B 点参与径流，B 点的最大流量为：

$$Q=\frac{812.5F_B}{(t_A+4)^{0.57}}+\frac{812.5F'_A}{(t_B-t_{A-B}+4)^{0.57}}$$

式中，F'_A为在 t_B-t_{A-B} 时间内流到B点的 F_A 上的那部分面积。$\frac{F_A}{t_A}$为1min的汇水面积，所以 $F'_A=\frac{F_A}{t_A}\times(t_B-t_{A-B})=\frac{30\times(15-10)}{25}=6(\text{hm}^2)$

代入上式得出：

$$Q=\frac{812.5\times15}{(15+4)^{0.57}}+\frac{812.5\times6}{(5+4)^{0.57}}$$
$$=2275.2+1393.3=3668.5(\text{L/s})$$

(2) 最大流量可能发生在全部 F_A 面积参与径流时。这时 F_B 的最大流量已流过B点，B点的最大流量为

$$Q=\frac{812.5F_A}{(t_A+4)^{0.57}}+\frac{812.5F_B}{(t_B-t_{A-B}+4)^{0.57}}$$
$$=\frac{812.5\times30}{(25+4)^{0.57}}+\frac{812.5\times15}{(25+10+4)^{0.57}}$$
$$=3575.8+1510.1=5085.9(\text{L/s})$$

按上述两种情况计算的结果，选择其中最大流量 $Q=5085.9\text{L/s}$ 作为B点处的设计流量。

8.3 雨水管渠设计与计算

8.3.1 雨水管渠平面布置特点

1. 充分利用地形，就近排入水体

在水质符合排放水质标准的条件下，雨水管渠应尽量利用自然地形坡度，靠重力流方式以最短的距离排入附近的池塘、河流、湖泊等水体中。

一般情况下，当地形坡度较大时，雨水干管宜布置在地面标高较低处或溪谷线上；当地形平坦时，雨水干管宜布置在排水流域的中间，以便于支管就近接入，尽可能地扩大重力流排除雨水的范围。

雨水管渠接入池塘或河道的出水口的构造一般比较简单，造价不高，通过增加出水口不致大量增加基建费用，而由于雨水就近排放，管线较短，管径也较小，可以降低工程造价。因此雨水干管的平面布置宜采用分散式出水口的管道布置形式。

当河流的水位变化很大，管道出口离水体很远时，出水口的构造比较复杂，建造费用较大，则应考虑集中式出水口的管道布置。这时，应尽可能利用地形使管道与地面坡度平行，减小管道埋深，并使雨水自流排放。当地形平坦且地面平均标高低于河流的洪水水位，或管道埋设过深时，应将管道出口适当集中，在出水口前设置雨水泵站，将雨水提升后排入水体。由于雨水泵站的造价及运行费用很大而且使用频率不高，应尽可能地使通过雨水泵站的流量减到最小，以节省泵站的工程造价和运行费用。

2. 与城市规划相协调

雨水管渠系统应根据城镇总体规划和建设情况统一布置，分期建设。管渠平面位置和高程，应根据地形、土质、地下水位、道路情况、原有的和规划的地下设施、施工条件以及养护管理方便等因素综合考虑确定。雨水管渠宜沿城镇道路敷设，并与道路中心线平行，宜设在快车道以外。截流干管宜沿受纳水体岸边布置。管渠高程设计除考虑地形坡度外，还应考虑与其他地下设施的关系以及接户管的连接方便。道路红线宽度超过 40m 的城镇干道，宜在道路两侧布置雨水管道。

3. 合理设置雨水口，保证路面雨水排除通畅

一般在街道交叉路口的汇水点、低洼处均应设置雨水口。此外，在道路上一定距离处也应设置雨水口，其间距宜为 25～50m，容易产生积水的区域应适当增加雨水口的数量。

4. 有条件时应尽量采用明渠排水

在城郊或新建工业区、建筑密度较低的地区和交通量较小的地方，可考虑采用明渠，以节省工程费用，降低工程造价。在城市市区或工厂内，由于建筑密度较高，交通量较大，雨水管道一般应采用暗管。在每条雨水干管的起端，利用道路边沟排除雨水，可以减小暗管长度 100～200m，这对降低整个管渠系统的工程造价很有意义。

当暗管接入明渠时，管道应设置挡土的端墙，连接处的土明渠应加以铺砌，铺砌高度不低于设计超高，铺砌长度自管道末端起 3～10m。当跌水落差为 0.3～2m 时，需做 45°斜坡，斜坡应加以铺砌，当落差大于 2m 时，应按水工构筑物设计。

当明渠接入暗管时，也宜适当跌水，在跌水前 3～5m 即需进行铺砌，并应采用上述的其他防冲刷措施。另外还应设置格栅，栅条间距采用 100～150mm，防止杂物进入管道造成堵塞。

5. 设置排洪沟排除设计地区以外的雨洪径流

在进行城市雨水排水系统设计时，应考虑不允许规划范围以外的雨、洪水进入市区。对于靠近山麓建设的工厂和居住区，除在厂区和居住区设雨水管渠外，还应考虑在设计地区周围或超过设计区设置排洪沟，以拦截从分水岭以内排泄下来的洪水，引入附近水体，保证工厂和居住区的安全。

8.3.2　雨水管渠设计参数

为保证雨水管渠正常工作，避免发生淤积、冲刷等现象，对雨水管渠水力计算的基本参数规定如下：

1. 设计充满度

由于雨水较污水清洁得多，对环境的污染较小，加上暴雨径流量大，而相应的较高设计重现期的暴雨强度的降雨历时一般不会很长，且从减少工程投资的角度来讲，雨水管渠允许溢流。因此，雨水管渠和合流管渠的充满度应按满管流计算。明渠超高不得小于 0.2m，街道边沟超高不得小于 0.03m。

2. 设计流速

由于雨水中携带的泥沙含量比污水大得多，为了避免雨水所携带的泥沙等无机物在管渠内沉淀下来从而堵塞管渠，雨水管渠所选用的最小设计流速应大于污水管渠。雨水管道和合流管道在满流时的最小设计流速为 0.75m/s。明渠由于便于清淤疏通，可采用较低的设计流速，明渠的最小设计流速为 0.4m/s。

为了防止管壁和渠壁的冲刷损坏，雨水管渠的设计流速不得超过一定的限度。雨水管道的最大设计流速宜为：金属管道 10.0m/s，非金属管道 5.0m/s，非金属管道最大设计流速经过试验验证可适当提高。

排水明渠的最大设计流速，当水流深度为 0.4～1.0m 时，宜按表 8-4 取值。当水流深度 $h<0.4$m 时，乘以系数 0.85；当水流深度 $1.0\text{m}<h<2.0$m 时，乘以系数 1.25；当水流深度 $h\geqslant2.0$m 时，乘以系数 1.40。

明渠最大设计流速　　表 8-4

明渠类别	最大设计流速(m/s)	明渠类别	最大设计流速(m/s)
粗砂或低塑性粉质黏土	0.8	干砌块石	2.0
粉质黏土	1.0	浆砌块石或浆砌砖	3.0
黏土	1.2	石灰岩和中砂岩	4.0
草皮护面	1.6	混凝土	4.0

排水管道采用压力流时，压力管道的设计流速宜采用 0.7～2.0m/s。

3. 最小管径与相应最小设计坡度

为了保证管道在养护上的便利，便于管道的清淤疏通，雨水管道的管径不能太小，因此规定了最小管径。为了保证管内不发生沉积，雨水管内的最小坡度应按最小流速计算确定。雨水管和合流管的最小管径为 300mm，相应的最小坡度，塑料管为 0.002，其他管为 0.003；雨水口连接管的最小管径为 200mm，相应的最小坡度为 0.01。

8.3.3 雨水管渠水力计算方法

雨水管渠的水力计算可按明渠均匀流公式（7-8）和公式（7-9）进行。

在工程设计中，通常在选定管材后，n 即为已知数值，而设计流量 Q 也是经计算后求得的已知数，所以剩下的只有 3 个未知数 D、v 及 I。

这样，在实际应用中，就可以参照地面坡度 i，假定管底坡度 I，从水力计算图中求得 D、v 及 I，并使所求的 D、v 及 I 符合水力计算基本数据的技术规定。

【例 8-2】 已知 $n=0.013$，设计流量 $Q=200$L/s，该管段地面坡度 $i=0.004$，试计算该管段的管径 D、管底坡度 I 及流速 v。

【解】 设计采用 $n=0.013$ 的水力计算图。

先在附图 13 横坐标轴上找到 $Q=200$L/s 值，作竖线；在纵坐标轴上找到 $I=0.004$ 值，作横线。将此两线交于 A 点，找出该点所在的 v 及 D 值。得到 $v=1.17$m/s，符合水力计算要求；而 D 值则介于 400mm 和 500mm 两斜线之间，不符合管材统一规格的规定，因此管径 D 必须调整。

采用 $D=400$mm 时，$Q=200$L/s 的竖线与 $D=400$mm 的斜线交于 B 点，从图中得出交点处的 $I=0.0092$ 及 $v=1.60$m/s。此结果 v 符合要求，而 I 与原地面坡度相差很大，势必增加管道的埋深，不宜采用。

采用 $D=500$mm 时，$Q=200$L/s 的竖线与 $D=500$mm 的斜线交于 C 点，从图中得出交点处的 $I=0.0028$ 及 $v=1.02$m/s。此结果 v 合适，故决定采用。

8.3.4　雨水管渠系统设计步骤

（1）排水管网布置：根据城镇排水规划，在 1∶2000～1∶10000 的规划地形图上布置雨水管道系统，确定干管和支管系统，确定管道的位置和排水方向。

（2）管网定线：在较大比例（1∶500～1∶1000）并绘有规范道路的地形图上，确定干管和支管的准确线路，划分汇水区域，计算汇水面积，进行管网管段和节点的图形划分和编码。

（3）确定管网控制点高程，布置雨水口。

（4）选定设计数据：暴雨强度公式、降雨重现期、地面集水时间、径流系数。

（5）进行管道水力计算，确定管段的断面、坡度和高程。

（6）绘制管道平面和高程断面图。平面图比例为 1∶500～1∶1000，高程断面图的高程比例为 1∶50～1∶100，长度比例为 1∶500～1∶1000。

（7）管网构筑物（管道基础、雨水口、检查井、出水口等）选用和设计。一般优先采用标准图设计，特殊构筑物需要专门设计。

8.3.5　设计计算举例

【例 8-3】 某城区排水系统规划如图 8-3 所示，已知城市暴雨强度公式为

$$q=\frac{1140\times(1+0.96\lg P)}{(t_1+t_2+8)^{0.8}} \quad [\mathrm{L/(s\cdot 10^4 m^2)}]$$

城市综合径流系数取 $\varphi=0.62$，河流常水位为 58m，最高洪水位（50 年一遇）为 60m，设计重现期取 $P=1$ 年。试进行该雨水排水系统的水力计算。

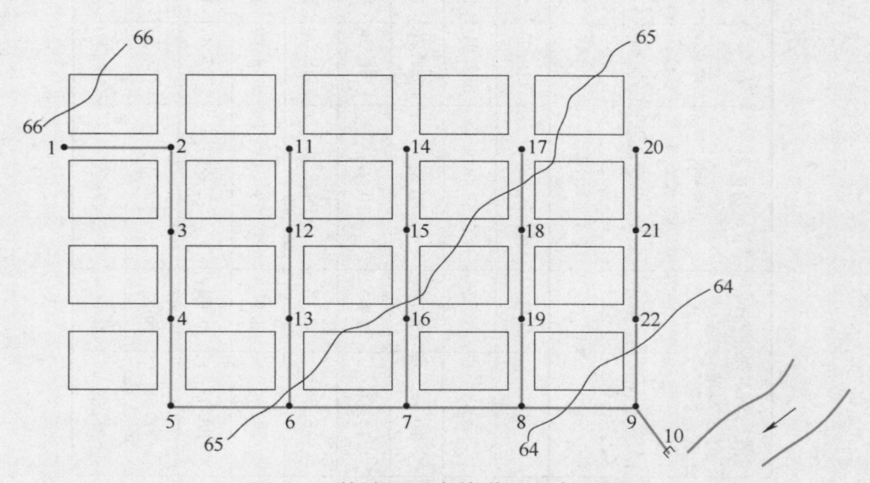

图 8-3　某城区雨水管道平面布置图

【解】 根据该规划区的条件和管网定线情况，采用 $t_1=10\text{min}$，汇水面积和管道长度均从规划图中量取，具体计算过程见表 8-5。根据水力计算结果，管道系统终点管内底标高为 60.329m，位于常水位和洪水位以上，表明雨水在任何情况下均可顺利排入河流。根据水力计算结果绘制的管网纵剖面图如图 8-4 所示。

雨水干管水力计算表

表 8-5

设计管段编号	管长 L (m)	汇水面积 A (10^4m^2)	管内雨水流行时间 (min)		单位面积径流量 q_v [L/(s·10^4m^2)]	设计流量 Q (L/s)	管径 D (mm)	水力坡度 I (‰)	流速 v (m/s)	管道输送能力 Q' (L/s)	坡降 $I \cdot L$ (m)	设计地面标高 (m)		设计管内底标高 (m)		埋深 (m)	
			$t_2=\sum\frac{L}{v}$	$\frac{L}{v}$								起点	终点	起点	终点	起点	终点
1	2	3	4	5	6	7	8	9	10	11	12	13	14	15	16	17	18
1—2	330	1.485	0	7.33	75.79	112.9	500	1.50	0.75	147	0.495	65.800	65.600	64.300	63.805	1.500	1.795
2—3	180	7.425	7.33	3.53	85.90	637.81	1000	0.70	0.85	667	0.126	65.600	65.500	63.305	63.179	2.295	2.321
3—4	180	13.365	10.86	3.70	77.39	1034.32	1300	0.42	0.81	1075	0.076	65.500	65.250	62.879	62.803	2.621	2.447
4—5	180	19.305	14.56	3.80	70.27	1356.56	1500	0.35	0.79	1395	0.063	65.250	65.050	62.603	62.540	2.647	2.510
5—6	330	23.76	18.36	6.18	64.33	1528.50	1500	0.41	0.89	1572	0.135	65.050	64.800	62.540	62.405	2.510	2.395
6—7	330	47.52	24.54	3.93	56.74	2696.28	1600	1.10	1.40	2813	0.363	64.800	64.400	62.305	61.942	2.495	2.458
7—8	330	71.28	28.47	3.62	52.86	3767.86	1800	1.10	1.52	3866	0.363	64.400	64.050	61.742	61.379	2.658	2.671
8—9	330	95.04	32.09	3.50	49.79	4732.04	2000	1.00	1.57	4930	0.330	64.050	63.900	61.179	60.849	2.871	3.051
9—10	400	118.8	35.59	3.66	47.17	5603.80	2000	1.30	1.82	5715	0.520	63.900	63.500	60.849	60.329	3.051	3.171

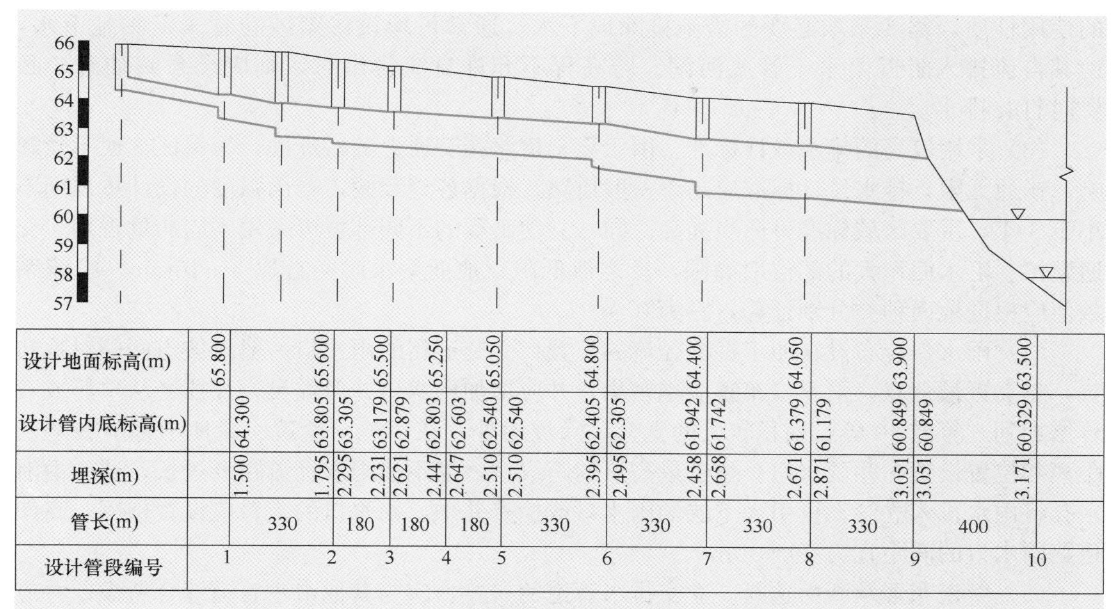

设计地面标高(m)	65.800	65.600	65.500	65.250	65.050	64.800	64.400	64.050	63.900	63.500	
设计管内底标高(m)		64.300 63.805	63.305 63.179	62.879 62.803	62.603 62.540	62.540 62.405	62.305 61.942	61.742 61.379	61.179 60.849	60.849 60.329	
埋深(m)		1.500 1.795	2.295 2.231	2.621 2.447	2.647 2.510	2.510 2.395	2.495 2.458	2.658 2.671	2.871 3.051	3.051 3.171	
管长(m)		330	180	180	180	330	330	330	330	400	
设计管段编号	1	2	3	4	5	6	7	8	9	10	

图 8-4　某城区雨水管道纵剖面图（初步设计）

8.4　立体交叉道路排水

随着国民经济的飞速发展，全国各地修建的公路、铁路立交工程日渐增多。立交工程一般设在交通繁忙的主要干道上，车辆多，速度快。而立交工程位于下层道路的最低点，往往比周围干道低 2～3m，形成盆地，而且道路的纵坡很大，立交范围内的雨水径流很快就汇至立交最低点，极易造成严重的积水。若不及时排除雨水，便会对交通安全产生严重的威胁。

立交道路排水主要解决降雨形成的地面径流和必须排除的地下水。雨水设计流量的计算公式同一般雨水管渠，当需排除地下水时，还应包括排除的地下水量。与一般道路排水相比，在设计时具有下列特点。

（1）尽量缩小汇水面积，以减小设计流量。立交的类别和形式较多，每座立交的组成部分也不完全相同，但其汇水面积一般包括引道、坡道、匝道、跨线桥、绿地以及建筑红线以内（约 10m）的适当面积。在划分立交雨水排水系统汇水面积时，如果条件许可，应尽量将属于立交范围的一部分面积划归附近另外的排水系统，采取分散排放的原则，减小立交最低点的雨水径流。可将路面高的雨水接入附近较高的排水系统，自流排出；路面低的雨水接入另一较低的排水系统，若不能自流排出，则设置排水泵站提升排放。这样可避免所有雨水都汇集到最低点造成排泄不及而积水，同时还应设置防止路面高的雨水进入低水系统的拦截设施。

（2）注意排除地下水。当立交工程最低点低于地下水位时，若地下水渗出路面，不仅会影响道路的寿命，而且还会影响交通，尤其在冬季因道路结冰还可能造成交通事故。因此，为保证路基经常处于干燥状态，使其具有足够的强度和稳定性，保持良好的使用性质，需要采取必要的措施排除地下水。通常可埋设渗渠或花管来汇集地下水，使其自流排入附近雨水干管或河湖。若高程不允许自流排出时，则应设泵站抽升，必要时打井排水。

（3）采用较高的排水设计标准。由于立交道路在交通上的特殊性，为保证交通不受影响，畅通无阻，排水设计标准应高于一般道路。根据各地经验，暴雨强度的设计重现期不小于3年，重要区域标准可适当提高。同一立交工程的不同部位可采用不同的重现期。交通繁忙、汇水面积大的部位取高限，反之取低限。地面集水时间宜取2～10min。径流系数值应根据地面种类分别计算，宜为0.9～1.0。

（4）雨水口应布设在便于拦截径流的位置。立交道路的雨水口一般沿坡道两侧对称布置，越靠近最低点，雨水口布置应越密集，并应增加雨水口井箅数量，往往会从单箅或双箅增加到8箅或10箅。面积较大的立交，除坡道外，在引道、匝道、绿地中都应在适当距离和位置设置一些雨水口。位于最高点的跨线桥，为不使雨水径流距离过长，通常由泄水孔将雨水排入立管，再引入下层的雨水口或检查井中，雨水口的入口应设置格网。高架道路雨水口的间距宜为20～30m。

（5）管道布置及断面选择。立交排水管道的布置，应与其他市政管道综合考虑；并应避开立交桥基础，若无法避开时，应从结构上加固，如加设柔性接口，或改用铸铁管等，以解决承载力和基础不均匀沉降所带来的问题。此外，立交道路的交通量大，排水管道的维护管理较困难。一般可将管道断面适当加大，起点断面最小管径不小于400mm，后续各管段的设计断面均应按设计值加大一级。

（6）对于立交地道工程，当最低点位于地下水位以下时，应采取排水或降低地下水位的措施。宜设置独立的排水系统并保证系统出水口通畅，排水泵站不能停电。

8.5 雨水径流调节

雨水管渠系统设计流量包含了雨峰时段的降雨径流量，设计流量较大，管渠系统工程造价较高。如果能将一部分雨峰流量暂时蓄存在具有一定调节容积的沟渠或水池等调节设施中，待雨峰流量过后，再从这些调节设施中排除所蓄水量，这样可以削减雨峰设计流量，减小下游管渠的断面尺寸，降低工程造价。

8.5.1 雨水径流调节方法

1. 调节管渠高峰径流量的方法

（1）利用管渠本身的调节能力蓄洪，这种方法称为管渠容量调洪法。该方法调洪能力有限，适用于一般较平坦的地区，约可节约管渠造价10%；

（2）利用天然洼地和池塘作为调节池或采用人工修建的调节池蓄洪，该法的蓄洪能力可以很大，可以极大地减小下游雨水管渠的断面尺寸，对降低工程造价和提高系统排水的可靠性很有意义。

2. 设置调节池的情形

（1）在雨水干管的中游或有大流量交汇处设置调节池，可降低下游各管段的设计流量；

（2）正在发展或分期建设的区域，可用以解决旧有雨水管渠排水能力不足的问题；

（3）当需要设置雨水泵站时，在泵站前设置调节池，可降低装机容量，减少泵站的造价；

（4）在干旱缺水地区，可利用调节池收集雨水，经处理后进行综合利用；

（5）利用天然洼地或池塘等调节径流，可以补充景观水体，美化城市环境。

8.5.2 雨水调节池常用设置形式

雨水调节池的设置形式主要有三种，分别为溢流堰式、底部流槽式和泵汲式（图 8-5）。

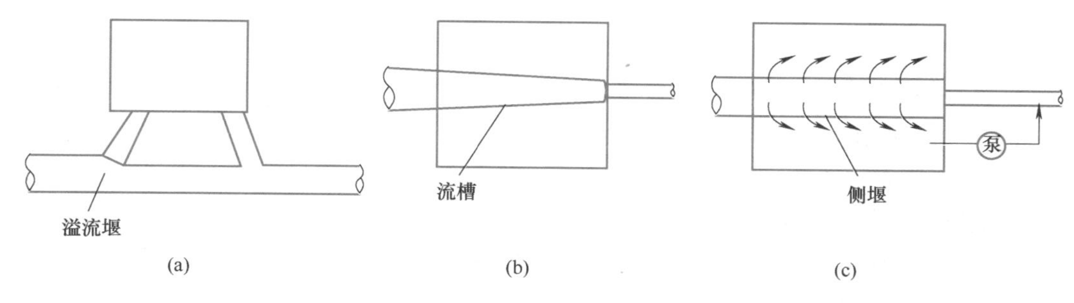

图 8-5 雨水调节池设置形式

（a）溢流堰式；（b）底部流槽式；（c）泵汲式

（1）溢流堰式调节池通常设置在雨水干管的一侧，有进水管和出水管。进水管较高，其管顶一般与池内最高水位相平；出水管较低，其管顶一般与池内最低水位相平。在雨水干管上设置溢流堰，当雨水在管道中的流量增大到设定值时，由于溢流堰下游管道变小，管道中水位升高产生溢流，由进水管流入雨水调节池。当雨水排水径流量减小时，调节池中蓄存的雨水由出水管开始外流，经下游管道排出。

（2）在底部流槽式调节池中，当进水量小于出水量时，雨水经设在池最底部的渐缩断面流槽全部流入下游干管而排走。池内流槽深度等于池下游干管的直径。当进水量大于出水量时，池内逐渐被高峰时的多余水量所充满，池内水位逐渐上升，直到进水量减少至小于池下游干管的通过能力时，池内水位才逐渐下降，直至排空为止。

（3）泵汲式调节池是在调节池和下游管渠之间设置提升泵站，由泵站将调节池中蓄存的雨水排入下游雨水管道。该方式适用于下游管渠位置较高的情况，可以减小下游管渠的埋设深度。

8.5.3 调节池容积的计算

调节池内最高水位与最低水位之间的容积称为有效调节容积。调节池的入流管渠过水能力决定最大设计入流量，出流管渠泄水能力根据调节池泄空流量决定（要求泄空调节水量的时间不超过 24h）。调节池最高水位以不使上游地区溢流积水为控制条件。

调节池容积计算采用脱过流量法，适用于高峰流量入池调蓄，低流量时脱过。调节池容积

$$V=\left[-\left(\frac{0.65}{n^{1.2}}+\frac{b}{t}\cdot\frac{0.5}{n+0.2}+1.10\right)\lg(\alpha+0.3)+\frac{0.215}{n^{0.15}}\right]\cdot Q\cdot t \tag{8-10}$$

式中 V——调节池有效容积，m^3；

b，n——暴雨强度公式参数；

t——降雨历时，min；

α——脱过系数，取值为调节池下游设计流量和上游设计流量之比；

Q——调节池上游设计流量，m^3/min。

8.5.4 调节池的放空时间

调节池的放空时间

$$t_0=\frac{V}{3600Q'\eta} \tag{8-11}$$

式中 t_0——放空时间，h；

V——调节池有效容积，m^3；

Q'——下游排水管道或设施的受纳能力，m^3/s；

η——排放效率，一般可取 0.3～0.9。

一般放空时间不得超过 24h，按此原则可确定调节池出水管管径 D。为方便计算，一般可按照调节池容积的大小在下述范围内先估算出水管管径 D，即当调节池容积 $V=500\sim1000m^3$ 时，建议选用 $D=150\sim250mm$；当调节池容积 $V=1000\sim2000m^3$ 时，建议选用 $D=200\sim300mm$。然后按调节池放空时间的要求校核选用的出水管管径 D 是否满足要求。

8.6 合流制排水管网设计与计算

8.6.1 合流制排水管网系统特点

与分流制排水系统相比，截流式合流制排水系统是一种简单而不经济的排水系统。合流制管渠系统因在同一管渠内排除所有的污水，所以管线单一，管渠的总长度较短，不存在雨水管道与污水管道混接的问题。但是，合流式截流管、提升泵站以及污水处理厂的设计规模都较分流制大；截流管的埋深也因同时排除生活污水和工业废水而要求比单设的雨水管渠埋深大；通常在大部分无雨期，只使用了管道输水能力的一小部分来输送污水。另外，由于合流制排水管渠的过水断面很大，晴天流量很小，流速很低，往往在管底造成淤积。降雨时，雨水将沉积在管底的大量污物冲刷起来带入水体，形成污染。因此，排水体制的选择，应根据城镇的总体规划，结合当地的地形特点、水文条件、水体状况、气候特征、原有排水设施、污水处理程度和处理后出水利用等综合考虑确定。

1. 截流式合流制排水管网的适用条件

（1）排水区域内有一处或多处水量充沛的水体，其流量和流速都足够大，一定量的混合污水排入后对水体造成的污染危害程度在允许的范围之内。

（2）街坊和街道的建设比较完善，必须采用暗埋管渠排除雨水，而街道横断面又较窄，管渠的设置位置受到限制时，可考虑选用合流制。

（3）地面有一定的坡度倾向水体，当水体处于高水位时，岸边不受淹没。污水在中途不需要泵站提升。

在采用合流制排水系统时，应首先满足环境保护的要求，即保证水体所受的污染程度在允许的范围内。工业区内经常受有害物质污染场地的雨水，应经预处理达到相应标准后才能排入合流制排水系统。对水体保护要求高的地区，可对初期雨水进行截流、调蓄和处理。只有在以上这种情况下，才可根据当地城市建设及地形条件合理地选用合流制排水系统。

2. 截流式合流制排水管网的布置特点

（1）管网的布置应使所有服务面积上的生活污水、工业废水和雨水都能合理地排入管渠，并能以可能的最短距离坡向水体；

（2）沿水体岸边布置与水体平行的截流干管，在截流干管的适当位置上设置溢流井，使超过截流干管设计输水能力的那部分混合污水能顺利地通过溢流井就近排入水体；

（3）必须合理地确定溢流井的数目和位置，以便尽可能减少对水体的污染，减小截流干管的断面尺寸，缩短排放渠道的长度。

从经济上讲，为了减小截流干管的尺寸，溢流井的数目多一点好，这样可以使混合污水及早溢入水体，降低截流干管下游的设计流量；从技术上讲，溢流的混合污水仍会对水体造成污染，因此溢流井的数目宜少，且其位置应尽可能设置在水体的下游。因此，截流井的数目应根据技术经济分析的结果确定。

截流井的位置，应根据污水截流干管位置、合流管渠位置、溢流管下游水位高程和周围环境等因素确定。截流井宜采用槽式，也可采用堰式或槽堰结合式。管渠高程允许时，应选用槽式。当选用堰式或槽堰结合式时，堰高和堰长应进行水力计算。截流井溢流水位，应在设计洪水位或受纳管道设计水位以上，当不能满足时，应设置闸门等防倒灌设施。截流井内宜设置流量控制设施。

（4）在合流制管网系统的上游排水区域，如果雨水可沿地面的街道边沟排泄，则该区域可只设置污水管道。只有当雨水不能沿地面排泄时，才考虑布置合流管网。

8.6.2 合流制排水管网设计水量

1. 完全合流制排水管网设计流量

完全合流制排水管网相当于截流式合流制排水管网的溢流井上游管渠部分，其设计流量

$$Q=Q_d+Q_m+Q_s=Q_{dr}+Q_s \tag{8-12}$$

式中 Q——设计流量，L/s；

Q_d——综合生活污水设计流量，L/s；

Q_m——设计工业废水量，L/s；

Q_s——雨水设计流量，L/s；

Q_{dr}——为生活污水量 Q_d 和工业废水量 Q_m 之和，又称旱流污水量，L/s。

2. 截流式合流制排水管网设计流量

在降雨过程中，随着雨水流量逐渐增大，截流式合流制排水系统的溢流井上游合流污水的流量会相应增加。当合流污水流量超过一定数值以后，就有部分污水经溢流井直接排入受纳水体。截流式合流制排水系统在降雨时截流的雨水量与设计旱流污水量的比值称为截流倍数。

截流井以后管渠的设计流量

$$Q'=(n_0+1)Q_{dr}+Q'_s+Q'_{dr} \tag{8-13}$$

式中 Q'——截流井以后管渠的设计流量，L/s；

n_0——截流倍数；

Q'_s——截流井以后汇水面积的雨水设计流量，L/s；

Q'_{dr}——截流井以后的旱流污水量，L/s。

截流干管和溢流井的设计与计算，要合理地确定所采用的截流倍数。从环境保护的要求出发，为使水体少受污染，应采用较大的截流倍数。但从经济上考虑，截流倍数过大，将会增加截流干管、提升泵站以及污水处理厂的设计规模和造价，同时造成进入污水处理厂的污水水质和水量在晴天和雨天的差别过大，导致运行管理困难。截流倍数 n_0 应根据旱流污水的水质、水量、受纳水体的环境容量和排水区域大小等因素经计算确定，宜采用2～5，并宜采取调蓄等措施，提高截流标准，减少合流制溢流污染对河道的影响。同一排水系统中可采用不同截流倍数。

合流管渠的雨水设计重现期可适当高于同一情况下的雨水管渠设计重现期。

一条截流管渠上可能设置了多个溢流井与多根合流管道连接，因此设计截流管道时要按各个溢流井接入点分段计算，使各段的管径和坡度与该段截流管的水量相适应。

8.6.3 合流制排水管网水力计算要点

1. 溢流井上游合流管渠的计算

溢流井上游合流管渠的计算与雨水管渠的计算基本相同，只是它的设计流量要包括雨水、生活污水和工业废水。合流管渠的雨水设计重现期一般应比分流制雨水管渠高10%～25%，因为虽然合流管渠中混合废水从检查井溢出的可能性不大，但一旦溢出，混合污水比雨水管渠溢出的雨水所造成的污染要严重得多。为了防止出现这种情况，合流管渠的设计重现期和允许的积水程度一般都需要更加安全。

2. 截流干管和溢流井的计算

对于截流干管和溢流井的计算，主要是要合理地确定所采用的截流倍数 n_0。根据 n_0 值，可按式（8-16）确定截流干管的设计流量和通过溢流井泄入水体的流量，然后即可进行截流干管和溢流井的水力计算。

3. 晴天旱流情况校核

关于晴天旱流流量的校核，应使旱流时的流速能够满足污水管渠最小流速的要求。当不能满足这一要求时，可修改设计管段的管径和坡度。应当指出，由于合流管渠中旱流流量相对较小，特别是上游管段，旱流校核时往往不易满足最小流速的要求，此时可在管渠底设置缩小断面的流槽以保证旱流时的流速，或者加强养护管理，利用雨天流量冲洗管渠，以防淤塞。

8.6.4 旧合流制排水管网改造的方法

城市排水管网一般随城市的发展而相应地发展。最初，城市往往用合流制明渠直接排除雨水和少量污水至附近水体。随着工业的发展和人口的增加与集中，为保证市区的卫生条件，便把明渠改为暗渠，污水仍基本上直接排入附近水体。但随着社会与城市的进一步发展，直接排入水体的污水量迅速增加，已经造成水体严重污染。为保护水体，必须对城市已建旧合流制排水管渠系统进行改造。我国大部分城市均面临着修建城市污水处理厂的问题，故旧合流制改造的任务相当艰巨。

1. 改合流制为分流制

将合流制改为分流制可以完全杜绝溢流混合污水对水体的污染，是一个比较彻底的改造方法。这种方法由于雨水和污水分流，需处理的污水量将相对减少，污水在成分上的变化也相对较小，所以污水处理厂的运行管理较为简单。通常，在具有下列条件时，可考虑将合流制改造为分流制：

（1）住房内部有完善的卫生设备，便于将生活污水与雨水分流；

（2）工厂内部可清浊分流，便于将符合要求的生产污水接入城市污水管道系统，将经过工厂处理达到要求的生产废水接入城市雨水管渠系统，或可将其循环使用；

（3）城市街道的横断面有足够的位置，允许设置由于改成分流制而增建的污水管道，并且不会对城市交通造成过大的影响。

一般来说，目前住房内部的卫生设备已日趋完善，将生活污水与雨水分流比较易于做到。但工厂内的清浊分流，因已建车间内工艺设备的平面位置与竖向布置比较固定而不太容易做到。由于旧城市（区）的街道比较窄，城市街道横断面小，加之年代已久，地下管线较多，交通也较频繁，改建工程的施工极为困难。

2. 改合流制为截流式合流制

将合流制改为分流制由于投资大、施工困难等较难在短期内做到，所以目前旧合流制排水管渠系统的改造多采用保留合流制，修建合流管渠截流干管，即改造成截流式合流制排水管渠系统。但是，截流式合流制排水管渠系统并没有杜绝污水对水体的污染。溢流的混合污水不仅含有部分城市污水，而且夹带有管底沉积的污物。

3. 对溢流混合污水进行适当处理

由于从截流式合流制排水管渠系统溢流的混合污水直接排入水体仍会对水体造成污染，其污染程度随工业与城市的进一步发展而日益严重，为了保护水体，可对溢流的混合污水进行适当处理后再排入水体。处理措施包括细筛滤、沉淀、氯消毒。也可增设蓄水池或地下人工水库，将溢流的混合污水储存起来，待暴雨过后再将它抽送入截流干管，经污水处理厂处理后排放。这样做能较彻底地解决溢流混合污水对水体的污染。

4. 修建全部处理的污水处理厂

在降雨量较小或对环境质量要求特别高的城市，对旧合流制系统改造时可以不改变旧合流制排水系统的管渠系统，而是通过修建大的污水处理厂和蓄水水库，将全部雨污混合污水均进行处理。这种改造方法在近年来逐渐为人们所认同。它可以从根本上解决城市点污染源和面污染源对环境的污染问题，而且可以不进行管网系统的大型改造。但是，它要求污水处理厂的投资大，且对运行管理水平要求较高，同时还应注意蓄水水库的管理和污染问题。

5. 合流制与分流制的衔接

一个城市根据不同的情况可以选用一种排水体制，也可以选用多种排水体制。这样，在同一个城市中就可能有分流制与合流制并存的情况。在这种情况下，存在两种管渠系统的衔接方式问题。当合流制排水系统中雨天的混合污水能全部经污水处理厂进行二级处理时，两种管渠系统的衔接方式比较灵活。反之，当污水处理厂的二级处理设备能力有限，或者合流管渠系统中没有储存雨天混合污水的设施，而在雨天必须从污水处理厂二级处理设备之前溢流部分混合污水进入水体时，两种排水系统之间就必须采用图 8-6（a）、（b）所示的方式连接，而不能采用图 8-6（c）、（d）所示方式连接。图 8-6（a）、（b）连接方式是合流管渠中的混合污水先溢流，然后再与分流制的污水管道系统连接，两种管渠系统经汇流后，汇流的全部污水都将通过污水处理厂二级处理后再行排放。图 8-6（d）连接方式是合流管渠中的混合污水先溢流，再与分流管渠中的污水汇流到初次沉淀池，超过污水处理厂处理能力的污水再通过合流管渠进入水体。图 8-6（c）、（d）所示的两种连接方式将会使分流管渠的污水直接溢流到水体，造成更大程度的污染。也就是说，合流制与分流制的连接中，只允许合流管渠溢流混合污水到水体，而不能将分流管渠的生活污水和工业废水接入合流管渠进行溢流。

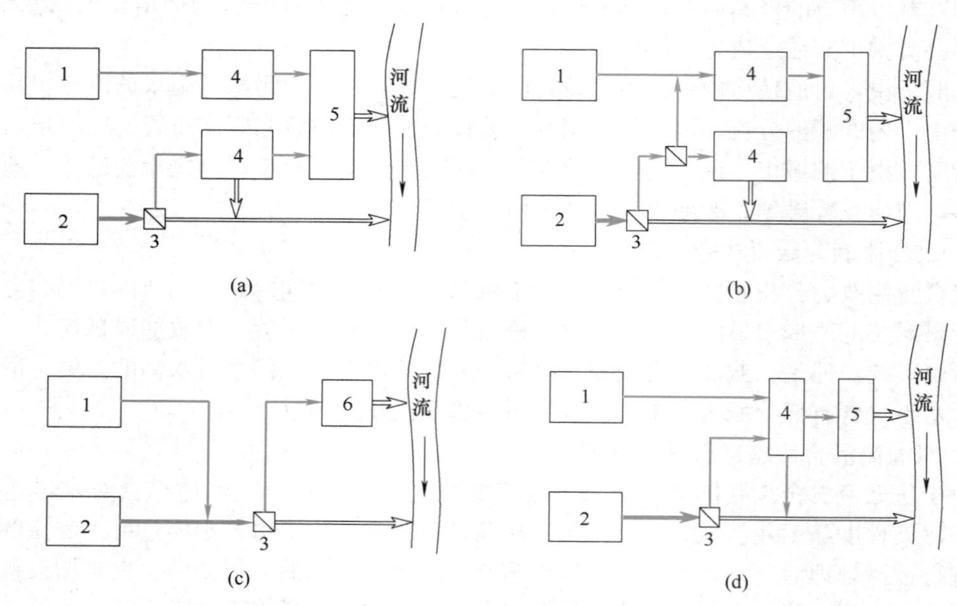

图 8-6　合流制与分流制排水系统的连接方式

1—分流区域；2—合流区域；3—溢流井；4—初次沉淀池；5—曝气池与二次沉淀池；6—污水处理厂

8.7　排洪沟的设计与计算

由于山区地形坡度大，集水时间短，洪水历时也不长，所以水流急，流势猛，且水流中还挟带着砂石等杂质，冲刷力大，容易使山坡下的城市和工厂受到破坏而造成严重损失。因此，修建于山区或丘陵地区的城市或工业企业，必须修建排洪沟以排除城市排水区域以外的雨水和洪水。

为了尽量减少洪水造成的危害，保护城市、工厂的工业生产和生命财产安全，必须根据城市或工厂的总体规划和流域防洪规划，合理选用防洪标准，建设好城市或工厂的防洪设施，提高城市或工厂的抗洪能力。

8.7.1　设计防洪标准

在进行防洪工程设计时，首先要确定洪峰设计流量，然后根据该流量拟定工程规模。为了准确、合理地拟定某项工程规模，需要根据该工程的性质、范围以及重要性等因素，选定某一降雨频率作为计算洪峰流量的依据，称为防洪设计标准。在实际工作中，常用暴雨重现期衡量设计标准的高低，重现期越大，设计标准就越高，工程规模也就越大；反之，则设计标准低，工程规模小。

《城市防洪工程设计规范》GB/T 50805—2012 按城市防洪工程保护区内的常住人口多少将城市防洪工程划分为特别重要、重要、比较重要和一般重要四个等级。防洪保护区人口大于或等于150万的确定为特别重要，人口大于或等于50万以上但小于150万的确定为重要，人口大于或等于20万但小于50万的确定为比较重要，人口小于20万的确定为一般重要。《防洪标准》GB 50201—2014 规定：城市防护区应根据政治、经济地位的重要性、常住人口或当量经济规模指标分为四个防护等级，其防护等级和防洪标准见表8-6。

城市防护区的防护等级和防洪标准　　表8-6

防护等级	重要性	常住人口(万人)	当量经济规模(万人)	防洪标准[重现期(年)]
Ⅰ	特别重要	≥150	≥300	≥200
Ⅱ	重要	≥50且<150	≥100且<300	100～200
Ⅲ	比较重要	≥20且<50	≥40且<100	50～100
Ⅳ	一般重要	<20	<40	20～50

注：当量经济规模为城市防护区人均GDP指数与人口的乘积，人均GDP指数为城市防护区人均GDP与同期全国人均GDP的比值。

《城市防洪工程设计规范》GB/T 50805—2012 规定，城市防洪工程设计标准应根据防洪工程等级、灾害类型，按表8-7的规定确定。

城市防洪工程设计标准　　表8-7

城市防洪工程等级	防洪标准[重现期(年)]			
	洪水	涝水	海潮	山洪
Ⅰ	≥200	≥20	≥200	≥50
Ⅱ	≥100且<200	≥10且<20	≥100且<200	≥30且<50
Ⅲ	≥50且<100	≥10且<20	≥50且<100	≥20且<30
Ⅳ	≥20且<50	≥5且<10	≥20且<50	≥10且<20

注：1. 根据受灾后的影响、造成的经济损失、抢险难易程度以及资金筹措条件等因素合理确定。
2. 洪水、山洪的设计标准指洪水、山洪的重现期。
3. 涝水的设计标准指相应暴雨的重现期。
4. 海潮的设计标准指高潮位的重现期。

8.7.2 设计洪峰流量计算

排洪沟属于小汇水面积上的排水构筑物。一般情况下，小汇水面积没有实测资料，往往采用实测暴雨资料记录，间接推求设计洪水量和洪水频率。同时考虑山区河流流域面积一般只有几平方千米至几十平方千米，平时水量小，河道干枯；汛期水量激增，集流快，几十分钟内即可形成洪水。因此，在排洪沟设计计算中，以推求洪峰流量为主，对洪水总量及其径流过程则忽略。对于小汇水流域洪峰流量的计算主要有三种方法，分别为洪水调查法、推理公式法和经验公式法。

1. 洪水调查法

洪水调查法主要是指通过深入现场，勘察洪水位的痕迹，推导洪水位发生的频率，选择并测量河道过水断面，按式（7-8）计算流速和洪峰流量。最后通过流量变差系数和模比系数法，将调查得到的某一频率的流量换算成该设计频率的洪峰流量。

2. 推理公式法

中国水利水电科学研究院所提出的推理公式已得到广泛采用，其公式为：

$$Q=0.278\times\frac{\psi S}{\tau^{n}}F \tag{8-14}$$

式中 Q——设计洪峰流量，m^3/s；

ψ——洪峰径流系数；

S——暴雨强度，即与设计重现期相应的最大的 1h 降雨量，mm/h；

τ——流域的集流时间，h；

n——暴雨强度衰减指数；

F——流域面积，km^2。

用推理公式求设计洪峰流量时，需要较多的基础资料，计算过程也较烦琐。当流域面积为 40～50km^2 时，此公式的适用效果最好。

3. 经验公式法

常用的经验公式有多种形式，在我国应用比较普遍的经验公式为：

$$Q=KF^{n} \tag{8-15}$$

式中 Q——设计洪峰流量，m^3/s；

F——流域面积，km^2；

K，n——随地区及洪水频率变化的系数和指数。

该法使用方便，计算简单，但地区性很强。相邻地区采用时，必须注意各地区的具体条件是否一致，否则不宜套用。

上述 3 种方法，应特别重视洪水调查法。在此法的基础上，可再运用其他方法试算，进行比较和验证。

8.7.3 排洪沟设计要点

1. 排洪沟布置应与区域总体规划统一考虑

在城市或工矿企业建设规划设计中，必须重视防洪和排洪问题。应根据总图规划设计，合理布置排洪沟，城市建筑物或工矿厂房建筑均应避免设在山洪口上，不与洪水主流发生顶冲。

排洪沟布置还应与铁路、公路、排水等工程相协调，尽量避免穿越铁路、公路，以减少交叉构筑物。同时，排洪沟应布置在厂区、居住区外围靠山坡一侧，避免穿绕建筑群，以免因沟渠转折过多而增加桥、涵建筑。排洪沟与建筑物之间应留有 3m 以上的距离，以防洪水冲刷建筑物。

2. 排洪沟应尽可能利用原有天然山洪沟道

原有山洪沟道是洪水常年冲刷形成的，其形状、底床都比较稳定，应尽量利用作为排洪沟。当原有沟道不能满足设计要求而必须加以整修时，应尽可能不改变原有沟道的水力条件，因势利导，使洪水排泄畅通。

3. 排洪沟应尽量利用自然地形坡度

排洪沟的走向，应沿大部分地面水流的垂直方向，充分利用自然地形坡度，使洪水能凭借重力经最短距离排入受纳水体。一般情况下，排洪沟上不设泵站。

4. 排洪沟平面布置

（1）进口段

一种形式是排洪沟的进口直接插入山洪沟，衔接点的高程为原山洪沟的高程，此形式适用于排洪沟与山沟夹角小的情况，也适用于高速排洪沟。另一种形式是以侧流堰为进口，将截流坝的顶面做成侧流堰渠与排洪沟直接相连，此形式适用于排洪沟与山沟夹角较大且进口高程高于原山洪沟底高程的情况。进口段的形式应根据地形、地质及水力条件进行合理的方案比较和选择。

进口段的长度一般不小于 3m，并应在进口段一定范围内进行必要的整治，使之衔接良好，水流通畅，具有较好的水力条件。为防止洪水冲刷，进口段应选择在地形和地质条件良好的地段。

（2）出口段

排洪沟出口段应布置在不致冲刷排放地点（河流、山谷等）的岸坡，因此，应选择在地质条件良好的地段，并采取护砌措施。此外，出口段宜设置渐变段，逐渐增大宽度，以减少单宽流量，降低流速，或采用消能、加固等措施。出口标高宜在相应的排洪设计重现期的河流洪水位以上，一般应在河流常水位以上。

（3）连接段

当排洪沟受地形限制而不能布置成直线时，应保证转弯处有良好的水力条件：明渠转弯处，其中心线的弯曲半径不宜小于设计水面宽度的 5 倍；盖板渠和铺砌明渠可采用不小于设计水面宽度的 2.5 倍。排洪沟的设计安全超高宜采用 0.3～0.5m。

5. 排洪沟纵向坡度

排洪沟的纵向坡度应根据地形、地质、护砌材料、原有天然排洪沟坡度以及冲淤情况等条件确定，一般不小于 1%。工程设计时，要使沟内水流速度均匀增加，以防止沟内产生淤积。当纵向坡度很大时，应考虑设置跌水或陡槽，但不得设在转弯处。一次跌水高度通常为 0.2～1.5m。陡槽也称急流槽，纵向坡度一般为 20%～60%，多采用块石或条石砌筑，也有采用钢筋混凝土浇筑的，终端应设消能设施。

6. 排洪沟断面形式、材料及其选择

排洪明渠的断面形式常用矩形或梯形断面，材料及加固形式应根据沟内最大流速、当地地形及地质条件、当地材料供应情况确定，一般常用片石、块石铺砌。

图 8-7 为常用排洪沟明渠断面及其加固形式。图 8-8 为设在较大坡度的山坡上的截洪沟断面及使用的铺砌材料。

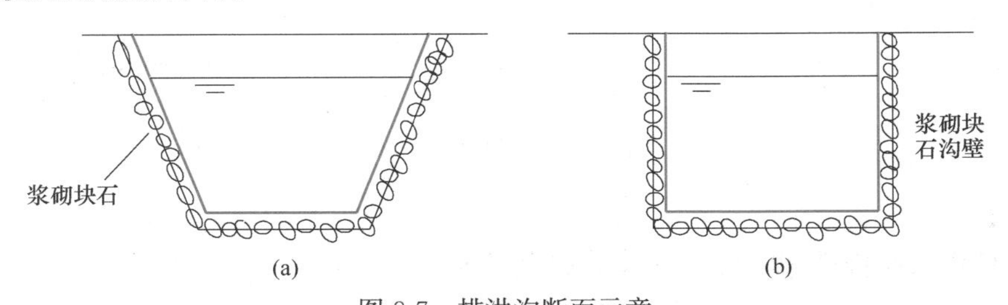

图 8-7　排洪沟断面示意

（a）梯形断面；（b）矩形断面

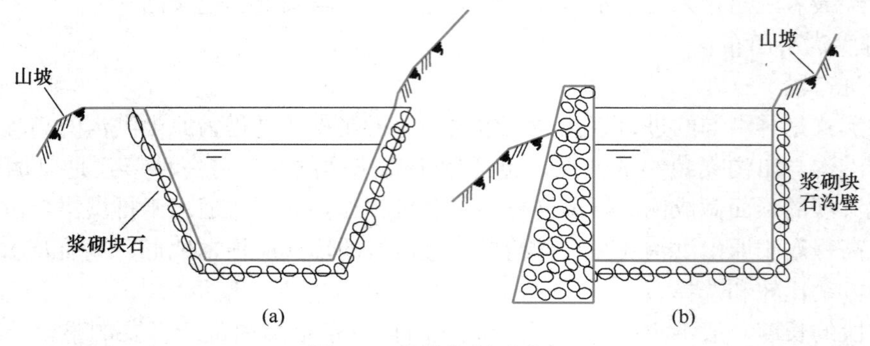

图 8-8　截洪沟断面示意

（a）梯形断面；（b）矩形断面

7. 排洪沟最大流速

为了防止山洪冲刷，应按流速的大小选用不同铺砌的加固形式。表 8-8 规定了不同铺砌的排洪沟的最大设计流速。

排洪沟最大设计流速　　表 8-8

沟渠护砌条件	最大设计流速(m/s)	沟渠护砌条件	最大设计流速(m/s)
浆砌块石	2.0～4.5	混凝土浇制	10.0～20.0
坚硬块石浆砌	6.5～12.0	草皮护面	0.9～2.0
混凝土护面	5.0～10.0		

8.7.4　排洪沟水力计算

排水管渠的水力计算公式见式（7-8）、式（7-9），其中排水管渠粗糙系数 n 宜按表 7-6 的规定取值。

【例 8-4】 某工厂已有天然梯形断面砂砾石河槽的排洪沟总长为 620m，沟纵向坡度 $I=4.5\%$，沟粗糙系数 $n=0.025$，沟边坡为 $1:m=1:1.5$，沟底宽度 $b=2$m，沟顶宽度 $B=6.5$m，沟深 $H=1.5$m，排洪沟计算如图 8-9 所示。当采用重现期 $P=50$ 年时，洪峰流量 $Q=15\text{m}^3/\text{s}$。试复核已有排洪沟的通过能力。

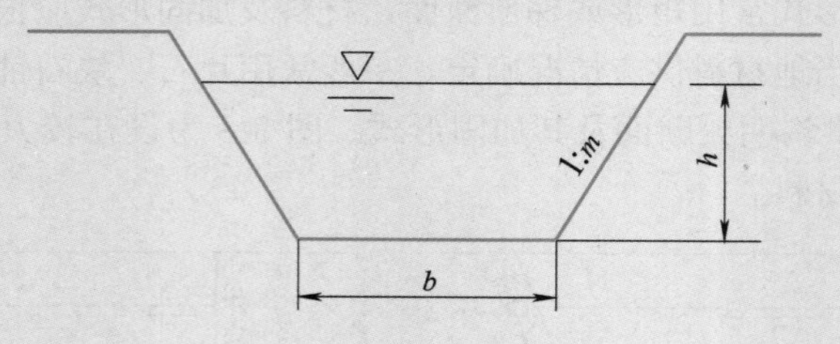

图 8-9　排洪沟计算图

【解】

1）复核已有排洪沟断面能够满足 Q 的要求

按公式

$$Q=Av=AC\sqrt{RI}$$

而
$$C=\frac{1}{n}\cdot R^{1/6}$$
对于梯形断面
$$A=bh+mh^2$$
其水力半径
$$R=\frac{bh+mh^2}{b+2h\sqrt{1+m^2}}$$
设原有排洪沟的有效水深 $h=1.3\text{m}$，安全超高为 0.2m，则
$$R=\frac{bh+mh^2}{b+2h\sqrt{1+m^2}}=\frac{2\times1.3+1.5\times1.3^2}{2+2\times1.3\times\sqrt{1+1.5^2}}=0.77\text{m}$$
当 $R=0.77\text{m}$，$n=0.025$ 时，
$$C=\frac{1}{n}R^{1/6}=\frac{1}{0.025}\times0.77^{1/6}=39.5$$
而原有排洪沟的水流断面积
$$A=bh+mh^2=2\times1.3+1.5\times1.3^2=5.13\text{m}^2$$
因此原有排洪沟的通过能力
$$Q'=AC\sqrt{RI}=5.13\times39.5\times\sqrt{0.77\times0.0045}=11.9\text{m}^3/\text{s}$$
显然，$Q'<Q$，故原沟断面略小，不敷使用，需适当加以整修后再利用。

2）原有排洪沟的整修改造方案

（1）第一方案

在原沟断面充分利用的基础上，增加排洪沟的深度至 $H=2\text{m}$，其有效水深 $h=1.7\text{m}$（图 8-10）。这时
$$A=bh+mh^2=0.5\times1.7+1.5\times1.7^2=5.2\text{m}^2$$
$$R=\frac{5.2}{0.5+2\times1.7\times\sqrt{1+1.5^2}}=0.785\text{m}$$
当 $R=0.785\text{m}$，$n=0.025$ 时，
$$C=\frac{1}{0.025}\times0.785^2=39.9$$
则
$$Q'=AC\sqrt{RI}=5.2\times39.9\times\sqrt{0.785\times0.0045}=12.23\text{m}^3/\text{s}$$
显然，仍不能满足洪峰流量的要求。若再增加深度，由于底宽过小，不便维护，且增加的能力极为有限，故不宜采用这个改造方案。

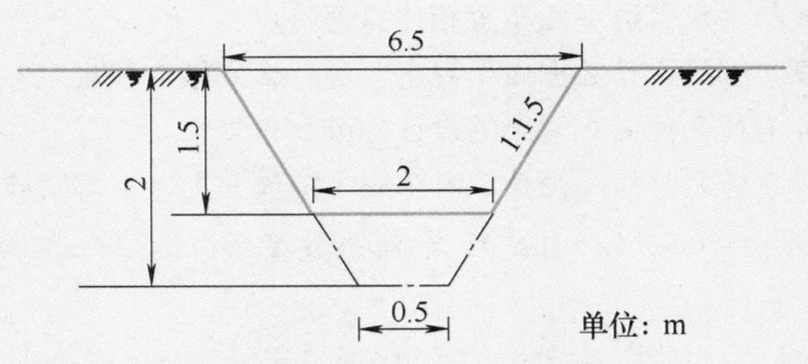

图 8-10　排洪沟改建示意（方案一）

（2）第二方案

适当挖深并略微扩大其过水断面，使之满足排除洪峰流量的要求。扩大后的断面采用浆砌片石铺砌，加固沟壁沟底，以保证沟壁的稳定（根据表 8-9，粗糙系数 n 取值 0.017）（图 8-11）。按水力最佳断面进行设计，其梯形断面的宽深比

$$\beta=\frac{b}{h}=2(\sqrt{1+m^2}-m)$$

$$=2(\sqrt{1+1.5^2}-1.5)=0.6$$

$$b=\beta h=0.6\times1.7=1.02\text{m}$$

$$A=bh+mh^2=1.02\times1.7+1.5\times1.7^2=6.07\text{m}^2$$

$$R=\frac{A}{b+2h\sqrt{1+m^2}}=\frac{6.07}{1.02+2\times1.7\sqrt{1+1.5^2}}=0.85\text{m}$$

当 $R=0.85\text{m}$，$n=0.017$ 时，

$$C=\frac{1}{0.017}\times0.85^{1/6}=57.3$$

$Q'=AC\sqrt{RI}=6.07\times57.3\times\sqrt{0.85\times0.0045}=21.5\text{m}^3/\text{s}$

此结果已能满足排除洪峰流量 $15\text{m}^3/\text{s}$ 的要求。

此外，复核沟内水流速度

$$v=C\sqrt{RI}=57.3\sqrt{0.85\times0.0045}=3.54\text{m/s}$$

符合表 8-8 中的最大流速要求，故此方案不会受到冲刷，决定采用。

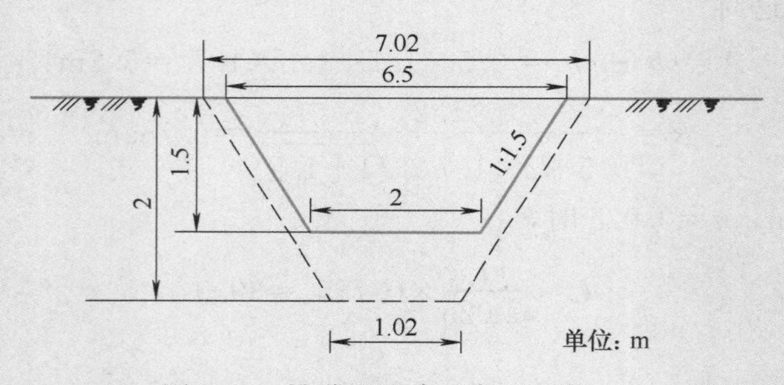

图 8-11　排洪沟改建示意（方案二）

习题

1. 雨水管渠平面布置与污水管道平面布置相比有何特点？

2. 雨水管道水力计算对哪些设计数据做了规定？为什么要做这些规定？

3. 排洪沟的设计标准为什么比雨水管渠的设计标准高得多？

4. 溢流井用在什么排水体制？作用是什么？第一个溢流井上、下游管段设计流量如何确定？

5. 已知设计暴雨强度 $q=200\text{L}/(\text{s}\cdot\text{hm}^2)$，径流系数 $\Psi=0.5$，$F=2\times10^4\ \text{m}^2$，则单位面积的径流量为多少？

6. 一段 $DN500$ 混凝土雨水管道，$n=0.014$，当通过流量为 $0.4\text{m}^3/\text{s}$ 时，则该管段的最小设计坡度为多少？

7. 北京市某小区面积共 $22hm^2$，其中屋面面积占该区总面积的30%，沥青道路面积占16%。级配碎石路面面积占12%，非铺砌土路面占4%，绿地面积占38%。径流系数取值见表8-1，试计算该区的平均径流系数。当采用设计重现期 P 为5年、1年时，试计算：设计降雨历时 $t=20min$ 时的雨水设计流量各是多少？

8. 雨水管道平面布置如图8-12所示，图中各设计管段的本段汇水面积标注在图上，单位以 hm^2 计，假定设计流量均从管段起点流入。已知当重现期 $P=1$ 年时，暴雨强度公式为

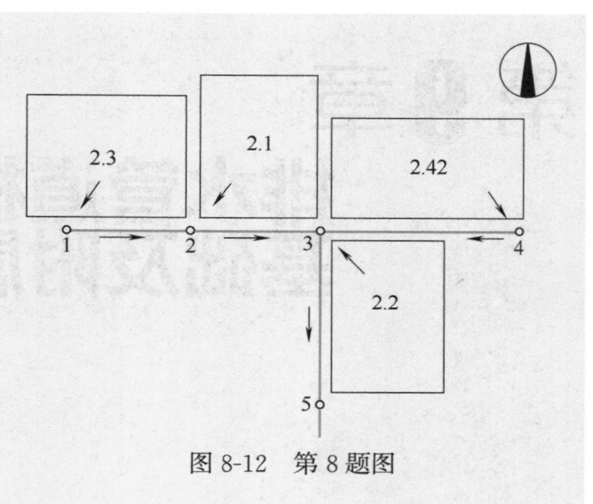

图8-12　第8题图

$$i=\frac{20.154}{(t+18.768)^{0.784}}(mm/min)$$

经计算，径流系数 $\psi=0.6$。取地面集水时间 $t_1=10min$。各管段的长度以"m"计，管内流速以"m/s"计。数据如下：$L_{1-2}=120$，$L_{2-3}=130$，$L_{4-3}=200$，$L_{3-5}=200$；$v_{1-2}=1.0$，$v_{2-3}=1.2$，$v_{4-3}=0.85$，$v_{3-5}=1.2$。

试求各管段的雨水设计流量是多少？

9. 某大型工业企业，采用矩形排洪沟，$b=5m$，$h=4.3m$（含0.3m超高），沟底纵坡 $l=0.0015$，$n=0.017$，若山洪流量如表8-9所示，则设计排洪沟所采用的防洪标准为多少年？

第9题表　　表8-9

设计重现期(年)	20	40	50	100
山洪流量(m^3/s)	20.4	25.6	30.5	43.6

10. 如图8-13所示，A、B为毗邻的区域，面积 $F_A=F_B=12.5hm^2$，地面集水时间均为8min，径流系数均为0.55，管段1—2的管内流行时间为10min。雨水从计算管段的起端汇入，设计重现期取1年。采用流量叠加法计算图中管段2—3的设计流量。$p=1$ 年的暴雨强度公式：$q=\frac{1580}{(t+5)^{0.58}}$ $[L/(s\cdot hm^2)]$。

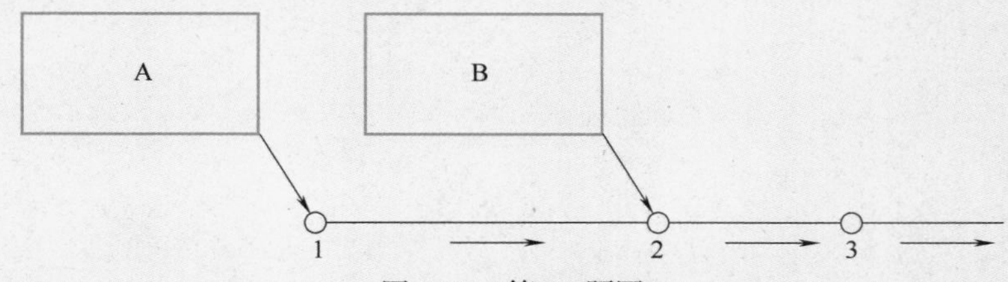

图8-13　第10题图

11. 某城镇采用合流制排水系统，已知某截流井前的平均日旱流污水设计流量为150L/s，设计截流倍数为3。降雨时当雨水流量达到830L/s时，截流井溢流流入河流的混合污水量为多少？

微课　第8章课后例题题目

微课　第8章课后例题精讲

第9章 排水管道材料、接口、基础及附属构筑物

Chapter 09

9.1 排水管道的断面及材料

排水管道的材料和质量是影响排水工程质量和运行安全的关键。排水管道通常进行工厂化生产，具有多种规格，在施工现场连接和埋设。

9.1.1 排水管渠的断面形式

1. 对排水管渠断面形式的要求

排水管渠断面形式的确定：一是要满足具有较大的稳定性，能承受各种荷载的静力学要求；二是要满足具有最大的排水能力，并在一定流速下不产生沉淀物的水力学要求。此外，还要求管道单位长度的造价应最低，便于冲洗和清通淤积。

2. 常用的管渠断面形式

管渠的断面形式有多种，应根据输水条件和施工水平进行选择（图 9-1，图中 h 为水位高度，H 为管渠高度）。

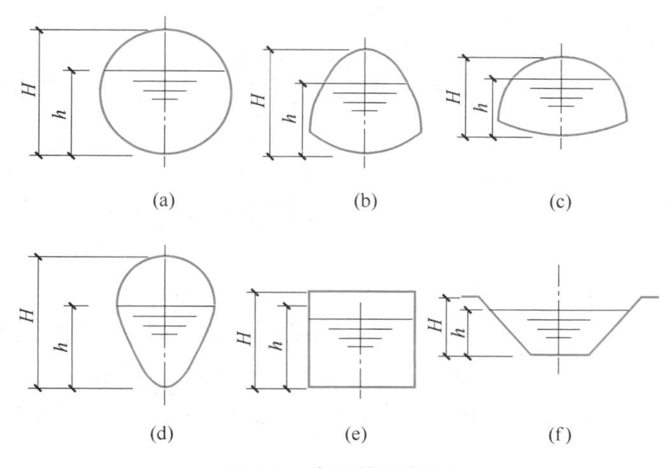

图 9-1 常用管渠断面
(a) 圆形；(b) 半椭圆形；(c) 马蹄形；(d) 蛋形；(e) 矩形；(f) 梯形

(1) 圆形

圆形断面管渠适用于管径小于 2m，并且地质条件较好时的给水排水系统。其优点是水力性能好，具有最大的水力半径，流速大，流量大，便于预制，对外力抵抗能力强，运输施工维护方便。

(2) 半椭圆形

半椭圆形断面管渠适用于污水流量无大变化及管渠直径大于 2m 的排水系统。当土压力和活荷载较大时，半椭圆形管渠能更好地分配管壁压力，减少管壁厚度。

(3) 马蹄形

马蹄形断面管渠适用于地质条件较差或地形平坦需尽量减少埋深时的排水系统。其断面高度小于宽度，因断面下部大，宜输送流量变化不大的大流量污水。

(4) 蛋形

蛋形断面管渠因底部较小，在小流量时可维持较大的流速，减少淤积。实践证明，这种断面冲洗和疏通困难，管道制作、运输、施工不便，目前很少用。

（5）矩形

矩形断面管渠适用于工业企业、路面狭窄地区的排水管道及排洪沟，可按需要增加深度，以加大排水量，并能现场浇制或砌筑。

（6）梯形

梯形断面适用于明渠的断面，易于施工，但边坡取决于土壤和铺砌材料的性质。

9.1.2 排水管道材料

选用管材时，应考虑水质、水温、断面尺寸大小、土壤性质及管内外所受压力、施工条件等因素，尽量选择能就地取材、易于制造、便于供应和运输方便的材料，以降低工程造价。

1. 非金属管道

非金属管道一般是预制的圆形断面管道，水力性能好，便于预制，价格较低，能承受较大荷载，运输和养护也较方便。大多数的非金属管道的抗腐蚀性和经济性均优于金属管。只有在特殊情况下才采用金属管。

（1）混凝土管和预应力钢筋混凝土管

混凝土管和预应力钢筋混凝土管按构造形式可分为承插式、企口式和平口式三种。混凝土管重量大、不便于运输、易泄漏、管节短、接口多、抗沉降及抗震性差、寿命短、抗腐蚀性差，一般用于管径小、外部荷载小的自流管、压力管，或穿越铁路、河流、谷地等场合。

预应力钢筋混凝土管造价低，抗压能力比混凝土管高，但耐磨性差，适用于管径大、荷载大的场合。

（2）硬聚氯乙烯排水塑料管

硬聚氯乙烯（PVC-U）管具有重量轻、强度高、耐腐蚀、管壁光滑、施工安装方便及水密性能好等优点，用于埋地排水管道不仅施工速度快、周期短，还能很好地适应管道的不均匀沉降，使用寿命长。但不抗撞击，耐久性差，接头粘结技术要求高，固化时间较长。

（3）陶土管

陶土管内外壁光滑、不透水、耐磨、耐酸碱，抗蚀性强，便于制造，但质脆易碎，管节短，接头多，管径小。陶土管适用于排除工业侵蚀性污水或管外有侵蚀性地下水的自流管。

2. 金属管道

通用的金属管是钢管和铸铁管，由于价格较高，在排水管网中一般较少采用。只有在外部荷载很大或对渗漏要求特别高的场合下才采用金属管，如排水泵站的进出水管、河道的倒虹吸管、在穿越铁路时、在土崩或地震地区、在距给水管道或房屋基础较近时、在压力管线上或施工特别困难的场合、在外力很大或对渗漏要求特别高的场合等。采用钢管时必须涂刷耐腐蚀的涂料并注意绝缘，以防锈蚀。

9.2 排水管道的接口和基础

排水管道的接口和基础是排水管道正常运行的基础，在实际运行管理中，排水管道渗漏原因常常是接口或基础没有处理好。

9.2.1　排水管道的接口

排水管道的接口形式按接口弹性要求可分为柔性接口、刚性接口两种。

1. 柔性接口

柔性接口允许管道纵向轴线交错 3～5mm 或交错一个较小的角度，而不致引起渗漏。柔性接口在土质较差、地基硬度不均匀或地震地区采用，具有独特的优越性。常见的有预制套管接口、沥青麻布接口、沥青砂带接口、石棉沥青卷材接口、橡胶圈接口等。

(1) 预制套管接口（图 9-2）用于地基较弱地段，在一定程度上可防止管道因纵向不均匀沉陷而产生的纵向弯曲或错口，常用于污水管。

(2) 沥青麻布接口适用于平口管和企口管的连接，无地下水，地基沉陷不均的无压排水管。

(3) 石棉沥青卷材接口（图 9-3）适用于地基沿管道纵向沉陷不均匀的地区。

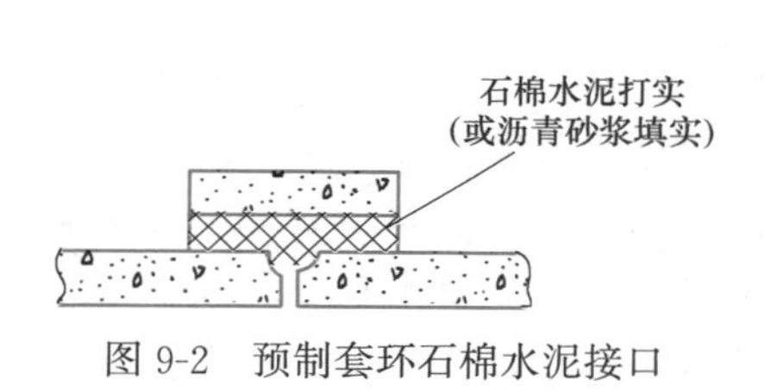

图 9-2　预制套环石棉水泥接口

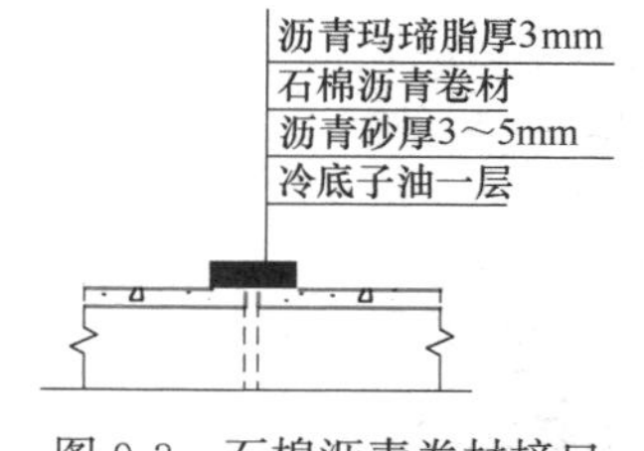

图 9-3　石棉沥青卷材接口

(4) 铸铁管常用橡胶圈接口（图 9-4），此种承插式管道与承插口混凝土管不一样，它在插口处设一凹槽，防止橡胶圈掉落。

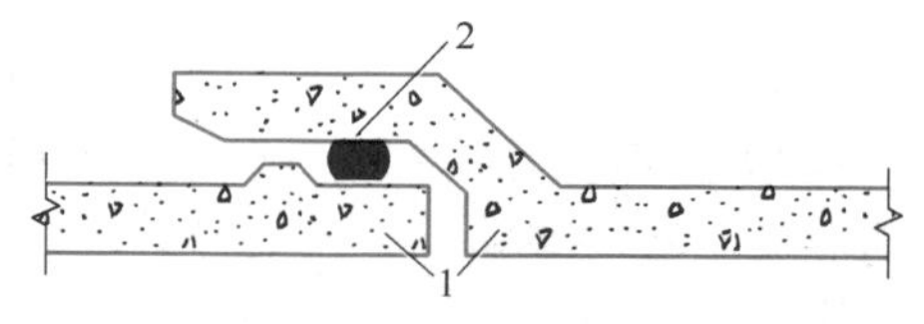

图 9-4　橡胶圈柔性接口

1—橡胶圈；2—管壁

2. 刚性接口

刚性接口不允许管道有轴向的交错，抗震性能差，但比柔性接口造价低，用在地基良好，有带形基础的无压管道上。常用的有水泥砂浆抹带接口、钢丝网水泥砂浆抹带接口、油麻石棉水泥接口等方式。

(1) 水泥砂浆抹带接口适用于埋设在地基土质较好的小管径雨水管和在地下水位以上的污水支管（图 9-5，图中 B 为抹带宽度）。

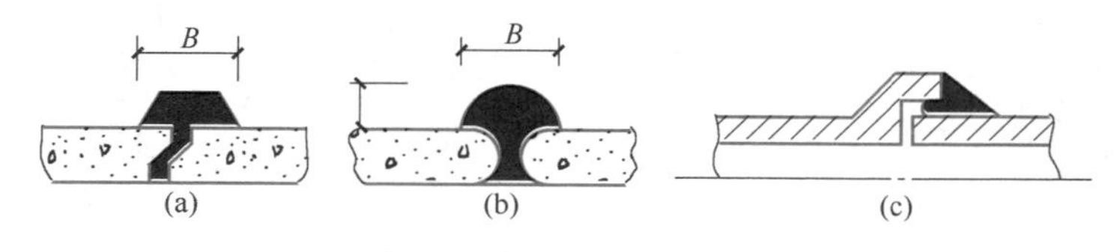

图 9-5　水泥砂浆抹带接口

(a) 企口；(b) 平口；(c) 承插口

(2) 钢丝网水泥砂浆抹带接口适用于地基土质较好的具有带形基础的雨水、污水管道以及水头低于 5m 的低压管（图 9-6，图中 B 为抹带宽度，C 为抹带高度，D 为管道内径）。

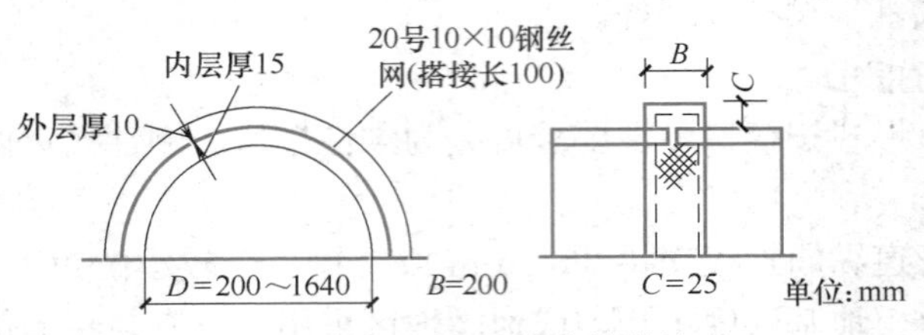

图 9-6　钢丝网水泥砂浆抹带接口

(3) 油麻石棉水泥接口是先填入油麻，后填入石棉水泥（图 9-7）。

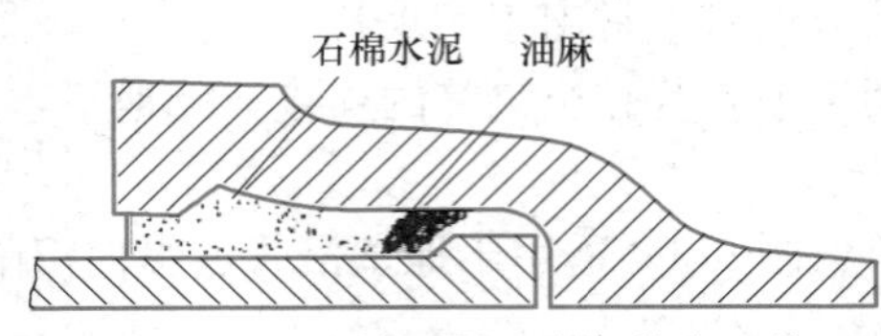

图 9-7　承插式铸铁管油麻石棉水泥接口

9.2.2　排水管道的基础

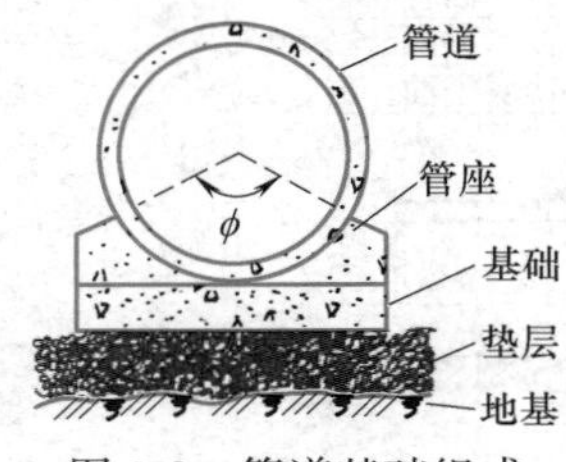

图 9-8　管道基础组成

管道基础由地基、基础和管座组成（图 9-8）。

常见的管道基础有素土基础、砂石基础、混凝土基础和枕基四种形式，选择管道基础形式，主要取决于外部荷载、覆土深度、土壤性质及管材等因素。

1. 素土基础

素土基础（图 9-9，图中 d 为雨水管内径，D 为雨水管外径），要求土质良好，常用于敷设雨水管道，也可用于敷设管径小于 600mm 的混凝土管、钢筋混凝土管、陶土管等污水管道，以及不在车行道下的次要管道和临时性管道。一般是将管槽底挖成 90°或 120°中心角的弧形沟，管道直接在沟内设置。

2. 砂垫层基础

砂垫层基础（图 9-10，图中 d 为雨水管内径，D 为雨水管外径），适用于无地下水、坚硬岩石地区管径小于 600mm 的混凝土管、钢筋混凝土管、陶土管等排水管道。

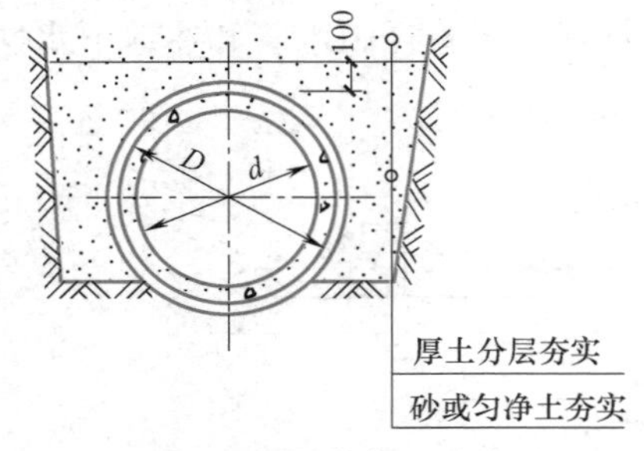

图 9-9　弧形素土基础

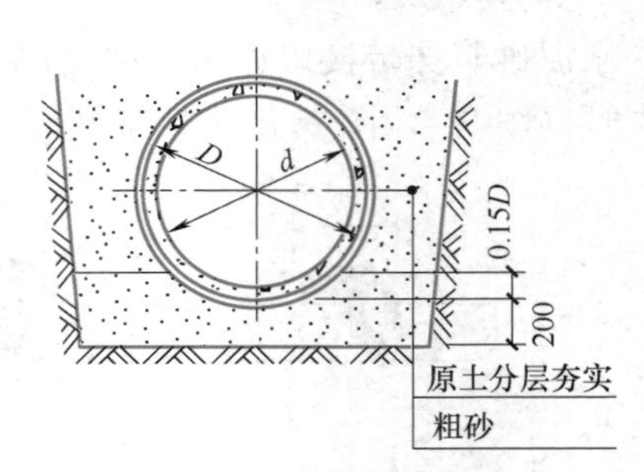

图 9-10　砂垫层基础

3. 混凝土基础

混凝土基础（图 9-11，图中 D 为管道内径，T 为管道壁厚），适用于任何潮湿土壤、地下水位较高、槽底为未在施工中受到扰动的老土、管径为 200～2000mm、覆土厚度为

0.7～6.0m 的管道。无地下水时可在槽底原土上直接浇筑混凝土基础。有地下水时常在槽底铺卵石或碎石垫层，然后在上面浇筑混凝土基础。它是沿管道方向浇筑带状混凝土基础，中心角的大小有 90°、135°和 180°三种，混凝土强度等级常采用 C20 级。这种基础适用于各种管径的雨水管和污水管。

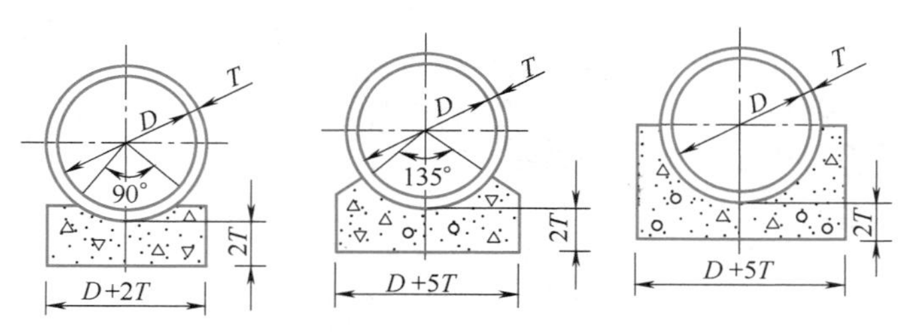

图 9-11　混凝土基础

4. 枕基

枕基（图 9-12，图中 d 为管道内径，D 为管道外径，c 为基础至管底高度，B 为基础宽度，b 基础长度），适用于干燥土壤雨水管道及不太重要的污水支管上，常与素土基础或砂垫层基础同时使用。常用于土质较好又干燥、管径在 900mm 以下的雨水管。一般只用于平口管的接口处。其特点是施工简便、造价低。中心角一般为 90°，混凝土强度等级为 C20。

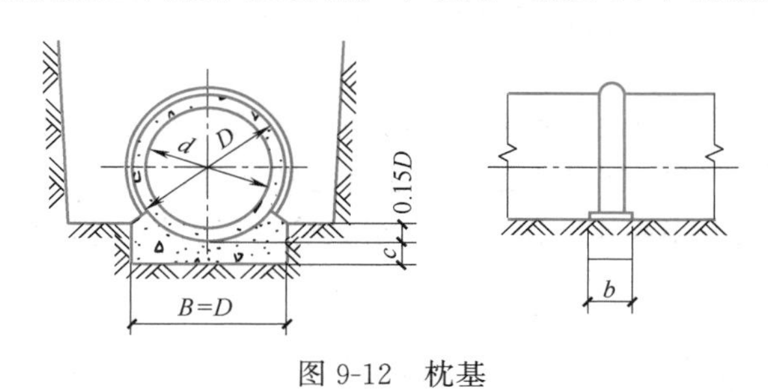

图 9-12　枕基

9.3　排水管渠系统上的构筑物

排水管渠系统为了输送污水、废水，除管渠本身外，还需在管渠上设置一些附属构筑物，主要有雨水口、连接暗井、截流井、检查井、跌水井、水封井、换气井、倒虹管、冲洗井、防潮门、出水口等。

9.3.1　检查井

检查井的位置，应设在管道交会处、转弯处、管径或坡度改变处、跌水处以及直线管段上每隔一定距离处。检查井以圆形为主，还有矩形及扇形。检查井由井盖、井身和井底组成（图 9-13）。检查井的材料有砖、石、混凝土或钢筋混凝土。检查井在直线管段的最大间距应根据疏通方法等具体情况确定，一般宜按表 9-1 的规定取值。

检查井各部分尺寸，应符合下列要求：

（1）井口、井筒和井室的尺寸应便于养护和检修，爬梯和脚窝的尺寸、位置应便于检修和上下安全。

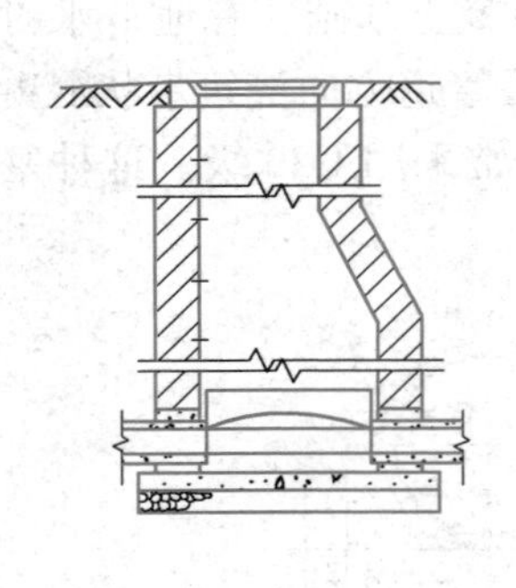
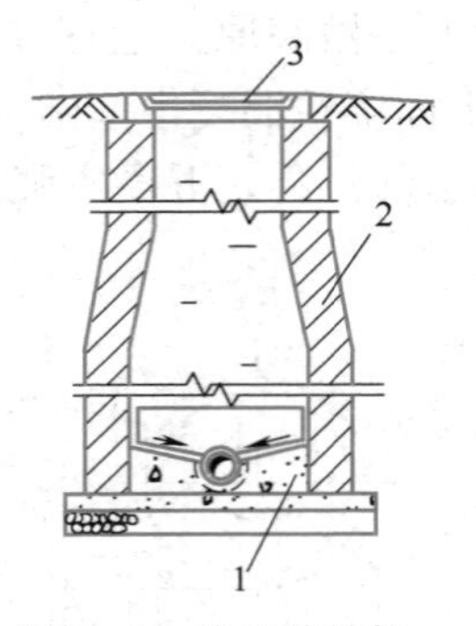

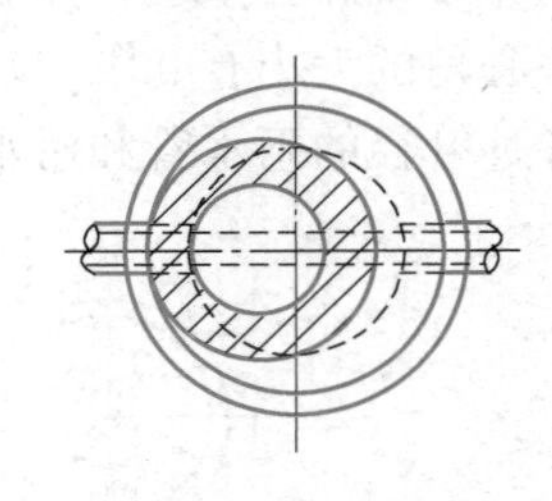

图 9-13　检查井结构

1—井底；2—井身；3—井盖

检查井在直线的最大间距　　表 9-1

管径(mm)	300～600	700～1000	1100～1500	1600～2000
最大间距(m)	75	100	150	200

(2) 检修室高度在管道埋深许可时宜为 1.8m，污水检查井由流槽顶算起，雨水（合流）检查井由管底算起。

(3) 接入检查井的支管（接户管或连接管）管径大于 300mm 时，支管数不宜超过 3 条。

检查井井底宜设流槽。污水检查井流槽顶可与大管管径的 85%处相平，雨水（合流）检查井流槽顶可与大管管径的 50%处相平。在管道转弯处，检查井内流槽中心线的弯曲半径应按转角大小和管径大小确定，但不宜小于大管管径。检查井井底流槽形式如图 9-14 所示。

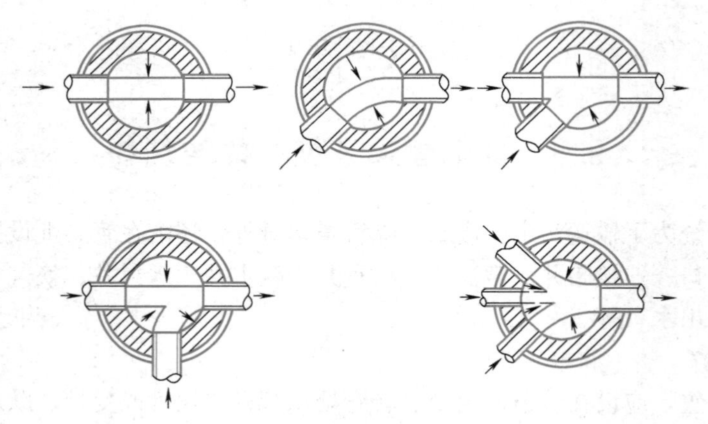

图 9-14　检查井井底流槽的形式

9.3.2　跌水井

跌水井是设有消能设施的检查井，跌水井有减速、防冲及消能的作用。跌水方式可采用竖管式（图 9-15）或竖槽式（图 9-16）。管道跌水水头为 1.0～2.0m 时，宜设跌水井；跌水水头大于 2.0m 时，应设跌水井。管道转弯处不宜设跌水井。

跌水井的进水管管径不大于 200mm 时，一次跌水水头高度不得大于 6m；管径为 300～

600mm 时，一次跌水水头高度不宜大于 4m，跌水方式可采用竖管或矩形竖槽；管径大于 600mm 时，其一次跌水水头高度和跌水方式应按水力计算确定。

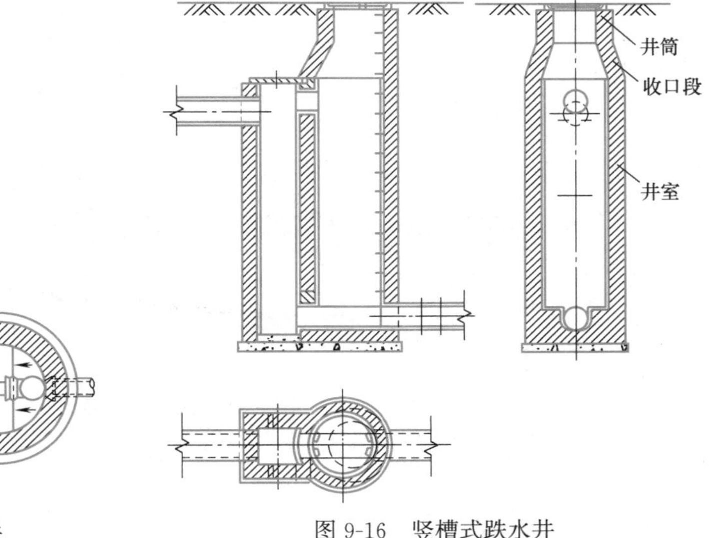

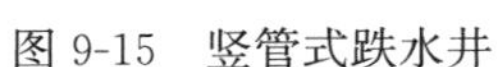

图 9-15 竖管式跌水井

图 9-16 竖槽式跌水井

9.3.3 水封井、换气井

排水管线多为非满管流，在管道上方存在着易燃气体，容易发生火灾甚至爆炸。水封井作用是隔绝易爆、易燃气体进入排水管渠。当工业废水能产生引起爆炸或火灾的气体时，其管道系统中必须设置水封井。水封井位置应设在产生上述废水的排出口处及其干管上适当间隔距离处。水封深度不应小于 0.25m，井上宜设通风设施，井底应设沉泥槽。水封井安装如图 9-17 所示。

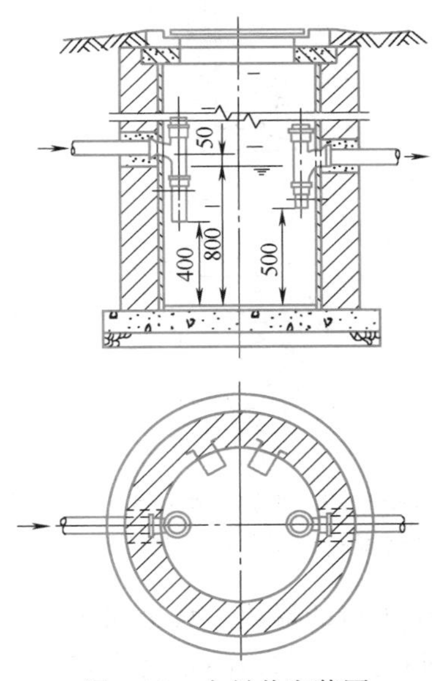

图 9-17 水封井安装图

污水中有机物厌氧发酵，产生 CH_4、H_2S 等气体，如与一定体积的空气混合，在点火条件下将发生爆炸，甚至引起火灾。为防止此类偶然事故发生，同时也为保证在检修排水管渠时工作人员能较安全地进行操作，有时在街道排水管的检查井上设置通风管。这种设有通风管的检查井称换气井。换气井位置如图 9-18 所示。

9.3.4 雨水口

雨水口应设于地面低洼处，用来收集地面雨水径流。雨水口的设置数量，应根据道路（广场）情况、街坊以及建筑情况、地形、土壤条件、绿化情况、降雨强度、汇水面积的大小及雨水口的泄水能力等因素决定。

雨水口的构造形式常用的有平箅式（图 9-19）和联合式（图 9-20）。雨水口由井水箅、井筒及连接管组成。进水箅材料有铸钢、混凝土和塑料。

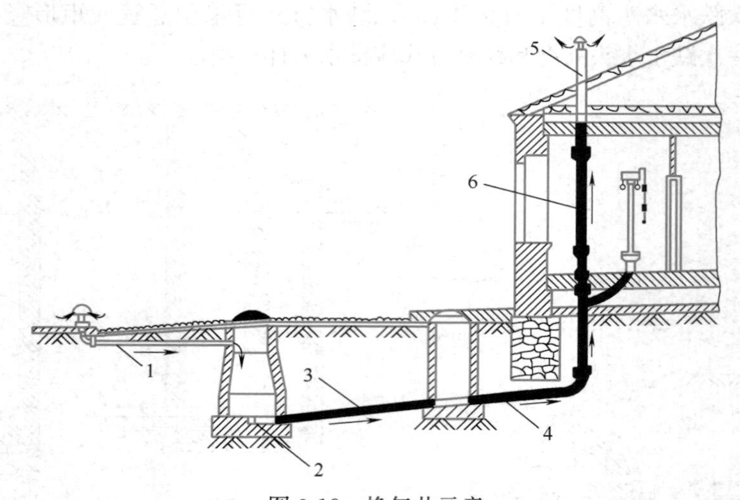

图 9-18　换气井示意

1—通风管；2—街道排水管；3—庭院管；4—出户管；5—透气管；6—竖管

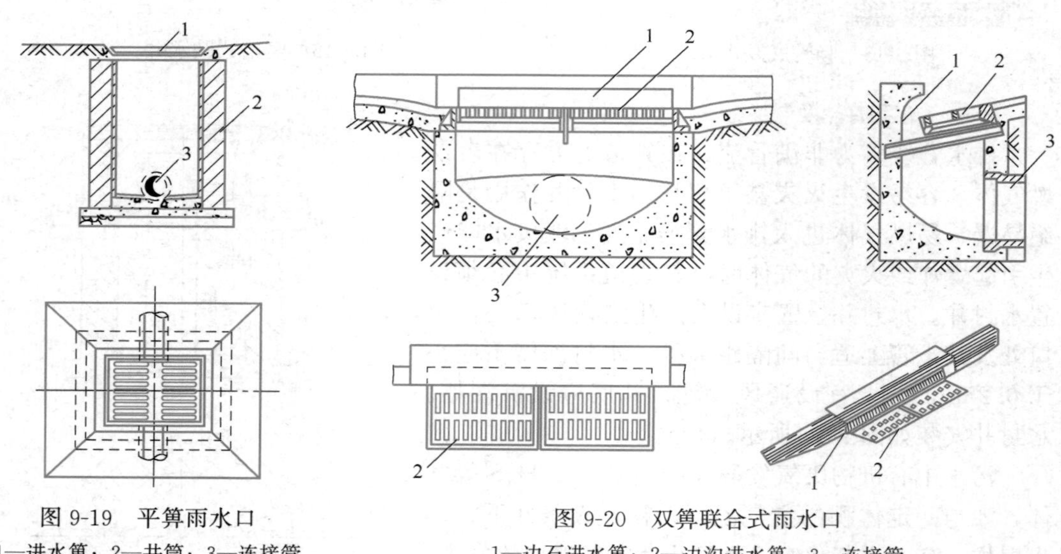

图 9-19　平箅雨水口

1—进水箅；2—井筒；3—连接管

图 9-20　双箅联合式雨水口

1—边石进水箅；2—边沟进水箅；3—连接管

雨水口的形式、数量和布置，应按汇水面积所产生的流量、雨水口的泄水能力和道路形式确定。雨水口间距宜为 25～50m，连接管串联雨水口不宜超过 3 个，雨水口连接管长度不宜超过 25m。当道路纵坡大于 2%时，雨水口的间距可大于 50m。雨水口深度不宜大于 1m，并根据需要设置沉泥槽（图 9-21）。雨水口宜采用成品雨水口，宜设置防止垃圾进入雨水管渠的装置。

9.3.5　倒虹管

排水管渠遇到河流、山洞、洼地或地下构筑物等障碍物时，不能按原有的坡度埋设，而是按下凹的折线方式从障碍物下通过，这种管道称为倒虹管。倒虹管由进水井、下行管、平行管、上行管和出水井组成。

倒虹管的设计，应符合下列要求：

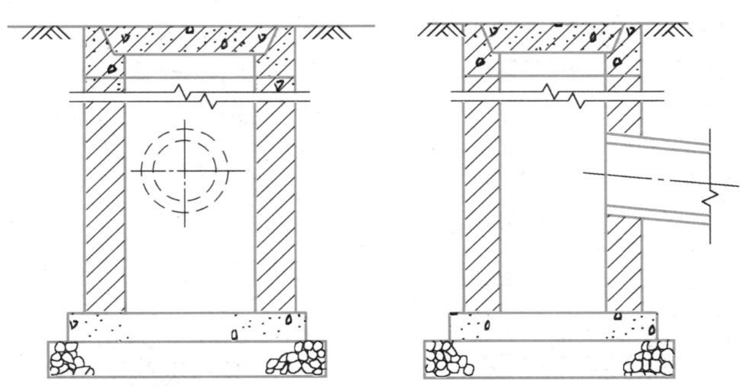

图 9-21 有沉泥槽的雨水口

（1）通过河道的倒虹管，不宜少于 2 条；通过谷地、旱沟或小河的倒虹管可采用 1 条。通过障碍物的倒虹管，尚应符合与该障碍物相交的有关规定。

（2）倒虹管最小管径宜为 200mm。

（3）管内设计流速应大于 0.9m/s，并应大于进水管内的流速，当管内设计流速不能满足上述要求时，应增加定期冲洗措施，冲洗时流速不应小于 1.2m/s。

（4）倒虹管的管顶距规划河底距离一般不宜小于 1.0m，通过航运河道时，其位置和管顶距规划河底距离应与当地航运管理部门协商确定，并设置标志，遇冲刷河床应考虑防冲措施。

（5）倒虹管宜设置事故排出口。

（6）合流制管道设置倒虹管时，应按旱流污水量校核流速。

（7）倒虹管进出水井的检修室净高宜高于 2m。进出水井较深时，井内应设检修台，其宽度应满足检修要求。当倒虹管为复线时，井盖的中心宜设在各条管线的中心线上。

（8）倒虹管进出水井内应设闸槽或闸门。

（9）倒虹管进水井的前一检查井，应设置沉泥槽。

管道穿过谷地时，可以不变更管道的坡度而用栈桥或桥梁承托管道，这种构筑物称为管桥。管桥优于倒虹管，但可能影响景观或其他市政设施，其建设应取得城镇规划部门的同意。无航运的河道，亦可考虑采用管桥。

管道在上桥和下桥处应设检查井，通过管桥时每隔 40～50m 设检修口。上游检查井应有应急出水口。

9.3.6 溢流井

在截流式合流制管渠系统中，通常在合流管渠与截流干管的交会处设置溢流井，溢流井是截流干管上最重要的构筑物。常见的溢流井形式有截流槽式、溢流堰式和跳越堰式等。

截流槽式溢流井是在沿河的岸边铺设一条截流干管，同时在截流干管上设置溢流井，并在下游设置污水处理厂，适用于对老城市的旧合流制的改造（图 9-22）。这种截流方式比直排式有了较大的改进，但在雨天时，仍有部分混合污水未经处理而直接排放，成为水体的污染源而使水体遭受污染。

溢流堰式溢流井是在流槽的一侧设置溢流堰，流槽中的水面超过堰顶时，超量的水溢过堰顶，进入溢流管道后流入水体（图 9-23）。

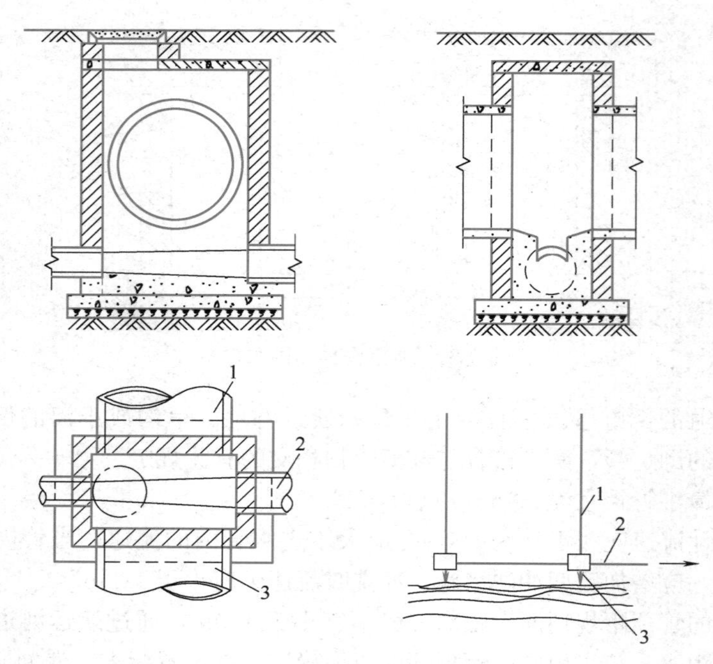

图 9-22 截流槽式溢流井

1—合流管道；2—截流干管；3—排出管渠

跳越堰式溢流井可以更好地保护水环境，但工程费用较大，目前使用不多。适用于污染较严重地区（图 9-24）。

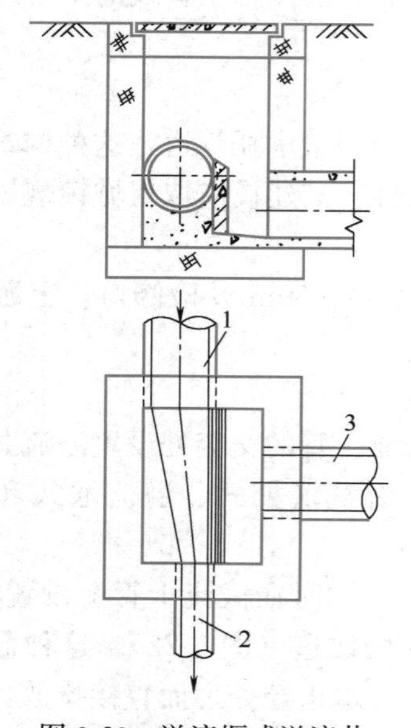

图 9-23 溢流堰式溢流井

1—合流管道；2—截流干管；3—排出管道

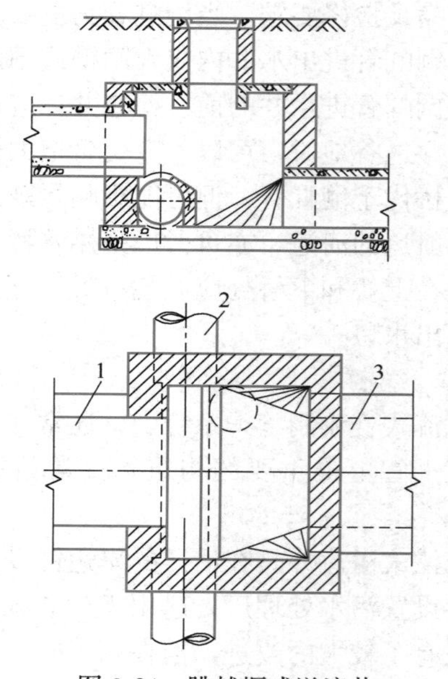

图 9-24 跳越堰式溢流井

1—合流管道；2—截流干管；3—排出管道

9.3.7 冲洗井、防潮门

1. 冲洗井

当污水管内的流速不能保证自清时，为防止淤塞，可设置冲洗井（图 9-25）。冲洗井设置在管径小于 400mm 的管道上，其出水管上设有闸门，井内设有溢流管，供水管的出口高于溢流管管顶，冲洗管道的长度一般为 250m 左右。

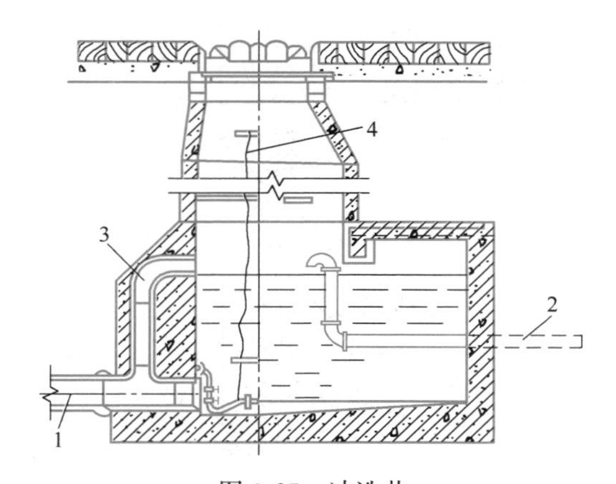

图 9-25 冲洗井

1—出流管；2—供水管；3—溢流管；4—拉阀的绳索

2. 防潮门

临海、临河城市的排水管道，往往会受到潮汐和水体水位的影响。为防止涨潮时潮水或洪水倒灌进入管道，应在排水管道出水口上游的适当位置设置装有防潮门的检查井（图 9-26）。

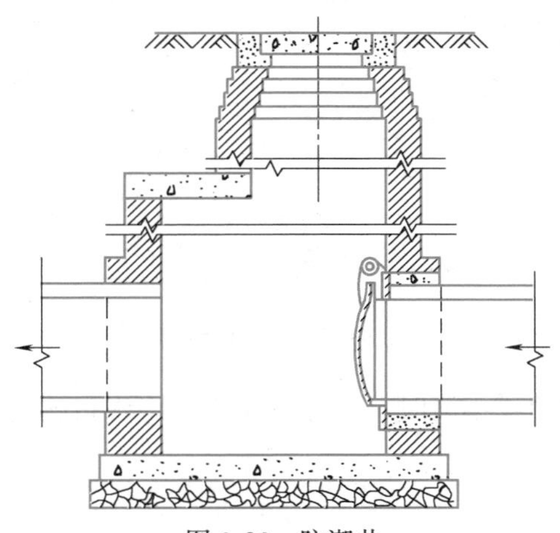

图 9-26 防潮井

9.3.8 出水口

排水管渠出水口位置、形式和出口流速，应根据受纳水体的水质要求、水体的流量、水位变化幅度、水流方向、波浪状况、稀释自净能力、地形变迁和气候特征等因素确定。

雨水出水口内顶最好不低于多年平均洪水位，一般应在常水位以上。污水出水口应尽可能淹没在水体水面以下，出水口形式有淹没式、一字式、八字式等（图 9-27）。当河流等水体的水位变化很大，管道的出水口离常水位较远时，出水口的构造就复杂，因而造价较高，此时宜采用集中出水口式布置形式。

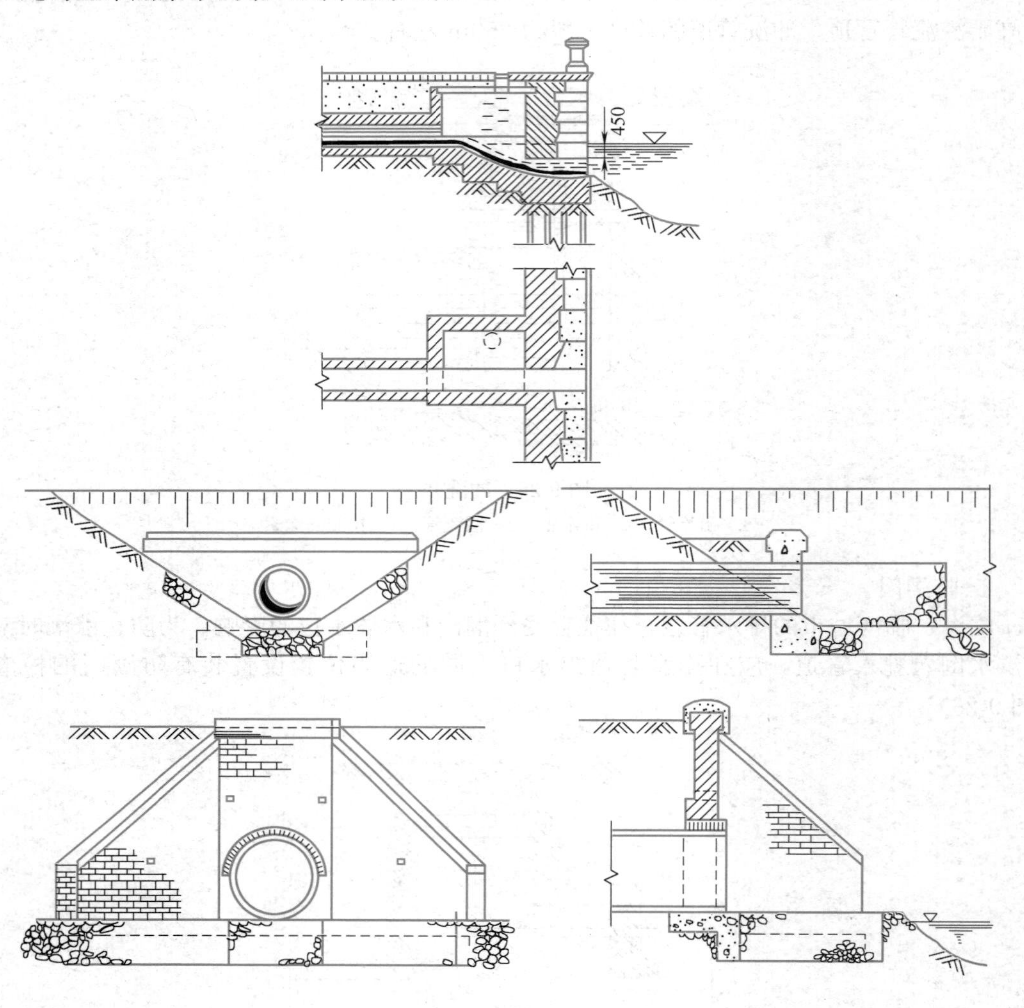

图 9-27　出水口示意

当管道将雨水排入池塘或小河时，水位变化小，出水口构造简单，宜采用分散出水口（图 9-28）。

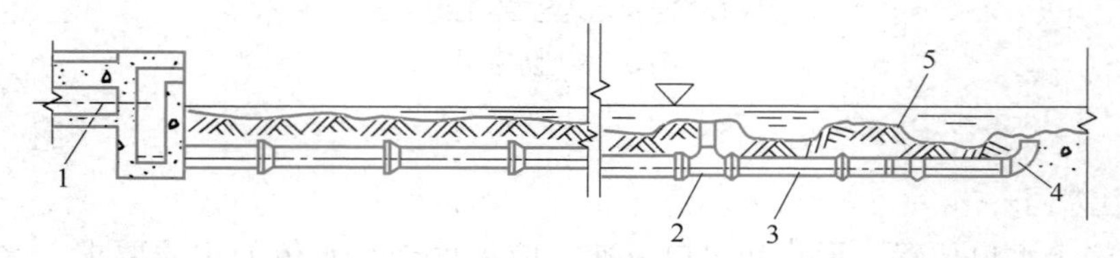

图 9-28　江心分散式出水口

1—进水管渠；2—T 形管；3—减缩管；4—弯头；5—石堆

习题

1. 下部面积小、上部面积大的排水沟渠有何优点？什么情况下使用？
2. 常用排水管道材料有几种？各有何特点？
3. 铸铁管有哪些主要配件？在何种情况下使用？
4. 在排水管渠系统中，为什么要设检查井？
5. 跌水井的作用是什么？常用跌水井有哪些形式？
6. 在什么条件下，可考虑设置倒虹管？倒虹管设计时应注意哪些问题？
7. 常用出水口有哪几种形式？分别适用于哪些条件？

第10章 Chapter 10

排水管网管理与维护

10.1 排水管渠的管理和养护任务

排水管道系统建成通水后，为保证系统正常工作，必须经常进行管理和养护。排水管渠常见的故障有：污物淤塞管道；过重的外荷载、地基不均匀沉陷或污水的侵蚀作用，使管渠损坏、裂缝或腐蚀等。

管理和养护的任务是：验收排水管渠；监督排水管渠使用规则的执行；定期检查、冲洗或清通排水管渠，以维持其通水能力；修理管渠及其构筑物，并处理意外事故等。

整个城市排水系统的管理一般可分为管渠系统、排水泵站和污水处理厂三部分。工厂的排水系统一般由工厂自行管理和养护。在城市管渠系统的养护中，可根据管渠中沉积污物可能性的大小，划分若干养护等级，以便对其中水力条件差、排入管渠污物较多的管渠段给予重点养护。

10.2 排水管渠养护

随着国家对节能减排、雨污水分流、污水处理重视程度的提高，污水处理厂及排水管网建设速度明显加快。在各地普遍重视污水处理的同时，却忽视了对已有管网的维护管理，或者维护管理只是局部的、经验性的，没有必要的检测手段，没有形成科学、系统、周期性的机制，造成管网存在较多病害，重建设、轻维护现象依然存在，管道维护技术十分落后。由于病害存在，管道通水能力降低，收水量不足，使污水处理厂的能力闲置，造成浪费；甚至城区污水漫溢，污染环境；雨水管网排水不畅，则造成城区道路积水，影响出行。可见，做好排水管道的维护管理工作，充分发挥其功能，保证其正常运行，对于维持城市正常秩序，提升城市品位，有着重要意义。

10.2.1 排水管渠清通

排水管道中，往往由于水量不足、坡度较小、污水中污物多、高水位运行或施工质量不良以及河水顶托等原因而发生沉淀、淤积，淤积过多将影响管渠的通水能力，甚至致使管道堵塞。实际工作中，雨水管道的上游和下游，污水管道的上游易发生淤积、沉淀，因此必须定期疏通。清通的常用方法有水力清通和机械清通等。

1. 水力清通

水力清通方法是用水对管道进行冲洗，将上游管中的污泥排入下游检查井，然后用吸泥车抽吸运走（图 10-1）。水力清通方法操作简单，功效较高，工作人员操作条件较好，目前已得到广泛采用。吸泥车的形式有：装有隔膜泵的吸泥车；装有真空泵的真空吸泥车；装有射流泵的射流泵式吸泥车等。

水力清通方法是用水对管道进行冲洗。可利用管道内污水自冲，也可利用自来水或河水。不同疏通方法适用于不同的环境条件。有些管道从来不用疏通却很干净，也有一些管道特别容易淤积，淤积的原因就是这些管道达不到 0.7m/s 左右的自清流速。水力疏通是采用提高管渠上下游水位差，加大流速来疏通管渠的一种方法。提高水位差有三种做法：第一种是调整泵站运行方式，即在某些时段停止水泵运行以抬高管道水位，然后突然加大泵站抽水量，造成短时间的水头差。这种方法最方便，最省钱。第二种做法是在管道中安

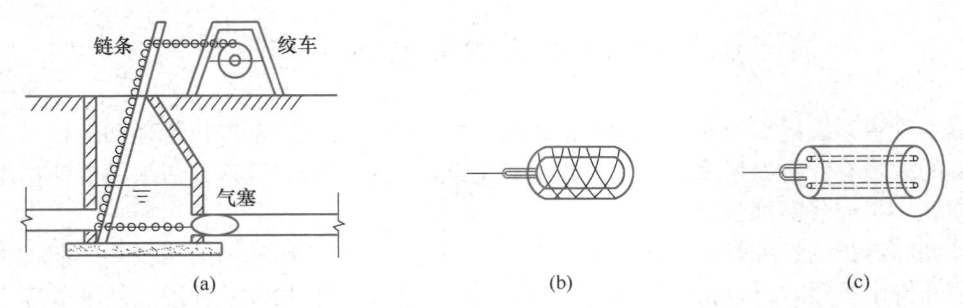

图 10-1 水力清通操作

(a) 示意；(b) 橡皮气塞；(c) 木桶橡皮塞

装闸门，包括固定闸门和临时闸门，其优点是完全利用管道自身的污水而且无须人工操作。平时闸门关闭，水流被阻断，上游水位随即上升，当水位上升到一定高度后，依靠浮筒的浮力将闸门迅速打开，实现自动冲洗，周而复始。第三种做法是在管道内放入水力疏通球，水流经过浮球时过水断面缩小，流速加大，此时的局部大流速足以将管道彻底冲洗干净。实践证明，当检查井的水位升高到 1.2m 时，突然放水不仅可清除淤泥，而且可冲刷出沉在管道中的碎砖石块。在所有疏通方法中，水力疏通无疑是最合理、最经济、速度最快、质量最好的一种。其所耗用的人工不到绞车疏通的 1/3。

2. 机械清通

当管道淤塞严重，淤泥已黏结密实，水力清通的效果不好时，需要采用机械清通的方法。较简单的方法是通过绞车和穿在清淤管道内的钢丝绳的反复移动，带动清通工具将淤泥刮向下游检查井内，使管渠得以清通。绞车移动可以是手动，也可以是机动，例如以汽车发动机为动力。实际作业时，由于淤泥已粘结密实，需要先将作业段两侧封堵，注水将淤泥浸泡软化后，才能用绞车拖动。为加快清淤积进度，可采用射水车、吸污车、抓泥车、运输车联合作业方式，绞车每拖动 1 次，可用吸污车将拖至检查井内的较稀的淤泥吸走，剩下较稠的，用抓泥车或人工提至地面并装车。城市排水管网大规模清淤时，应按排水系统为单元，先上游支线，再干线，最后主干线。

3. 射水疏通

射水疏通是指采用高压射水清通管道的疏通方法。因其效率高、疏通质量好，近年来在我国许多城市已逐步被采用。不少城市还进口了集射水与真空吸泥为一体的联合吸污车，有些还具备水循环利用的功能，将吸入的污水过滤后再用于射水。这种联合吸污车效率高，但车型庞大，价格昂贵。而单一射水车，尤其是国产射水车，因其价格便宜，机具使用率普遍较高。射水疏通在支管等小型管中效果特别好，但是在管道水位高的情况下，由于射流速度受到水的阻挡，疏通效果会大大降低。多数射水车的水压都在 $150kg/cm^2$ 左右，少数可达 $200kg/cm^2$，在非满管的情况下能彻底清除管壁油垢和管道污泥。如果装上一种带旋转链条的特殊喷头，还可以清除管内固结的水泥浆。

10.2.2 排水管渠修复

系统地检查管渠的淤塞及损坏情况，有计划地安排管渠的修复，是养护工作的重要内容。当发现管渠系统有损坏时，应及时修复，以防损坏处扩大而造成事故。管渠的修复有大修和小修之分，应根据各地的技术与经济条件来划分。修理内容包括检查井、雨水口顶盖等的修理与更换；检查井内踏步的更换，砖块脱落后的修理；局部管渠损坏后的修补；由于出户管的增加需要添建的检查井及管渠；或由于管渠本身损坏严重无法清通时所需的整段开挖翻修。

为减少地面的开挖，20世纪80年代初国外采用了“热塑内衬法”技术和“胀破内衬法”技术进行排水管道的修复。

“热塑内衬法”（图10-2）技术的主要设备是：一辆带吊车的大卡车、一辆加热锅炉挂车、一辆运输车、一只大水箱。操作步骤：在起点窨井处搭脚手架，将聚酯纤维软管管口翻转后固定于导管管口上，导管放入窨井，固定在管道口，通过导管将水灌入软管翻转部分，在水的重力作用下，软管向旧管内不断翻转、滑入、前进，软管全部放完后，加65℃热水1h，然后加80℃热水2h，再注入冷水固化4h，最后在水下电视帮助下，用专用工具，割开导管与固化管的连接，修补管渠的工作全部完成。

“胀破内衬法”（图10-3）是以硬塑料管置换旧管道。操作步骤：在一段损坏的管道内放入一节硬质聚乙烯塑料管，前端套接一钢锥，在前方窨井设置一强力牵引车，将钢锥拉入旧管，旧管胀破，以塑料管替代；一根接一根直达前方检查井。两节塑料管的连接用加热加压法。为保护塑料管免受损伤，塑料管外围可采用薄钢带缠绕。上述两种技术适用于各种管径的管道，且可以不开挖地面施工，但费用较高。

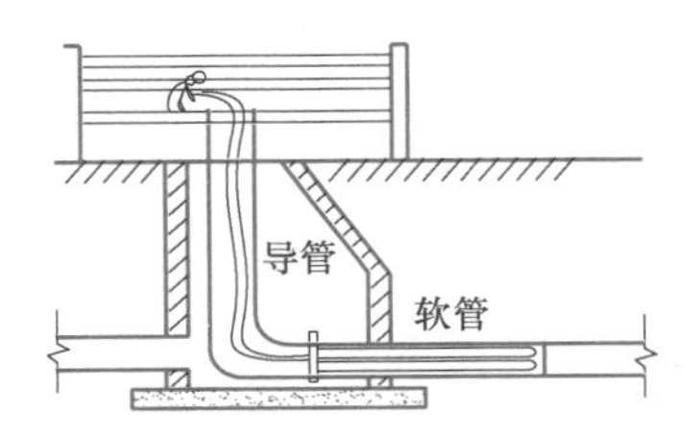

图10-2　热塑内衬法技术示意

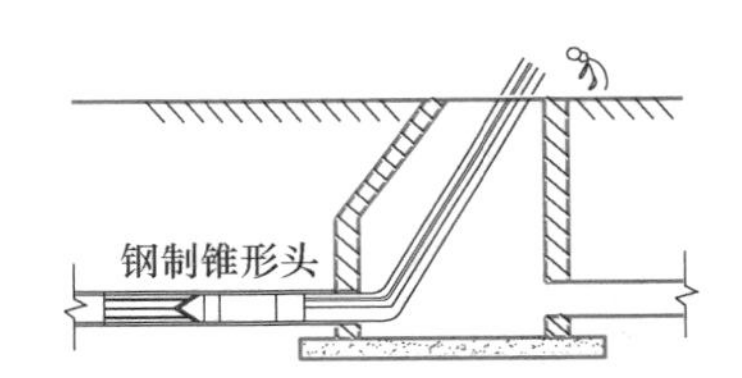

图10-3　胀破内衬法技术示意

当检查井改建、增建或整段管渠翻修、内衬修复时，需要断绝污水的流通。此时应用水泵将污水从上游检查井抽送导流到下游检查井中，或将污水临时导流入雨水管渠中。可根据不同管径、埋深、水位情况，采用充气管塞、机械管塞、木塞、止水板、黏土麻袋或墙体等方式实现断流，也可通过设置闸槽井来实现断流。管渠维修尽可能在夜间进行，需要时间较长时应与交通管理部门联系，设置路障及警示灯。在主要交通干道、居民集中区或地下管线复杂交叉多及不易开挖施工路段，应采用拉管等非开挖顶管方式施工。

10.3　排水管道渗漏检测

排水管道的渗漏检测是一项重要的日常工作，但常常被忽视。如果管道渗漏严重，将不能发挥应有的排水能力。为了保证新管道的施工质量和运行管道的完好状态，应进行新建管道的防渗漏检测和运行管道的日常检测。排水管道渗漏检测常用方法有：闭水试验、气压法、水压法及管道内窥检测法等。我国目前的闭水试验要求主要是针对新建管道验收时的规定，对使用中的管道进行检测的要求并没有明确提出。国外一般要求使用中的管道每隔一段时间需要检测一次。在我国北方等一些水资源缺少的情况下，采用气压法进行检测不但节约水资源，而且检测步骤少，检测方法简单可行。

低压空气检测法（图 10-4），是将低压空气通入一段排水管道，记录管道中空气压力降低的速率，据此判断管道的渗漏情况。如果空气压力下降速度超过规定的标准，则表示管道施工质量不合格，或者需要进行修复。

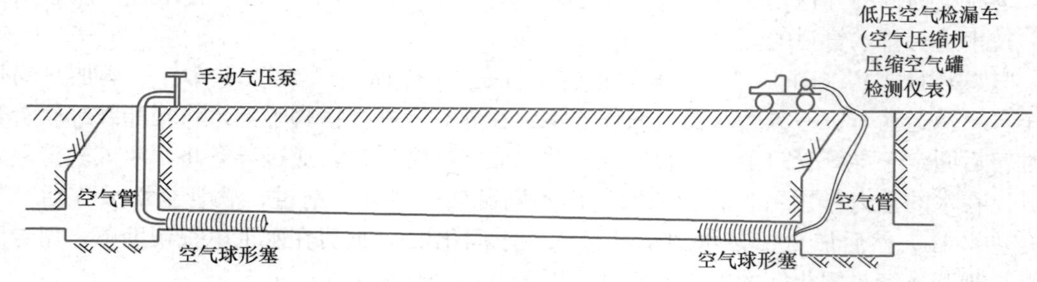

图 10-4　低压空气检测示意

习题

1. 排水管渠系统管理和维护的任务是什么？
2. 排水管渠的清通方法有哪些？
3. 排水管渠修理的内容有哪些？

附录 Appendix

水力计算图

1. 钢筋混凝土圆管（非满流，n＝0.014）的承力计算如附图 1～附图 12 所示。

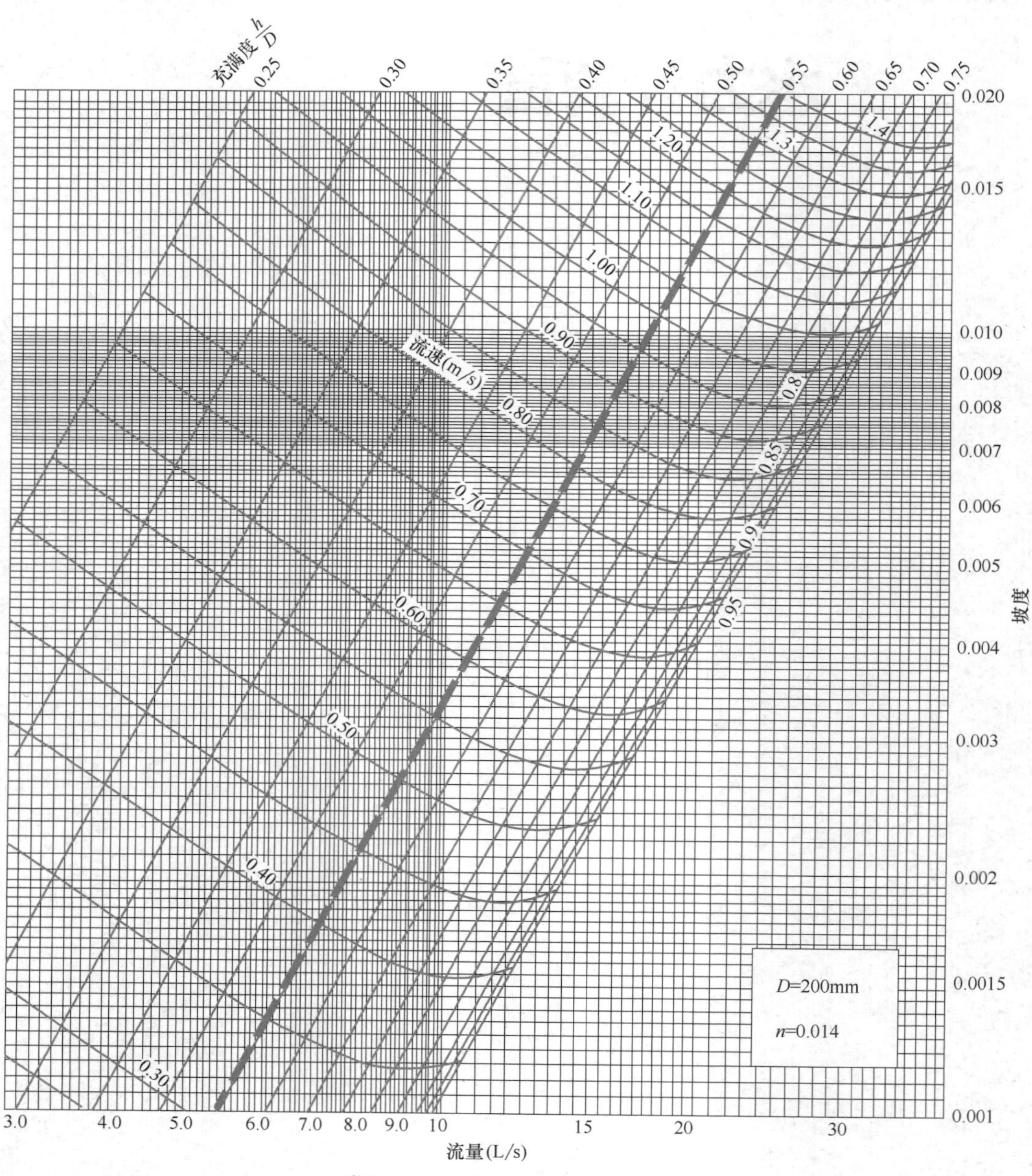

附图 1　D＝200mm 的水力计算图

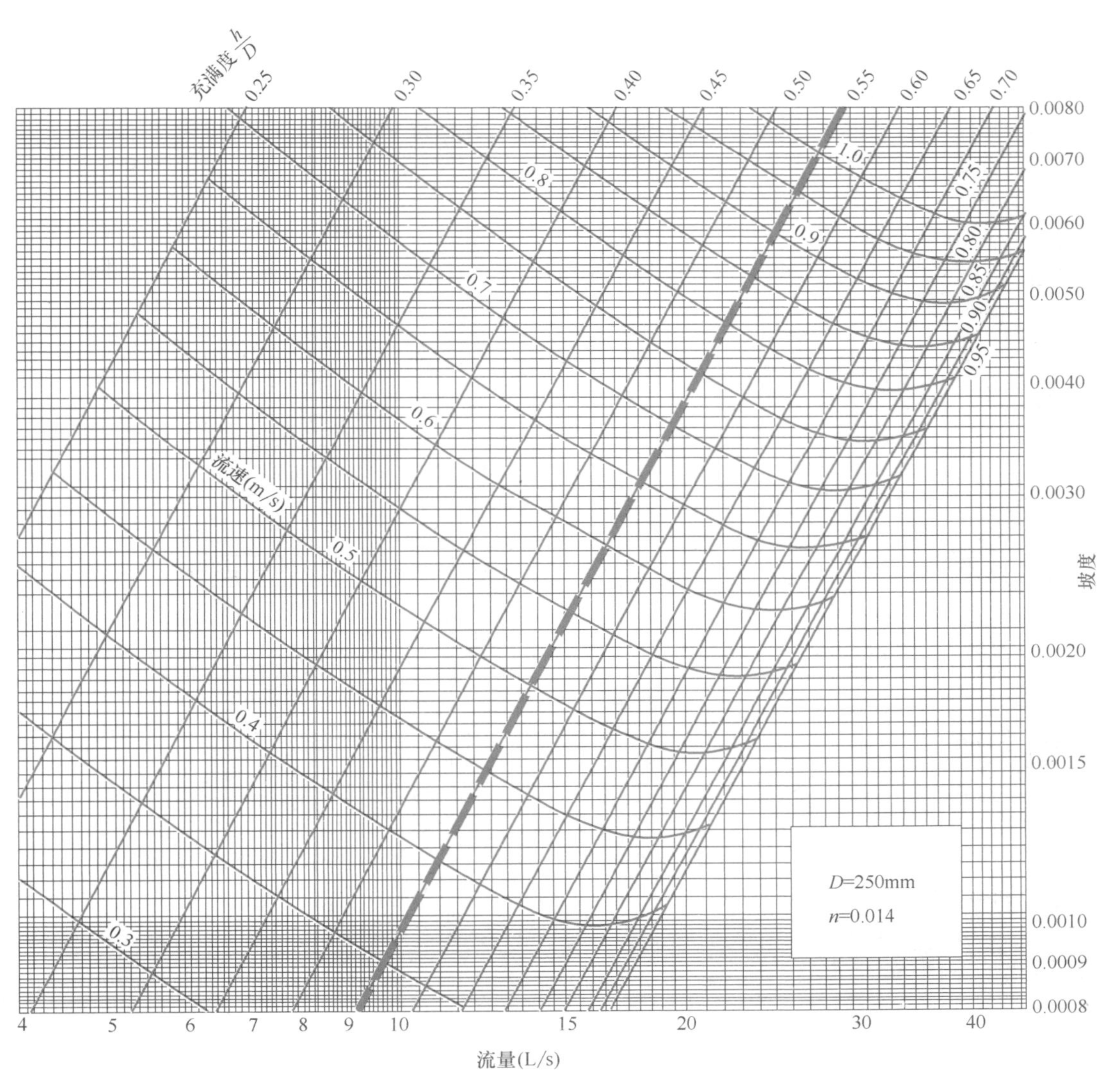

附图 2　$D=250$mm 的水力计算图

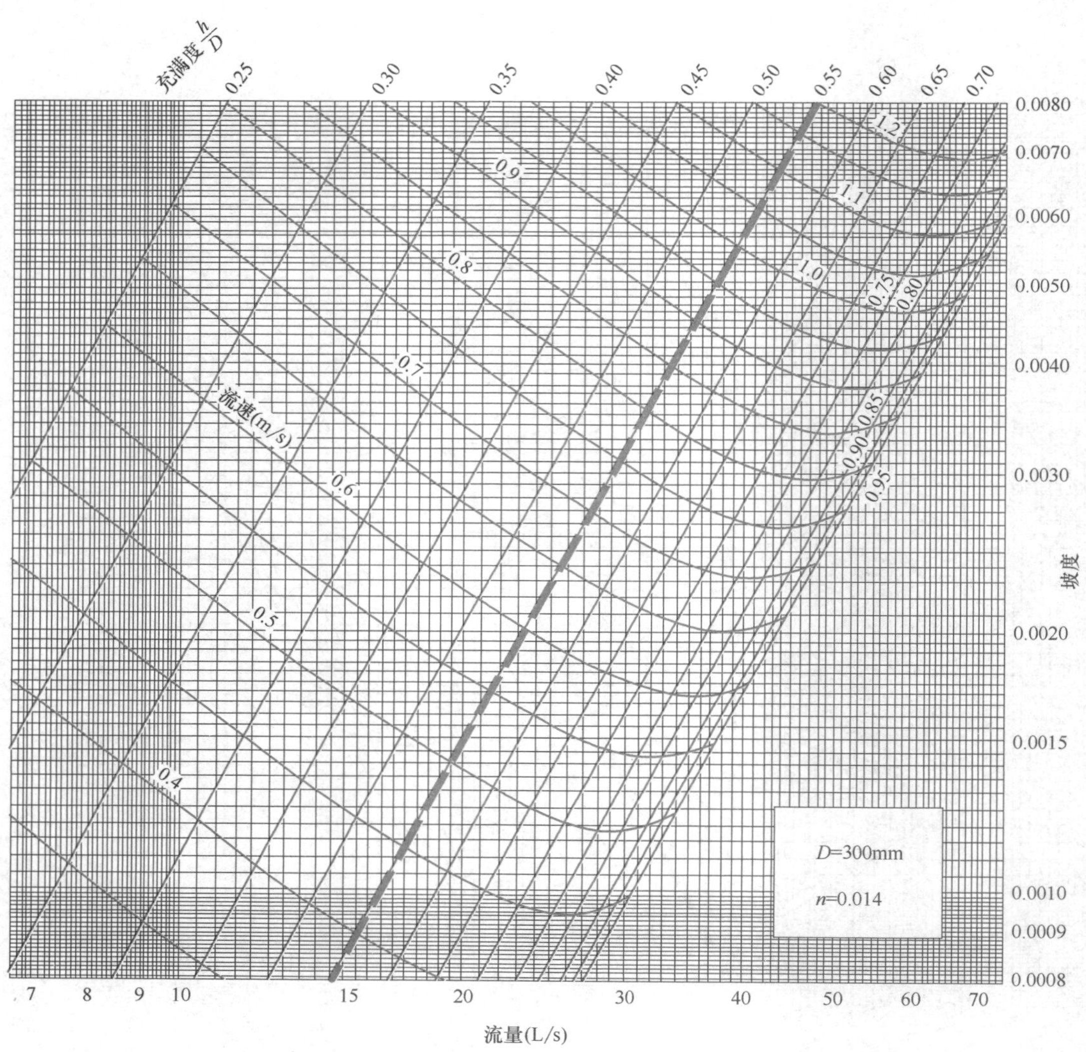

附图 3　D＝300mm 的水力计算图

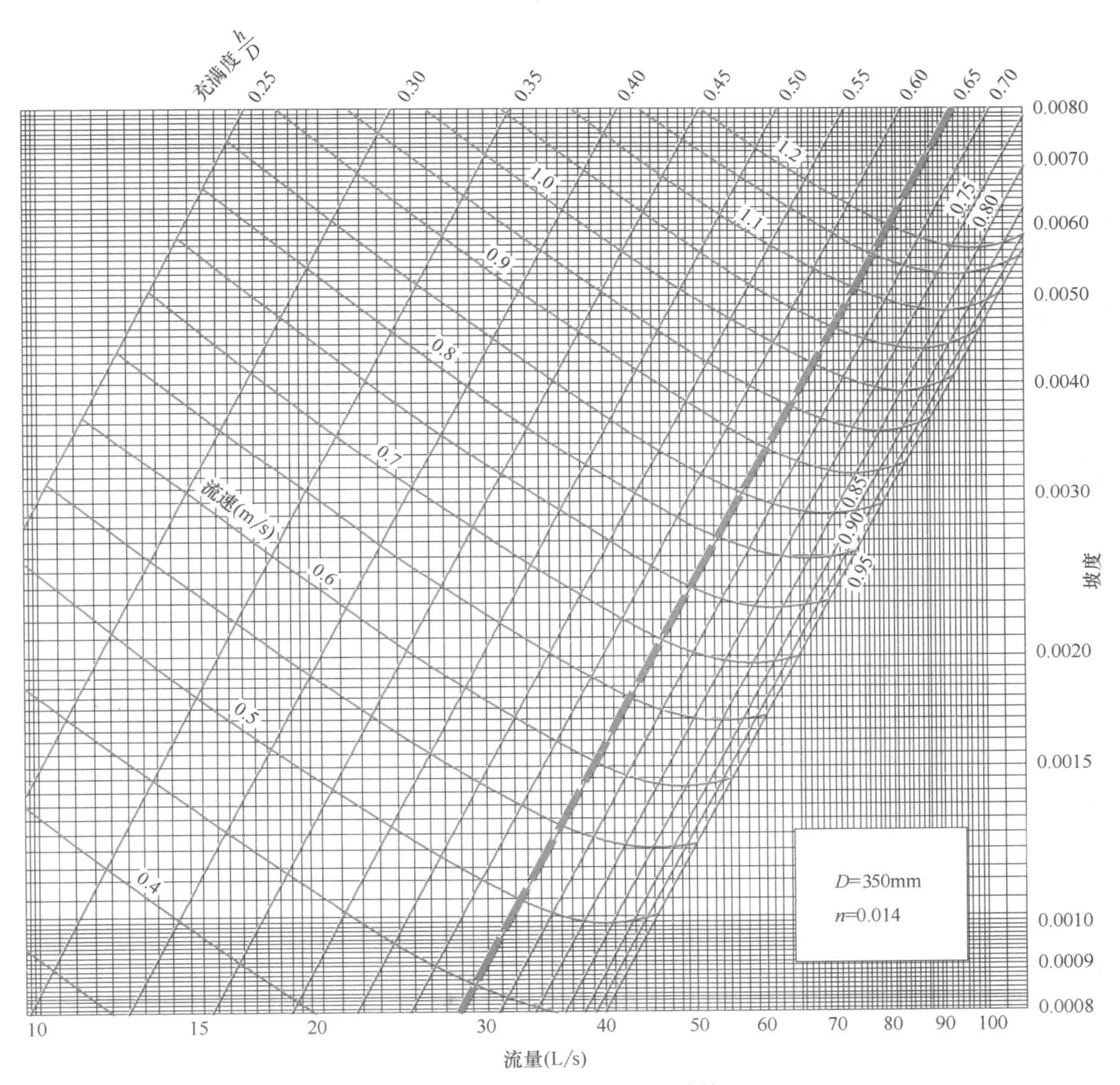

附图 4　D＝350mm 的水力计算图

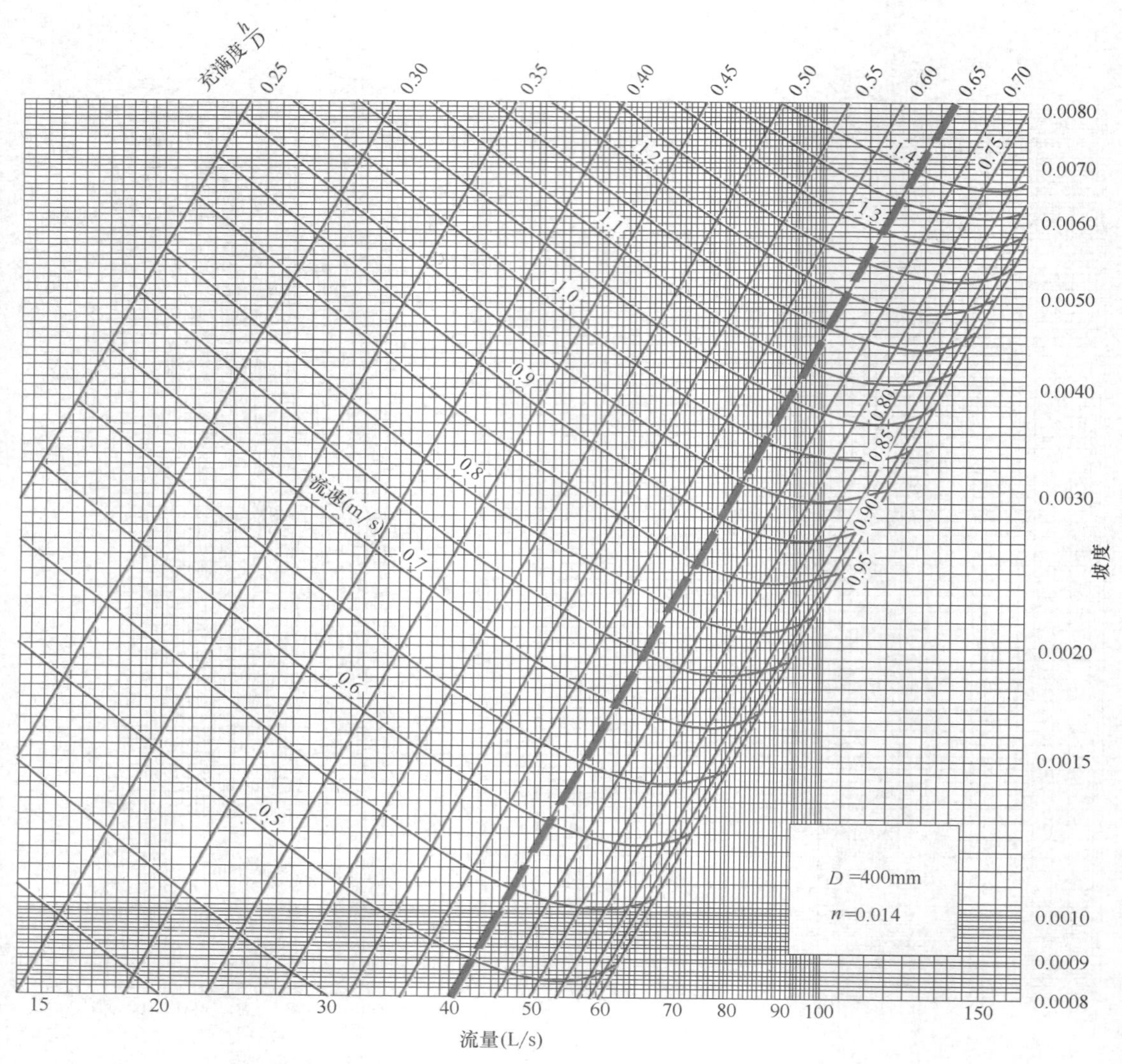

附图 5　D=400mm 的水力计算图

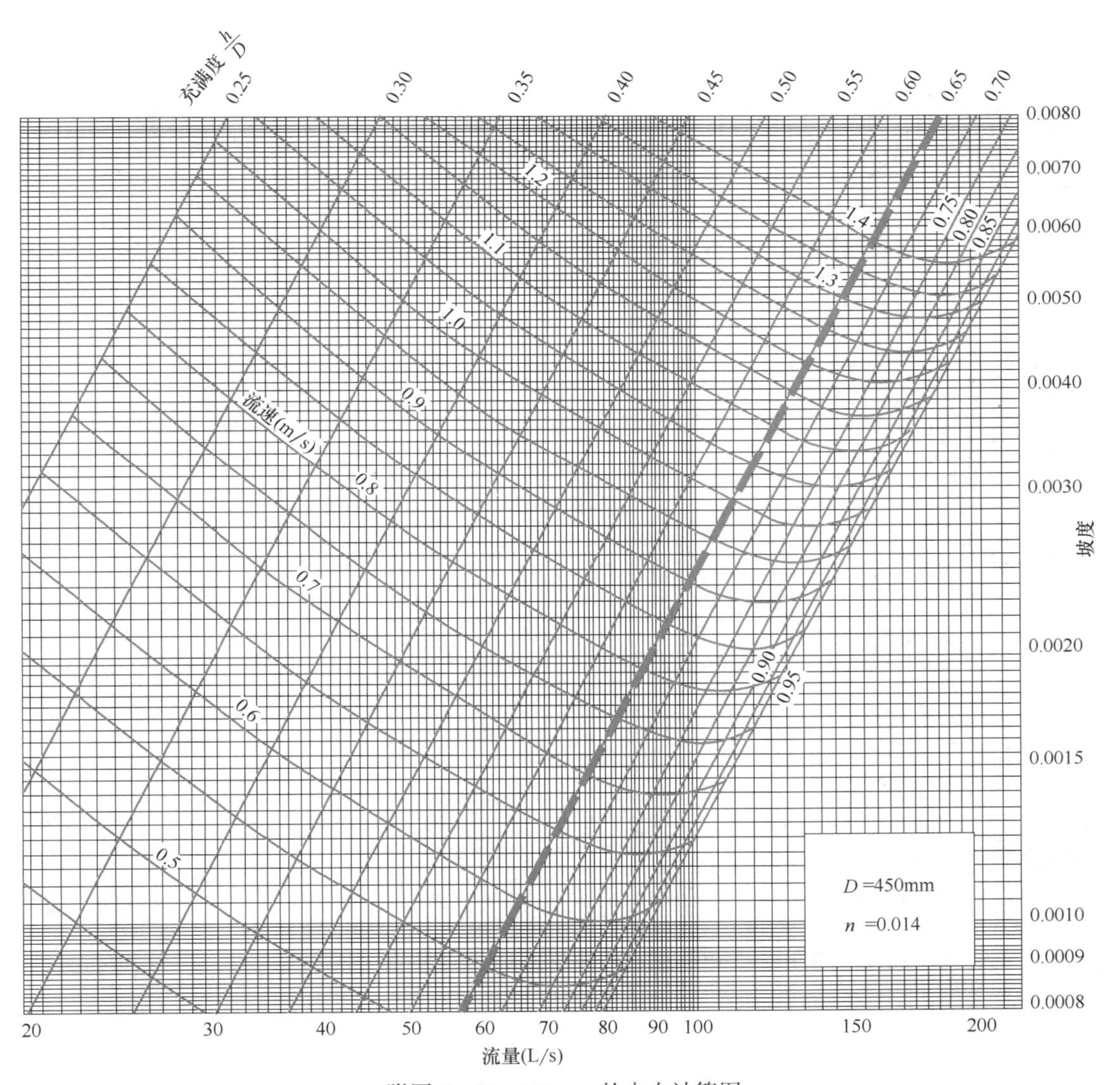

附图 6　$D=450\text{mm}$ 的水力计算图

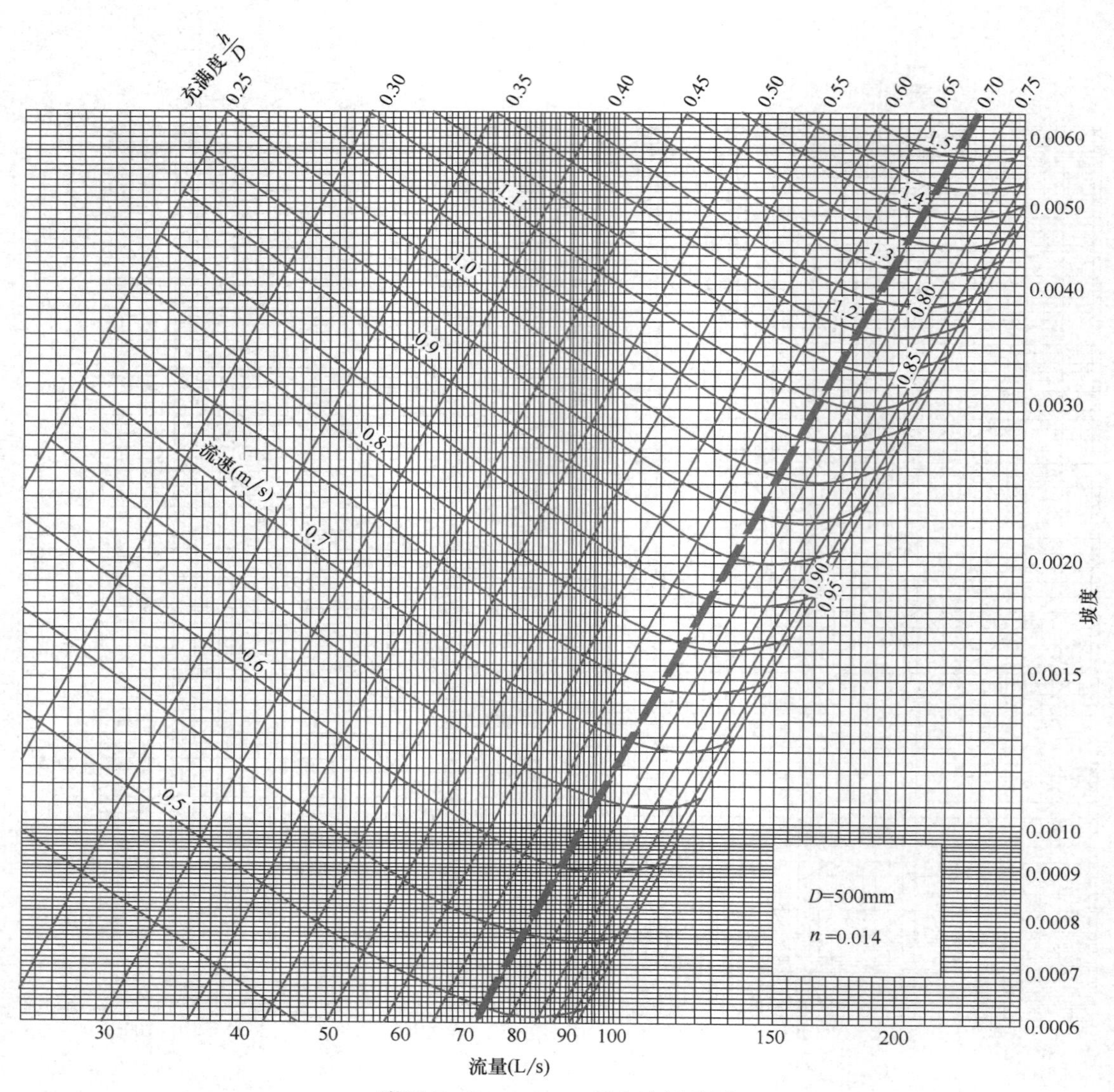

附图 7　$D=500$mm 的水力计算图

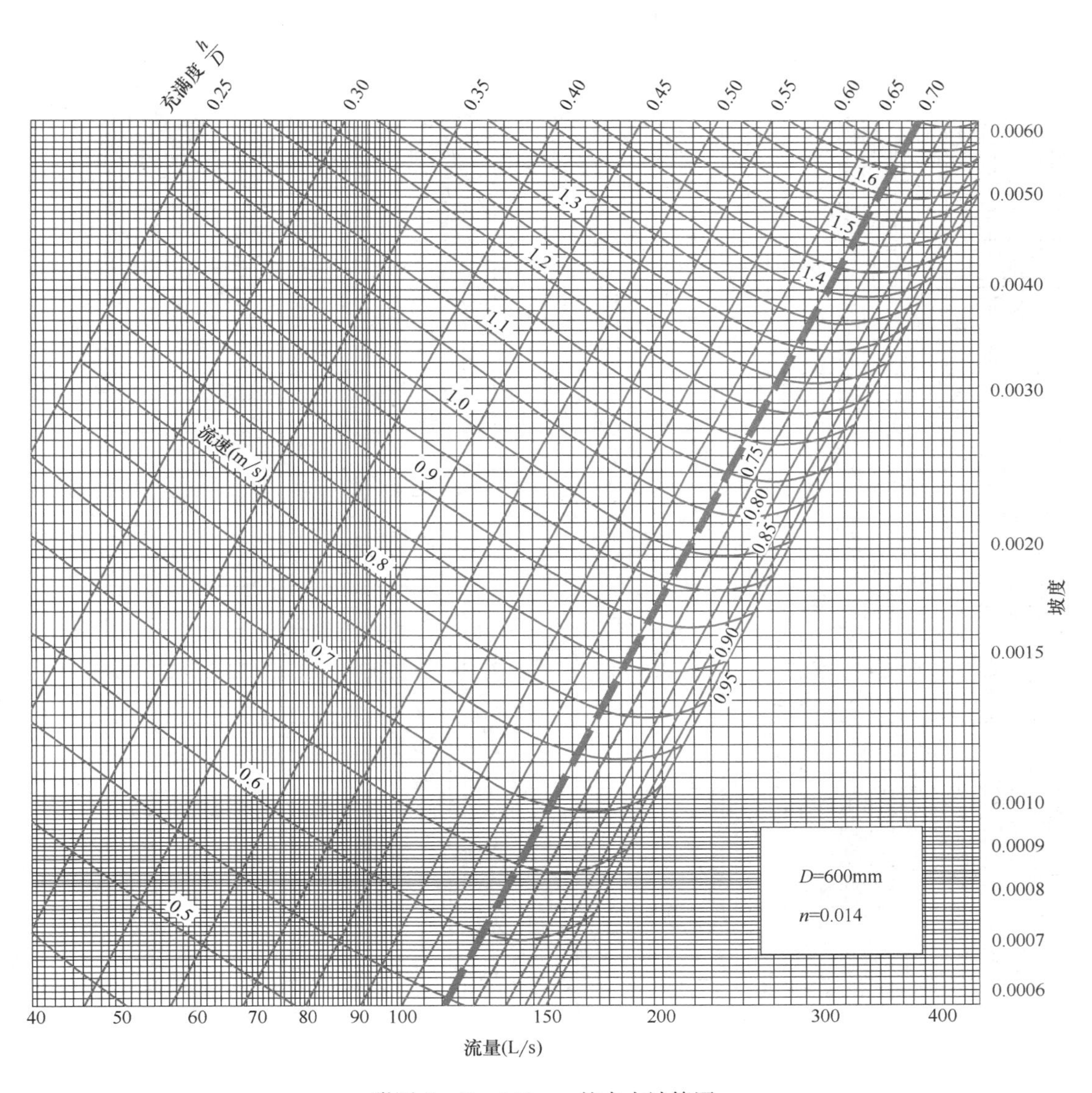

附图 8 $D=600\mathrm{mm}$ 的水力计算图

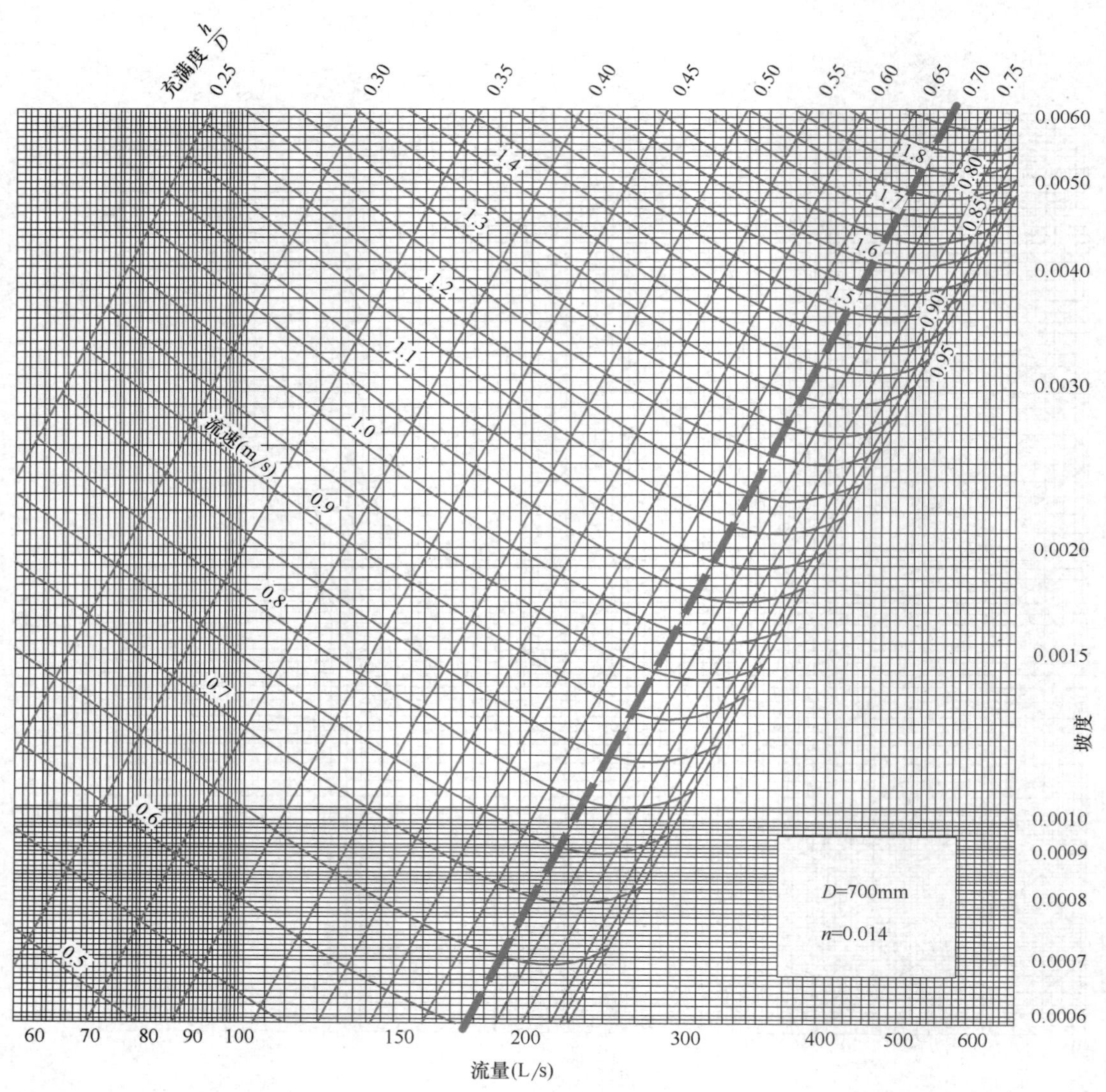

附图 9　D=700mm 的水力计算图

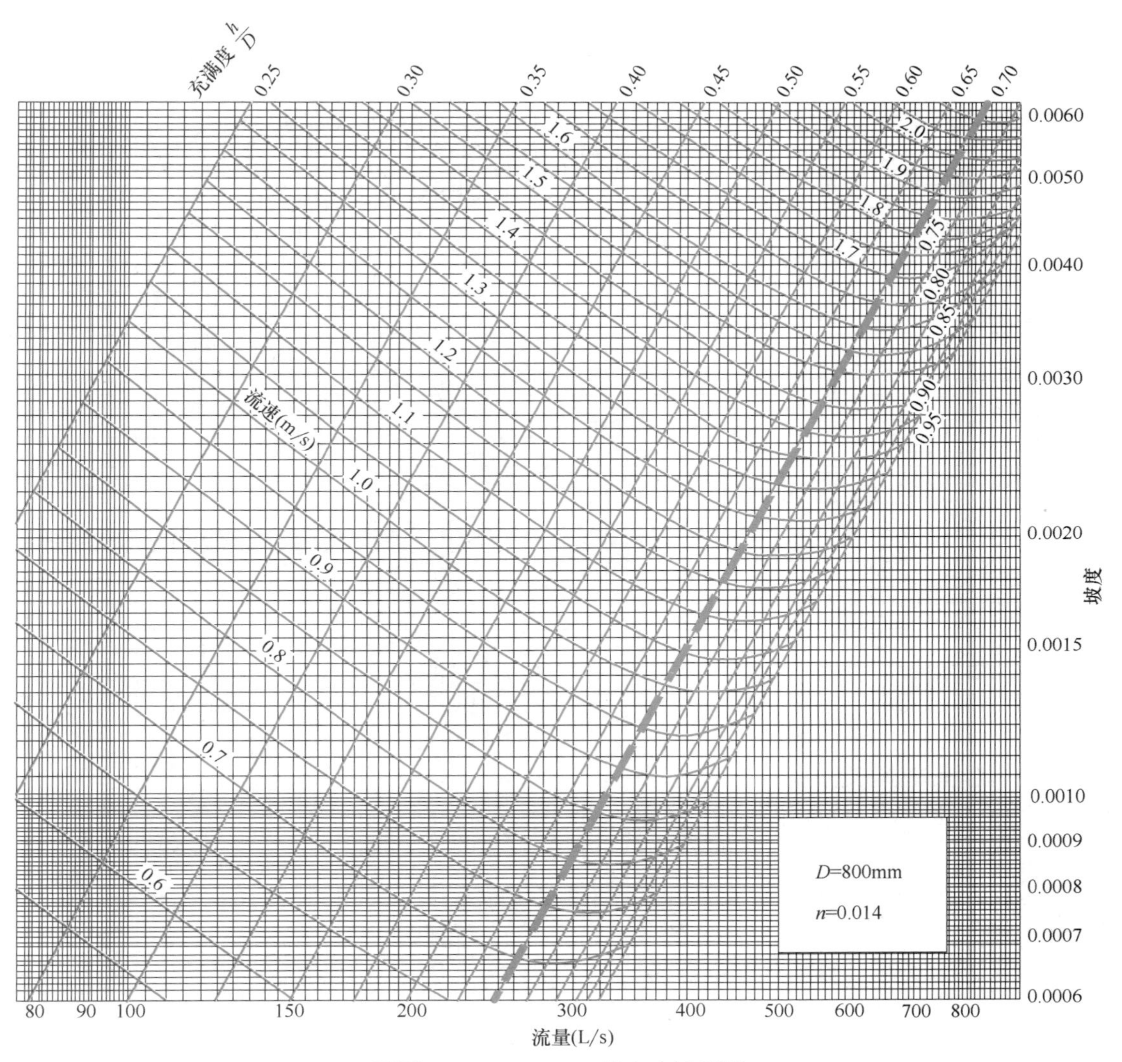

附图 10　D=800mm 的水力计算图

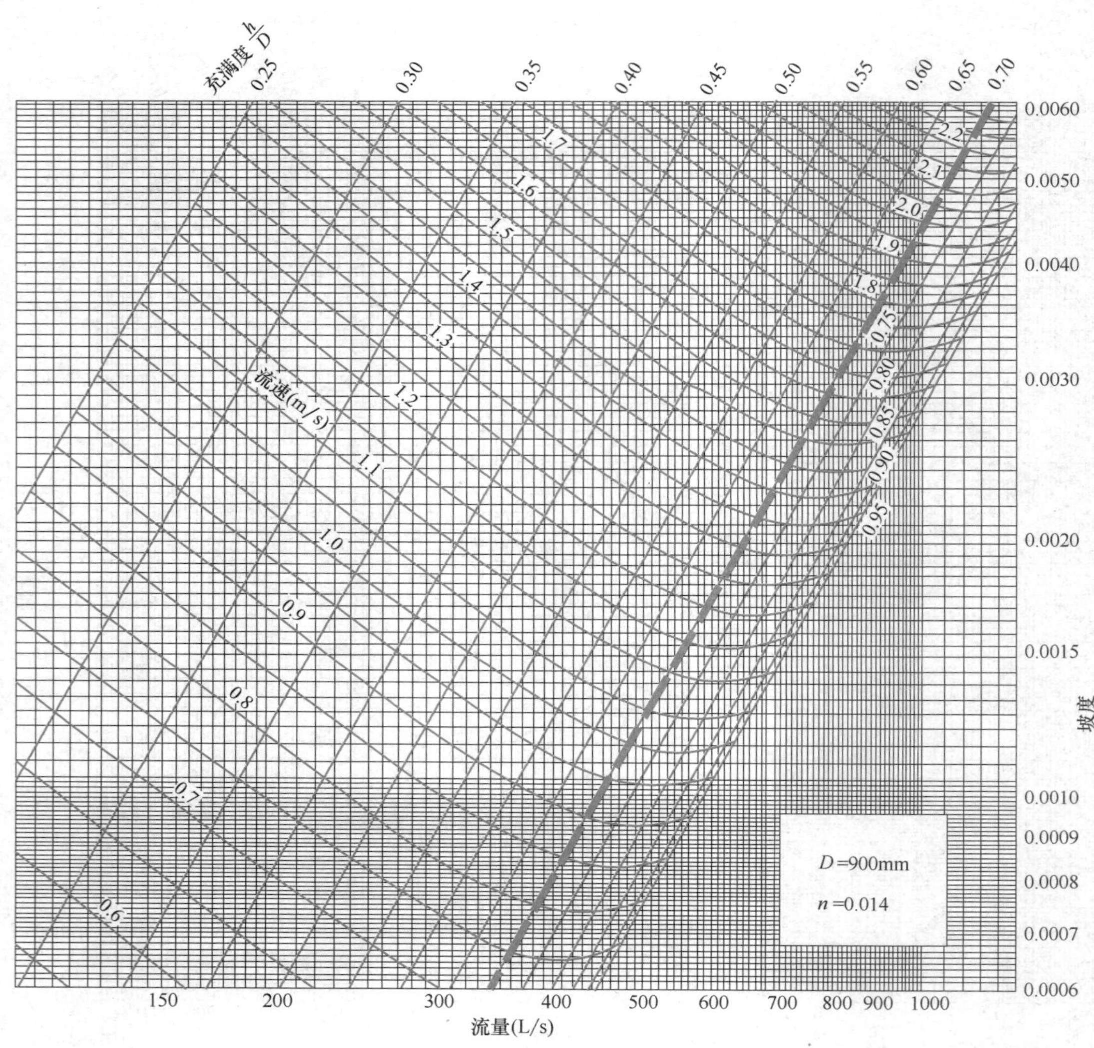

附图 11 D＝900mm 的水力计算图

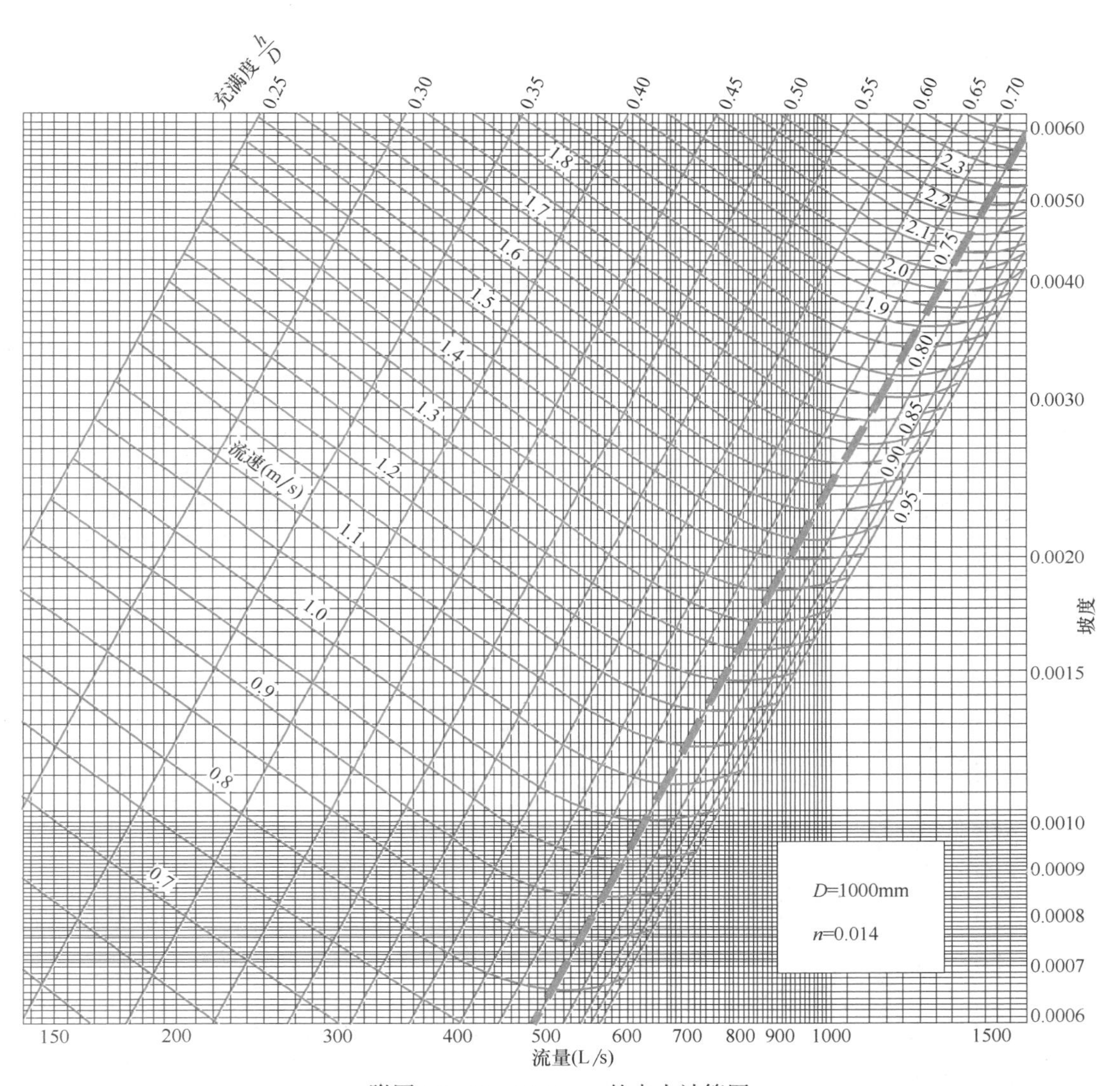

附图 12　$D=1000$mm 的水力计算图

2. 钢筋混凝土圆管（满流，$n=0.013$）的水力计算如附图 13 所示。

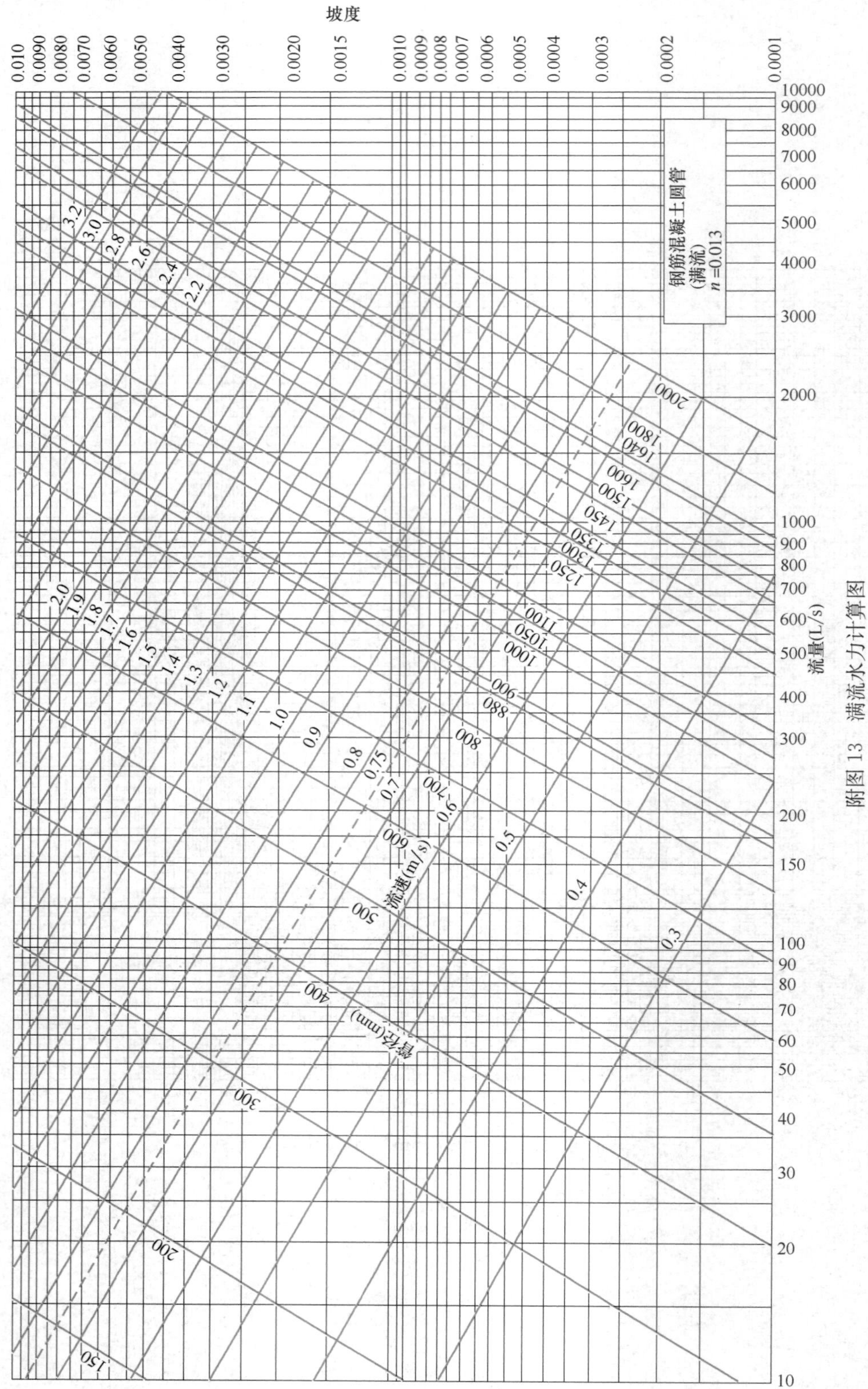

附图 13 满流水力计算图

主要参考文献

[1] 严煦世，刘遂庆．给水排水管网系统［M］．2版．北京：中国建筑工业出版社，2008.

[2] 中华人民共和国住房和城乡建设部．室外给水设计标准：GB 50013—2018［S］．北京：中国计划出版社，2018.

[3] 中华人民共和国住房和城乡建设部．室外排水设计标准：GB 50014—2021［S］．北京：中国计划出版社，2021.

[4] 颜安平，孙文友，钟永兵，等．给水排水管道工程施工及验收规范实施手册［M］．杭州：浙江大学出版社，2010.

[5] 熊家晴．给水排水工程规划［M］．北京：中国建筑工业出版社，2010.

[6] 张奎，张志刚．给水排水管道系统［M］．北京：机械工业出版社，2007.

[7] 冯萃敏．全国勘察设计注册公用设备工程师执业资格考试：给水排水专业全新习题及解析［M］．北京：化学工业出版社，2012.

[8] 张福先，郑瑞文．2012全国勘察设计注册公用设备工程师执业资格考试用书：给水排水工程专业历年试题与解析（专业部分2006～2011）［M］．北京：中国建筑工业出版社，2012.